U0835842

北京大学、复旦大学、吉林大学、中山大学、财政部财政科学研究所
国家治理协同创新中心

北京大学政治发展与政府管理研究所
（教育部人文社会科学重点研究基地）
研究成果

国家治理研究丛书

从地方分治到参与共治

中国流域水污染治理研究

胡若隐 著

北京大学出版社
PEKING UNIVERSITY PRESS

图书在版编目(CIP)数据

从地方分治到参与共治：中国流域水污染治理研究/胡若隐著. —北京：北京大学出版社，2012.1

(国家治理研究丛书)

ISBN 978-7-301-19965-7

Ⅰ. ①从… Ⅱ. ①胡… Ⅲ. ①流域-水污染-污染防治-研究-中国 Ⅳ. ①X52

中国版本图书馆 CIP 数据核字(2011)第 269674 号

书　　名 从地方分治到参与共治——中国流域水污染治理研究
著作责任者 胡若隐　著
责任编辑 倪宇洁
标准书号 ISBN 978-7-301-19965-7
出版发行 北京大学出版社
地　　址 北京市海淀区成府路 205 号　100871
网　　址 http://www.pup.cn
电子信箱 ss@pup.pku.edu.cn
新浪微博 @北京大学出版社
电　　话 邮购部 62752015　发行部 62750672　编辑部 62753121
印 刷 者 三河市博文印刷有限公司
经 销 者 新华书店
730 毫米×1020 毫米　16 开本　20 印张　307 千字
2012 年 1 月第 1 版　2015 年 3 月第 4 次印刷
定　　价 60.00 元

未经许可，不得以任何方式复制或抄袭本书之部分或全部内容。

版权所有，侵权必究

举报电话：010-62752024　电子信箱：fd@pup.pku.edu.cn

图书如有印装质量问题，请与出版部联系，电话：010-62756370

国务院研究室

研究报告

总 472 号

二〇一一年十一月二日　　　　　　（ 36 ）号

超越地方行政分割体制
探索参与共治的流域水污染治理新模式（上）

近年来，我国环保工程技术加强，资金投入增长，政策约束更为严格，但水资源治理低效，流域水污染严重，尤其是体制机制不健全，成为加剧我国水资源紧张的主要原因之一。因此，探索我国流域水污染治理困境的制度性出路，可能在于超越地方行政分割体制，探索并完善参与共治的治理新模式。参与共治就是要从流域的共同利益出

— 1 —

本书要点以《超越地方行政分割体制：探索参与共治的流域水污染治理新模式》为题，作为国务院研究室2011年第36号研究报告予以刊载。

理论动态 1907

（旬刊）

中共中央党校主管主办　　2011年12月10日

参与共治或可成为中国流域治水新机制

胡若隐

流域水污染严重，水资源治理低效，尤其是体制机制不健全，加剧了我国水资源的紧张程度。笔者作为国家哲学社会科学重大项目、北京大学“科学发展观与政府管理改革”研究课题组的成员，近20年来关注和思考我国流域水污染的严峻形势及其治理的现实困境，

1

本书要点以《参与共治或可成为中国流域治水新机制》为题，刊载于2011年12月10日中共中央党校主办的《理论动态》。

总　序

中共十八届三中全会通过的《中共中央关于全面深化改革若干重大问题的决定》庄严宣示,全面深化改革的总目标是“完善和发展中国特色社会主义制度,推进国家治理体系和治理能力现代化”。这一宣示既是对于中华民族百年复兴艰难探索历程的深沉总结,也是对于国家和社会发展战略的明确定位,更是中华民族每一成员义不容辞的重大责任。

正是本着这样的历史使命、现实责任和未来追求,2013 年 12 月 21 日,北京大学、复旦大学、吉林大学共同发起,成立了“国家治理协同创新中心”。嗣后,中山大学、财政部财政科学研究所的加入,使得中心成为四校一所的协同创新单位。中心的核心使命,在于紧紧围绕全面深化改革的总目标和国家治理现代化的重大迫切需求,通过高校与科研机构、国家机关、地方政府、企业事业、社会组织的合作研究,促成政治学、行政管理学、法学、经济学、财政学以及相关学科的协同创新,承担科学研究、人才培养、学科建设和社会服务的重要任务,建成“国家急需、世界一流、制度先进、贡献突出”的中国特色新型智库机构,为推进国家治理现代化培养一流人才、贡献智力支持。

根据全面深化改革总目标,我们具有以下共识:

1．全面深化改革,推进国家治理现代化,是决定当代中国命运的关键抉择,是实现中华民族伟大复兴的必由之路,同样也是世界和中国现代化历史进程的重大命题。在人类社会现代化发展的历史长程中,在共产党执政规律、社会主义社会发展规律和人类社会发展规律的结合上,探索国家治理现代化的发展规律和中国国家治理现代化的基本特点,是推进中国特色社会主义和国家治理现代化的理论视野和思想使命。

2．全面深化改革,推进国家治理现代化,必须坚持社会主义现代化的根本方向。这就是说,国家治理现代化必须在完善和发展中国特色社会主义制度的前提下推进。与此同时,国家治理改革必须在现代化的方向上展开。

总起来说，就是在中国共产党领导下，优化和创新国家治理的主体格局、体制机制和流程环节，提升治国理政的能力，把我国的根本制度与基本制度内含的价值内容、巨大能量和潜在活力充分释放出来并且予以充分实现。

3. 全面深化改革，推进国家治理现代化，涉及经济、政治、社会、文化、生态五位一体的建设，涉及党的领导、人民当家作主和依法治国有机结合，涉及利益、权力、权利、制度、法律、组织、体制、机制和价值等多方面要素，涉及社会主义市场经济条件下政府与市场、政府与社会、中央与地方、治理体系与治理能力、效率效益与公平正义等多方面关系，需要研究和解决的问题具有复杂性、综合性和高难性，改革需要思维、制度、机制、政策和路径的系统性、整体性和协同性创新，因此，多主体、多学科、多层面、多角度和多方法的科学协同创新，是深化改革思想认知，形成科学合理、现实可行的理论和对策成果的重要方式。

4. 全面深化改革，推进国家治理现代化，在现实性上，必然体现为重大问题及其解决导向，因此，"全面深化改革，关键要有新的谋划、新的举措。要有强烈的问题意识，以重大问题为导向，抓住重大问题、关键问题进一步研究思考，找出答案，着力推动解决我国发展面临的一系列突出矛盾和问题"①，这就需要把顶层设计和基层实践、整体推进和重点突破有机结合起来，需要准确把握全面深化改革面临的突出问题和矛盾，把这些重大问题和矛盾转变为研究的议题和课题，围绕这些议题和课题，从理论与实践、规范与实证、体制与机制、战略与政策、规则与价值、体系与能力多方面有机结合出发展开专门研究，形成专项成果，从而不断积累跬步，以助力于国家治理现代化的长征。

5. 全面深化改革，推进国家治理现代化，首先要立足于我国独特的文化传统、历史命运和基本国情，尤其是我国处于社会主义初级阶段这一最大的国情，立足于现实中国看中国。同时，也需要立足于历史和世界看中国，借鉴人类文化和文明的优秀成果，通晓其他国家和地区的积极经验和做法，在马克思主义指导下，在古往今来多种文明的相互交流、比较甄别和取舍借鉴中，不断开拓视野、验证选择、吸取经验教训并形成思路和举措。

---

① 深化改革要有新谋划新举措，新华网：http://news.xinhuanet.com/politics/2013-11/18/c_118176934.htm

基于这样的共识,中心整理、征集和出版“国家治理研究丛书”,期望对于全面深化改革,推进国家治理现代化有所助益。丛书的编辑出版得到北京大学校领导、社会科学部领导的指导和支持,得到北京大学出版社领导和编辑的鼎力相助,特此表达衷心的谢忱!

中心欢迎各位同仁积极投稿于丛书,具体可见北京大学、复旦大学、吉林大学、中山大学和财政部财政科学研究所“国家治理协同创新中心网”(http://www.cicsg.pku.edu.cn)《“国家治理研究丛书”征稿启事》。同时,任何的批评指正都会受到挚诚的欢迎!

北京大学、复旦大学、吉林大学、中山大学

财政部财政科学研究所

国家治理协同创新中心

2014 年 12 月 21 日

超越地方行政分割体制
探索参与共治的流域水污染治理新模式[①]

（代序）

胡若隐

近年来，我国环保工程技术加强，资金投入增长，政策约束更为严格，但水资源治理低效，流域水污染严重，尤其是体制机制不健全，成为加剧我国水资源紧张的主要原因之一。因此，探索我国流域水污染治理困境的制度性出路，可能在于超越地方行政分割体制，探索并完善参与共治的治理新模式。参与共治就是要从流域的共同利益出发，依靠不同地方政府间的合作形成的权威效力为主导和主干，在我国流域水污染治理中构建起政府、市场和社会公众等多层次利益主体之间的协商合作机制。

一、作为现行流域水污染治理制度安排的地方行政分割体制，存在着块块分割和分散管理等弊端，造成了流域内不同利益主体集体行动的困境

1. 流域水污染是指当流域内污水排放量超过流域的自然纳污能力，并且引起流域内大规模的水资源功能丧失时的状态，其后果表现在水生生物受到严重危害等诸多方面。流域水污染的自然属性反映流域水污染自然生态特征，其社会属性反映以流域水资源为核心的各个行动主体之间的利益关系。滔滔江河中，流动的是水，博弈的是利益。流域水流本质上反映着社会利益流。在流域水体总量稳定情况下，污染呈现自然累积的特征。影响

① 本文是国家哲学社会科学重大项目“科学发展观与政府管理改革”［项目编号：04&ZD015］项目成果，2011 年 11 月 2 日刊登于国务院研究室《研究报告》。本文主要内容 12 月 22 日以《探索参与共治的流域水污染治理新模式》为题刊登于《人民日报》第 8 版。

流域水污染状态的因素，除了流域内污染源排放强度和流域本身客观因素例如水量季节性不均和地形起伏平缓引起排污不畅外，还与国家现有工程技术、资金投入和政策约束正相关，更为重要的是依附于流域之上各行为主体的利益博弈。

2. 流域水污染治理是典型的准公共物品，其治理成果具有消费的非竞争性，治理成本巨大要求本身具有受益的排他性。因此就总体思路而言，流域水污染治理可以采取政府提供、市场提供和混合提供等多种方式。虽然地方政府、企业和公民个体都可以单独加入流域水污染治理，但由于治理的初始成本大而且边际成本递增，任何单一的地方政府、企业或个人都难以承担如此大的投入，所以流域水污染治理往往会因此而呈现非竞争性特征，除非在治理过程中提供必要的制度激励。

3. 地方行政分割体制强化了地方利益，与流域水污染治理准公共物品属性客观要求的多元化提供相悖，这是我国流域水污染治理低效的体制性原因。主要表现在以下三个方面：其一，地方政府客观存在自利化倾向，流域水污染属地化治理原则使它们更多地考虑地方利益的得失。其二，地方政府对水资源的分散化管理造成了部门职能的冲突。例如，区域和行业在水资源开发、利用等方面的决策分散，地下水、地表水和云水资源的管理部门分散，农业、工业、居民生活用水管理分散，水管理决策执行权分散在政府领导、技术人员和专职管理人员之间，部门分割还在相当程度上造成“环保不下河、水利不上岸”的管理窘境。其三，流域水资源管理权分散在不同的行政部门，流域管理机构则被限定在分散性的特定区域（如重要河段、边界河段和交叉河段）和特定标准（如取水许可限额）之内承担水管理职能，难以通过宏观径流调节来应对流域水质的波动。

4. 流域水污染属地化治理模式，在政策思路上强调以政府管制为主，辅之以法律规范和行政手段，在实施环节上往往表现为政府行政命令、突击行动、执法大检查等形式。然而，流域水污染治理的准公共物品属性在本质上要求政府、市场和公民个体都能够发挥治理的主体作用，而不能依靠任何单一的运作方式。不改变各自为政的地方分治思路，仅通过强化的属地管理、严格的排污收费、污染配额的削减以及改进治理技术、增加资金投入等措施，难以摆脱流域水污染治理低效的结局。

5. 在地方行政分割体制条件下,流域内不同利益主体难以通过集体行动以实现共同利益,这是因为流域承载的规模经济总量足够大时,以流域为载体的各个主体如政府、市场、公民以及团体等就会因为各自利益的理性考虑而陷入集体行动的困境。进一步说,行政分割体制条件下流域水污染治理还存在着边际成本上升的趋势,治理成本一般会随着流域所处的地理位置越往下游越呈现边际递增,而不会发生公共物品提供中存在的供给第一批物品的价格会高于其后所供给物品的价格的情形。地方行政分割程度越高,则流域水污染治理失效的后果越严重,其治理成本越大,因此在实践中要特别防止流域水污染全局性失控。

二、参与共治是超越地方行政分割的流域水污染治理体制创新,有助于流域内不同利益主体形成集体行动

1. 典型案例。笔者在此列举通过田野调查获得的三则相对成功案例,因为它们中各自蕴育着我国流域水污染治道变革和制度创新的因素。

案例一:江苏赣榆县和山东莒南县联合治理龙王河流域水污染的案例表明,地方政府之间行政力的权威引导是实现参与共治的前提。首先,两县政府间形成了经常性的联席会议制度,建立了信息沟通平台,联席会议内容、污水处理厂建设进度、跨界断面监测数据、重点企业治理情况、治理设施运转等信息都对社会公开透明。其次,双方建立了联合督察机制,由两地环境监察人员组成联合督察组,日常监督沿河两县污染企业排放和治理设施运行情况,并约定监测周期和河流水体采样时间,检测结果互报、上报上级环境保护部门。第三,两县环境保护部门约定一旦发生污染事故时要迅速启动应急预案,双方要在第一时间到达同一断面采样监测,据此区分责任并采取果断措施。

案例二:江苏和浙江两省协商治理澜溪塘流域水污染治理的案例表明,流域内不同利益主体的互动共识是参与共治的制度动力。首先,作为不同省际的地方政府认识到长期以来以邻为壑的思路和做法得到的结果是损人不利己,只有协商协调才有可能实现双赢。双方的地方政府建立了市县镇三级互动,发挥了政府间合作的优势和主导作用。澜溪塘流域位于江苏省苏州市吴江市(县级)盛泽镇和浙江省嘉兴市秀洲区的王江泾镇之间。澜溪塘以北的盛泽镇纺织印染业发达，澜溪塘以南的王江泾镇经济以水产养殖、航运和农业为主，由于和盛泽镇接壤故此也有少量的印染企业，彼此互相制约；加之流域内水体一年内还有多日逆向流动，就污染物转移而言上游地区并无先天优势。在处理澜溪塘流域水污染时，首先是苏州市和嘉兴市达成共识，相同层级的吴江市和秀洲区建立了行政监察制度、信息披露制度和联席会议制度，而吴江市(县级)设在盛泽镇的环保分局也可以直接和对方秀洲区的政府部门协商处理水污染应急事件，消除了地方政府之间同级别对话的习惯性规则。其次，流域水污染治理提供了广阔的市场空间，相关企业发挥了污染治理设施建设的能力。第三，社会公众和团体对经济项目的环境评价实现了至关重要的参与权、知情权和话语权，参与流域治理的积极性得到了很大程度的尊重。公民利益保护机制的建立，有助于经济活跃的澜溪塘流域实现水资源环境的可持续发展。

案例三：江苏、浙江和上海共同治理太湖流域水污染的案例表明，治理只能在制度创新的过程中取得明显成效。首先，建立了多级政府之间的信息披露制度、行政监察制度和联席会议制度。多级政府之间能够统一协调行动，尤其是在不同行政区之间形成集体行动。这也表明，建立跨地区的政府间权威性机制是参与共治的首要条件。其次，建立了政府、市场和社会公众的参与共治机制。大量环境友好型组织、公民团体和个人都参与太湖的流域水污染治理，由此既形成了流域内各个利益主体的集体行动，也充分利用了各方力量特长和资源条件的优势。在这其中，尤其是民间智慧和专家的指导，为太湖流域水污染治理注入了新的活力。环太湖地区企业和产业结构的调整和进步以及生物技术对湖泊水体质量本身的改进，都受益于企业对高新技术的攻关和应用。排污权交易市场建设存在多重制约因素，市场机制需要进一步培育。最后，实现了不同部门之间的联动合作机制。地方水利、环保、财政、农业等部门在协商合作的基础上，各司其职，通力合作，由此建立了流域水污染治理的长效机制。尤其是太湖流域管理局和地方政府职能部门的合作，从根本上打破了流域水污染治理行政区域和流域的分野，为多部门联合参与流域水污染治理提供了良好的合作平台。

2. 案例结论。通过对龙王河、澜溪塘、太湖三个流域水污染治理案例的分析，可以发现它们立足于经济发展水平较高、水资源构成严重制约和法治精神深入人心的社会现实，从制度层面进行了探索和创新。新的体制和模式在本质上有别于地方行政分割体制，其共同拥有的合理性在于：一是它克服了各个地方政府自利化的倾向，强调流域经济发展和生态环境的良性互动；二是它摒弃了一个地方政府的单边行政模式，强调多个地方政府之间的协同和合作；三是它脱离了经济权重决定话语权大小的传统游戏，强调地方政府依靠行政力权威构建平等的对话平台，在信息对称基础上通过谈判、协商达成共识和合作；四是它突破了在单一政府模式框架内谋划顶层设计的思路，强调政府、市场和自治组织等都是共同参与流域水污染治理的主体力量。这种模式生长于地方政府治理流域水污染的实践之中，它在超越地方行政分割体制的同时，也初步显示了制度探索和创新带来的活力，是一种参与共治机制。该机制的建构是流域公共治理和共同利益的实现过程。

三、参与共治依靠其独特的制度结构、动力来源和实现方式来取得制度绩效

参与共治是建立在流域共同利益基础之上，由地方政府间的协商、协同和合作形成一个跨行政区域的权威强制力，从而通过地方政府间的合力来确保和引导社会多层次利益主体共同参与合作的流域水污染治理机制。中国公共政治以公共治理和公共管理为实现途径。参与共治是流域内不同利益主体治管融合的制度安排，能够取得积极的制度绩效。

1. 制度结构。参与共治将流域水污染治理主体范围扩大为相关地方政府、地方政府相关部门、市场主体和社会公众（包括公民、法人、其他社会组织）等，形成了独特的制度结构：第一，参与共治以不同地方行政区的共同利益实现为前提。第二，政府间的合作形成一个跨区域的协同性和权威性力量。第三，建立行政区职能部门之间和流域管理机构的联动合作。第四，当地企业等市场主体、社会公众等社会主体的参与及其与地方政府治理行动实现协商合作。政府是治理的责任主体，给予流域水污染治理政策引导和制度激励。企业、社会公众不仅是政府力量的有益补充，也是流域水污染治理的主体。第五，立法和司法机构公平公正地保护流域内各利益主体的合法权益，协调和化解参与共治系统内的矛盾和冲突。与地方政府相对应的立法机构和司法机构一方面要起到社会公众代言人和监督人的作用，另一方面要加强和地方政府的沟通和互动。

2．动力来源。共同利益是实现流域内环境合作的利益驱动力。消除具有强烈外部性的流域水污染，必须依靠多方参与。如果流域水污染全局性失控，任何一方的利益都会受损。在流域水污染治理中，共同利益既可表现为流域内共同环境规则的制定、执行，也可以表现利益主体在互动中实现利益，还表现为出于控制损失的幅度和量度目的而达成的集体一致性等。在流域共同利益驱动下，政府、市场、公民以及社会组织共同形成多方面的支持系统，进而实现不同利益主体的合理利益诉求。在共同利益下制度有效性在空间上呈现出多维立体的参与共治结构，制度的有效性得以拓宽。

3．实现方式。第一，权威方式。参与共治首先强调，流域内不同政府间包括不同层次政府间实现协商合作，以突破地方行政分治的利益格局。流域水污染治理行动突破行政边界控制，跨区域共同协商和集体行动成为常态。在地方政府与流域机构关系上，参与共治要求地方政府从流域共同利益角度出发考虑全局问题和利益得失，以积极合作的姿态参与跨区域的流域水污染协商治理。第二，协调方式。在流域水污染治理中依靠双边或者多边公共协商，建立起不同利益主体之间的协调机制，以实现流域治理决策的合法性和决策执行的有效性。首先是要建立地方政府间的行政协同机制，其次是建立公众、市场和政府之间的利益协同机制。第三，沟通方式。流域内不同利益主体之间进行充分的信息交流。在流域水污染治理的参与共治中，政府应该以各种形式保障公民对行政决策的参与。第四，法治方式。建立完善的法律监督体系，进行有效的事前事后监督。第五，交易方式。一方面要严格实行“谁污染谁付费”的市场规则，另一方面要采取水资源配置效率优先的市场交易措施。

4．制度绩效。不同行政区在流域水污染参与共治中形成均衡合理的利益格局，流域共同利益得以实现。一方面，参与共治案例具备共同的绩效特征：地方政府间合力、市场和公民的参与，提供制度激励。参与共治可以以较少的策略成本获取流域水污染治理的时空信息和相关科学知识，约束寻租和腐败，因此取得了超越地方行政分割体制的制度优势。另一方面，参与共治案例也呈现出绩效差异性特征：一是地方政府、企业和公众等参与主体的愿望和行为强弱，直接影响制度执行的效果。一般说来，地方政府间的联动合作为主会带来较高的协调成本,企业和公众的参与程度影响制度的活力。地方政府实现公共物品供给与生产分离,有利于企业更多地进入公共物品生产外包领域。二是参与共治的流域对象引起不同的治理效果。一般说来,湖泊在同一时间段容易发生流域污染事故,而整条江河同时被污染的可能性较小。进一步说,对于河流全流域而言,由于上游地区总是处于有利地位,在契约力度和有效性有限的情况下,各方参与共治的动力和愿望往往不足,因此建立参与共治的制度机制异常困难。对于湖泊水而言,流域水体遭到严重污染的后果是相关各方一损俱损,故各方参与共治的愿望和动力要强烈得多。由此推知,尽管江河流域自净能力优于湖泊,但就形成参与共治机制的动力而言,湖泊污染治理比江河污染治理有优势,在湖泊治理中更容易建立起参与共治的治理机制。三是影响制度的还有很多其他因素,例如流域范围大小、资金丰歉、技术优劣以及法制观念是否深入人心等,都会制约参与共治制度的实施而造成绩效差异。

5. 制度模型。从参与共治多维立体的制度模型看来,共同利益是引导流域多方参与的最终目标,地方政府、市场主体和社会公众的有机互动构成参与共治的基础。参与共治的关键在于多个政府、多层级政府之间建立信息共享、协商合作、联合行动的联动机制。地方政府之间的合作、沟通与协调是参与共治模型的主导和主干。其中,不仅需要同级地方政府之间建立起合作联系机制,而且要在下级基层政府、地方政府甚至是中央政府之间建立起合作沟通的平台,建立起多级联动的机制,也就是多级政府之间可按照"跳板原则"突破同等级别对话协商的传统规则;不同层级政府间有明确的分工体系,基层政府要加强和当地社会公众、团体和市场组织的协调、沟通与合作,同时要建立起监督协调机制;地方政府职能部门之间、地方政府职能部门与流域管理机构之间要有良好的沟通、协调与合作。

四、在我国流域水污染治理中探索参与共治制度,可以坚持循序渐进、因地制宜、均衡激励的原则,逐步建立协商治理委员会的组织形式

1. 实行参与共治应该更多地表现为强制性、人为设计、渐进式的制度变迁模式。这是因为:严重的流域水污染治理形势紧迫,制度变迁需要更多地由政府权威和强制力来推动,而不是一般诱致性引导所能达到目的;制度创新的激励不够充分，制度变迁需要更多的人为设计来规范，而不能任由其自发演进和贻误时机；现存地方行政分割体制已经造成治理制度固化和利益关系的复杂化，流域治理中的不同利益主体经常出现零和博弈的困局，参与共治在现有模式基础上不可施以激进化的简单手段。我国流域水污染参与共治模式的实践尚属探索阶段，制度框架有待完善，制度空间有待拓展，制度变迁有待于更多的动力和激励因素的融合。

2. 参与共治的案例多发生在我国经济相对发达的小流域地区，而大流域治理的参与共治机制形成困难但意义重大。在经济相对发达地区，流域系统相对较小，水资源非常紧缺，治理投入较有保障，公民法治精神浓厚，共同利益容易形成，基层政府往往具有政策创新的动力。相反，大流域内的不同利益主体的共同利益不易形成，它们在集体行动中容易陷入困境。尽管大流域内的经济总量大，上游地区在没有外力干预情况下，也总会选择让水污染顺流突破行政区边界实施污染转移。只有在对流域内地方政府的制度激励中，考核地方政府政绩时切实做到环境质量“一票否决”，坚决扭转违法成本过低的窘迫，并在相邻地区实施环境效益财政转移支付制度，大的流域水污染治理才有可能形成参与共治的集体行动。

3. 参与共治的活力来自于对各个参与主体实施均衡激励，要进一步构建善治的政府、有效率的市场及公民自主参与的机制。首先，国家要加强对地方政府绿色经济指标的考核，从宏观上更多地考虑促进地区经济增长和流域生态环境协调发展。其次，任何企业都必须对自身的环境外部性负责，科技型企业可利用国家节能减排政策机遇，生产适合本流域水污染治理的环境装备。再次，充分利用听政于群众、问计于专家等协商民主形式，争取公众对参与共治方案的支持。培育公共治理的社会组织，在协商治理中逐步培养现代社会的环境意识。最后，依法维护契约的权威和参与主体对契约的遵守。

4. 逐步建立常设性协商治理委员会的组织形式。参与共治在强调地方政府责任的同时引入了市场、社会公众和社会组织等多主体力量，是我国流域治理制度性重构。在政策组合的集体选择上，参与共治强调地方政府之间进行权威性合作，主张政府通过对企业更多的授权以激励企业为流域水污染治理提供更多更好的产品和服务，支持社会组织的深层次参与。参与共治落实到普遍操作层面上,可考虑在跨行政区的流域水污染严重地区真正建立常设性协商治理委员会。协商治理委员会可以考虑执行如下基本运行规则:

其一,就组织结构而言,以地方政府之间的合作为主,以多层级的政府合作为辅,既有民间力量的参与,也有市场主体的合作,还有立法机关和司法机关的监督。该委员会可由相关地区的政府领导或知名人士轮流担任主管专员,下设日常调解组、战略咨询组、技术储备组和社会参与组,相关小组成员由技术专家和民间活跃分子构成。相关地方政府保障协商委员会的独立经费和其他办公条件。

其二,就职责范围而言,通过建立联席会议制度和不定期召开联席会议及时调解和处理流域水污染问题和纠纷;在涉及流域主体功能区定位、主导产业布局和流域水污染排放标准等重大问题时,充分听取来自不同行业的专家成员的咨询意见;跟踪技术进步潮流,嫁接先进技术和企业攻关的桥梁,为流域水污染治理提供技术储备;调动社会公众、团体组织或第三部门的力量,以程序合法手段提升其自觉参与共治的深广度;完善对污染受害者的法律援助机制,研究建立环境民事和行政公诉制度。

其三,就制度建设而言,积极探索建立流域之间的生态效益补偿机制,用市场交易机制维护行政区流域跨界污染地区的稳定机制,解决好不同行政区域的环境协调和补偿问题。在制度获得流域内相关行政区认可后严格实施。在水价改革环节,充分发挥价格杠杆作用,开展利益相关者听证,激励民间资本进入污染治理设施的建设。在跨省际流域水资源调配和跨行业用水交易中,充分听取协商委员会的意见,在优先满足流域生态系统正常运行前提下,尽量降低制度运行过程中的交易成本,用市场机制促进水资源利用效率的提高。

其四,就监督体制而言,大力建设协商委员会信息网络平台,及时公布流域水环境自动在线监测的数据;跟踪流域水污染治理设施建成后的运行状况,对故意造成流域重大水污染事故者给予问责直至刑事处置;定期向上级政府首脑报告各地区流域水污染治理责任制的落实情况,建议将其作为考核地方政府政绩的重要标准;激励民间自组织和媒体参与到协商委员会中来,提高社会以及民众对水污染事故的知情权、反映权、举报权和监督权;

在相关法律修改和执行中探索实行举证责任倒置,发生环境诉讼时由排污企业提供没有污染受害个体成员的证据,从根本上改变排污企业对社会个体成员的力量强势。

五、从制度变迁的意义上看,参与共治可以成为我国水资源治理的重要原则

1. 源于流域水污染治理实践并符合公共物品理论要求的参与共治,对治理我国水量分配和水能开发困局同样具有制度借鉴作用。在我国流经多个省市的大型流域,长期存在着地区和行业之间的水量分配不合理,按比例分配水量表面上符合优先占用的传统思路,实际上造成了水资源的低效率利用,还容易加剧下游地区用水紧张和流域水污染程度。在小水电开发热中,突击上马、密集布局、径流引水等乱象迭出,全然不顾河流上下游、左右岸和干支流等相关地区的利益诉求,给社会治理和生态环境系统造成了巨大冲击。强调在地方政府权威强制力基础上形成多主体协商治理的参与共治机制,其适用对象并不仅仅局限于流域水污染治理,而是可以考虑根据不同情况加以调整修正,使之成为我国水资源治理的普遍机制。

2. 参与共治存在于制度的动态均衡状态之中,制度因素的组合决定绩效的优劣。参与共治类同弓弦的结构原理:将弹性条的两端头视作不同行政区的地方政府,以弦绷紧并缚住端头相当于地方政府间形成了权威性强制力,拉满弓弦可使分布于弓背之上的诸多企业和社会公众处于最大拉伸应力状态,此时弓弦力道获得最优配置,流域水资源治理中不同利益参与主体处于最优参与状态,即“弓弦最优配置”。在这种状态下,弓弦之间的不同行为主体都是程度不同的有效参与者;地方政府作为制度确立的主导力量,在制度均衡状态时维持系统应力最大。政府间强制力过小则权威性不够,难以协调多主体参与;强制力过大则成为传统意义上的单一行政模式,容易排斥多主体参与。

3. 质量、数量和能量构成流域水资源三位一体,流域水污染防治、水量分配和水能资源开发构成了我国水资源治理的主要内容。中国水资源治理关乎生态安全、经济增长、粮食安全、公共卫生、社会稳定和外交战略等诸多方面,在国家发展总体布局中应该上升为国家战略。考虑到水资源本身的特征和规律，很有必要加强共治理的安全应急体系和能力的建设。与此同时，若能在政府机构改革中设置国家水资源治理委员会，作为水资源保护、开发、利用和水污染治理的权威协调机构，将强化政府部门之间的集体行动。在国家水资源治理委员会之下，设置大型流域管理局，可以摆脱行业部门的利益掣肘和话语权干扰。需要强调指出的是，在流域参与共治体制内，地方政府与流域机构是合作而不是领导与被领导的关系，即便是今后可能出现拥有法律授权和财政独立的流域机构，也必须遵守整个流域内各利益主体在参与共治行动中达成的共同契约并且付诸行动。

总的来说，中国流域水污染治理的理性选择是从地方分治走向参与共治。参与共治经过完善和制度变迁，有可能成为我国流域水资源治理的普遍机制，从而为我国水资源的有效治理提供制度支持。不过，参与共治还会受到流域水资源自然禀赋、经济发展水平、治理资金技术投入和其他社会制度安排的制约，其制度模型的构建和内生动力的拓展有待我国水资源有效治理的进一步检验和支持。参与共治生于治水困境，其使命亦在于突破困境。参与共治着眼于流域社会利益主体之间、人与人之间的关系互动，其理论和实践探索或可促进人与自然的和谐，促进现代社会治理理念的深化和进步。

目 录

图表目录

导　论

滔滔江河中，流动的是水，博弈的是利益。本书的研究对象是我国流域水污染及其现行治理制度安排，其意义在于它是一个形势紧迫而尚待解决的现实命题。涉及的核心概念是流域水污染、地方行政分割体制、参与共治等。在述评目前学界的研究状况后，本书给出了特定的分析框架，并由此指出参与共治可以成为有效的制度安排。

第一节　研究问题与意义

“地球上的最后一滴水，将是人类的眼泪。”当这句警示之语流行于世的时候，世界上大多数国家确实面临着水资源的困境，水资源治理也已经成为一个世界性难题。在我国，由于生产力的长期落后以及过度的人口增长，尤其是在相当一段时间内地方政府片面奉行经济总量增长优先的经济发展战略，自 20 世纪 80 年代以来，国家很难凭借有限的财力和技术手段来解决水资源量的不足和水质恶化等关涉国计民生全局的根本问题。人类之所以关注水资源，是因为水是生命之源，是任何社会发展的基础；国人之所以忧虑水资源，是因为形势所迫，却又没有找到水资源有效治理的对策；笔者研究水资源，是除了在我国水资源治理中增加生产要素之外，主要在治理制度创新方面寻找出路。

笔者对中国水资源问题的特别关心始于 1992 年，当时笔者在中国环境报社从事新闻采访工作。亲历中国水资源的大量实际情况后，笔者认为流域水污染所引发的质量型缺水已经成为我国经济和社会发展面临的重大现实问题。深切的感受来源于在淮河一带的采访。1994 年 5 月 20—26 日，时任国务委员兼国务院环境保护委员会主任宋健率队前往淮河流域豫、皖、苏、鲁四省相关地区进行环境执法大检查，笔者随同采访。在淮河沿岸的许多村落,老师们在十分费劲地告诉孩子们"水是无色无味的"基本常识,因为孩子们在生活中见到的到处都是油黑发臭的污水。即便是取自百米深处的地下水,也是异味难除。宋健同志走村串户,听乡亲们说完"惭愧得很,连一瓢净水也拿不出来招待北京客人了",诚恳地说道"惭愧的应该是我们啊"。就在5月24日至26日于安徽省蚌埠市召开的环境执法检查大会上,宋健这位当时负责我国环保工作的最高行政官员,抒发了"碧水清风不是梦"的豪情,明确提出到20世纪末基本变清淮河水的目标。国务院要求沿淮四省通力协作,打好治淮这一仗。这次大会后的两个月,笔者再次来到淮河一带采访,因为淮河发生了特大水污染事故。沿淮城市安徽省淮南、怀远、蚌埠及江苏省淮阴市盱眙县城的居民无水可饮,仅洪泽湖一带渔业损失过亿元。国务院调查小组作出结论,此次事故是由于淮河上游的河南、安徽两省淮河干流上主要闸坝集中泄污所致。无独有偶。2004年夏天,淮河部分支流上游局部地区下暴雨,迫使沿途各地藏污闸门被迫打开,导致5亿吨高指标污水下泄,形成150多公里长的污染带,造成的危害较之十年前的那次更大。事故显示出地方保护主义在淮河治理上的极大弊端。新华社对2004年这场暴雨给淮河污染治理带来的窘迫以及反映的现实困境给予了关注。记者8月4日发出的通讯《网民议论淮河治污》指出,地方保护主义损害了河流全流域的整体利益,条块分割给统一的治污工作带来了困难,尤其是"科学决策的政绩化"使得"环境保护中的眼前利益和长远利益只能无序和自发地发生冲突、妥协以及寻找暂时利益平衡"。

新世纪的钟声并没有舒缓国人对水环境总体质量下降的忧虑。2001年8月24日,中共中央政治局常委、全国人大常委会委员长李鹏在全国人大常委会《水污染防治法》执法检查会议上说,虽然近年来各部门在执行《水污染防治法》方面,力度进一步加大,水污染防治工作取得初步成效,但形势仍不容乐观,水环境质量在一些地区趋于下降,人均水资源占有量和可供应量呈下降趋势,影响着人民生活和经济发展。我国用水效率低,浪费严重,节水潜力还很大,要把节约用水和防治水污染放在同样重要的位置。[①]

2003年7月,胡锦涛总书记提出并且逐步发展形成国家重要发展战略

① 《立法与监督——李鹏人大日记》,新华出版社、中国民主法制出版社2006年版,第660页。

的科学发展观,本质上就是要坚持以人为本,树立全面、协调、可持续的发展观,促进经济社会和人的全面发展。资源节约型、环境友好型社会目标的提出,是执政党科学发展观在处理人与自然的关系方面倡导的进步理念。水资源可持续利用和保护问题是中国社会面临的重大现实问题。水资源已经成为中国社会经济发展过程中的瓶颈,制约着社会经济诸多方面的发展。2011 年新年伊始,中共中央、国务院发布一号文件《关于加快水利改革发展的决定》,强调指出:水是生命之源、生产之要、生态之基。兴水利、除水害,事关人类生存、经济发展、社会进步,历来是治国安邦的大事。促进经济长期平稳较快发展和社会和谐稳定,夺取全面建设小康社会新胜利,必须下决心加快水利发展,切实增强水利支撑保障能力,实现水资源可持续利用。2011 年 7 月 8 日中央水利工作会议强调,水利改革发展要加强顶层设计,坚持民生优先、统筹兼顾、人水和谐、政府主导和改革创新的原则,要加快确立水资源开发利用控制、用水效率控制、水功能区限制纳污 3 条红线。中国执政党对水资源的认识进入到水量、水质和水能三个维度的开发利用和保护。

中国水资源综合症,或者说中国水资源危机,除表现在洪涝灾害发生频繁以外,水量不足造成的无水可用、水质破坏造成的无水能用以及近些年来对水能资源的破坏性开发,给水资源和环境造成了前所未有的压力。在一些水资源特别紧张和水污染特别严重的地区,例如在笔者多次亲历过的淮河流域很多地方,人民群众的根本利益甚至生存权都受到了威胁,社会稳定承受着很大的压力。水污染治理的成败,事关流域内各级人民政府的形象和威信,事关中国执政党科学发展观战略的贯彻,事关人民群众的根本利益。我国流域水污染问题应该也可能在经济发展和社会进步中得到解决。流域水污染治理问题及其制度安排,是水资源公共治理难题中的关键环节,也是目前阶段我国社会发展所面临的现实困境和理论难题。2001 年 9 月,笔者考入北京大学政府管理学院(当时为北京大学政治学与行政管理系)政治学理论专业攻读政治学理论与方法方向的博士学位。带着对现实问题的思索,与学院的老师和同学进行了深入广泛的探讨。同期,笔者在工作的同时仍然注意收集流域水污染治理方面的素材,并多次组织课题组进行了实地调研。在此基础上,笔者于 2006 年 4 月完成了博士学位论文《超越地方行政分割体制的参与共治——我国流域水污染治理实证分析》。在博士论文的基础上,笔者跟踪该领域研究新的成果,补充案例实践新材料,对参与共治模式作出进一步思考,并试图通过流域水污染治理参与共治模式来探讨它在一般水资源乃至公共资源治理中的应用。

本书选题立足于我国流域水污染的严峻现实状况和作为治理制度安排的地方行政分割体制已经陷入的困境。笔者发现,学界对水资源问题的现有研究主要集中在水量配置和能量转化的工程措施方面,比如兴修水利、防洪发电和水源分配等。随着我国人口激增,特别是20世纪80年代初大量乡镇企业的上马,使得我国流域水污染问题愈演愈烈。现实告诉笔者,要进一步思考社会经济发展过程中水资源综合症可能隐含的社会危机问题,思考社会生产方式转型过程中的制度安排和创新的问题,思考在增加生产要素之外如何对流域水污染治理提供制度激励和动力。我国流域水污染治理的制度研究和实证分析,即是从这方面考虑和分析问题的尝试。

第二节　基本概念

一、水污染

本书研究流域水污染问题,是从自然状态下一般水污染的形成原因着手。科学表明,水污染通常根据水能供养水生物的能力来测量。这一能力取决于水中溶解氧的水平和存在对动植物生存有害物质的多少。溶解氧的水平是通过水的通风和水生植物的光合作用形成。溶解氧的水平主要受到如下四个方面变量的影响:第一,暴露于大气的水的容量。一般来说,这种容量越多,溶解氧的水平越高。在自然状态下,快速流动的小溪、急流和瀑布有利于通风,利于水的自然净化,所以中国古代就有"流水不腐"之说。第二,发生在水中的植物光合作用。通常,光合作用越强,溶解氧的水平越高。水生植物中发生的光合作用会因为水中各种杂质的存在而减少,从而可能诱发水污染。第三,水体的温度。水体的温度越低,溶解氧的水平越高。反之亦然。在一些高耗能企业如钢铁厂、炼油厂、发电厂等,因为使用水作为冷却剂就提高了水的温度,从而降低了水中溶解氧的水平,排放的水体也就容易污染。第四,能够形成生化氧需求的有机废物量。这种废物不仅来自工业,同时也来自家庭。[①] 溶解氧被生长或倾倒于水中的有机物的分解所消耗。有机物越多,则对处于分解过程所需要的氧气即生化氧需求越大。

综上所述,水污染是指自然水体中溶解氧供求失衡并且引起水质严重下降时的状态。从水的污染源来看,主要有未经处理而排放的工业废水、生活污水,大量使用化肥、农药、除草剂的农田污水,堆放在河边的工业废弃物和生活垃圾,水土流失和矿山污水等。从水污染的特征来看,水体本身具有一定的自然修复功能,水污染治理就是要通过削减水体中的污染物来恢复水体的自然状态。

二、流域水污染

当水体中的溶解氧供给无法达到需求的水平,则会出现水污染问题。流域是水资源的自然属性和社会属性的集合体。自然水体在流域内的连续分布形成流域水。当流域水被赋予社会属性并拥有资源性特征后即成为流域水资源。本书所称流域水污染,是指当流域内污水排放量超过流域的自然纳污能力,并且引起流域内大规模的水资源功能丧失时的状态。流域水污染本身呈现低功能耗散状态,在遭遇地方行政区分割后其生态系统不可分割原则受到挑战,跨行政区域的共同治理有其必然逻辑。

从流域水污染形成过程看,流域水污染具有如下特征:一方面,流域水污染与一般的水污染有关,局部水污染累积叠加是形成流域水污染的基础。流域水污染形成与流域本身的自然禀赋有关。降水量大,时空分布均衡;地势开阔,地形起伏,水体落差大,都是流域内水体自净的有利条件,也是延缓流域水污染形成的有利因素。另一方面,流域水污染的形成更是与社会生产方式直接关联。生产方式落后,流域水污染形成容易治理难。流域水资源作为流域内相关制度安排的利益载体,其治理结果优劣是流域内利益格局的集中反映,也体现着流域内生产力和生产关系的相互作用状态。

三、流域水污染治理

治理是社会政治体系中所有被涉及的行为者互动式参与的共同结果,

---

① 夏普:《社会问题经济学》,中国人民大学出版社 2003 年版,第 80 页。

可以被看做一种社会政治体系模式。[①] 治理既是政府权威的落实,也是契约的遵守,还是自治的行动,是关于不同公民的偏好意愿转化为有效政策选择的方法手段,是多元社会利益转化为统一行动并实现社会行为整体的服从。因此,研究流域水污染治理不仅要考虑到流域的自然纳污能力和社会生产方式,还要考虑到其准公共物品属性下的制度安排和运行问题。

水污染治理是公共资源治理的重大难题。流域水污染治理是典型的准公共物品,其治理成果具有消费的非竞争性,其治理成本巨大要求其本身具有受益的排他性。因此,这种治理既可以采取政府提供方式,也可以采取市场提供方式,还可以采取混合提供方式。然而在现实中,政府提供方式往往会陷入"政府失灵"困境。政府官员常常也是"理性经济人",[②]公共物品的政府供给中也难免存在特殊利益集团的"寻租"现象。[③] 因此,政府提供公共物品在某种程度上也是一个政治过程,其交易成本甚至比市场提供更为昂贵,这表现为现实中的种种"政府失效",尤其是地方政府和中央政府之间的利益分割而造成的政策失败,更是并不鲜见的现象。因此,研究流域水资源污染治理问题,尤其是研究具有准公共物品属性的流域水污染治理的制度安排问题,是对物品理论应用的新拓展。

公共资源共有问题大到区域生态环境、水资源、森林等,小到村庄灌溉水渠或城市小区的公共绿地,既涉及有形的基础设施等物品的供给,也涉及无形的政府治理与服务,因此也可以说,流域水污染治理的成败,构成管制型政府向服务型政府转变的严峻考验。从公共经济学的角度看,流域水污染治理是介于纯公共物品和私人物品之间的准公共物品。[④] 该属性是由两

---

① 冯玲、李志远:《中国城市社区治理结构变迁的过程分析——基于资源配置视角》,载《人文杂志》2003 年第 1 期,第 134 页。

② 布坎南:《自由、市场和国家》,北京经济学院出版社 1988 年版,第 18 页。

③ 丹尼斯 · C. 缪勒:《公共选择理论》,中国社会科学出版社 1999 年版,第 282—302 页。

④ 萨缪尔森(Paul A. Samuelson)在其著作《公共支出的纯理论》(*The Pure Theory of Public Expenditure*)和《经济学》(*Economics*)中提出,公共物品(public goods)是指那种不论个人是否愿意购买,都能使整个社会每一成员获益。而每个人对这种物品的消费,都不会导致其他人对该物品消费的减少的物品。与之相反的则是私人物品(private goods)。我国学者南开大学国际经济系周自强先生则比较了目前关于经济学界准公共物品的一些观点,比如植草益、维莫尔、闻宁、瓦斯等学者的观点。周自强先生认为划分依据只有消费的非竞争性和受益的排他性两条。本书赞成这种观点。但具体到流域水污染治理来说,还要考虑到流域水污染治理的独特性。关于依据划分的具体论述可参见:周自强:《公共物品概念的延伸及政策含义》,载《经济学动态》2005 年第 9 期。

种原因引起:其一是流域水资源在一定区域范围内的外部效应引起的,因此,流域水污染治理在一定区域范围内也具有外部效应。如果治理成本大且边际成本递增,则负的外部效应也是边际递增的;其二是流域水污染治理作为公共物品本身具有消费的非竞争性,又具有受益的排他性。这种理论划分也可以从流域水污染基本特点、治理途径以及治理结果上得到验证。流域水污染的特点是跨界流动、污染自然累积。无论是畅流流域还是非畅流流域,污染物总量总是成比例地增量扩大。即使有行政边界的限制,也是通过边界采取措施决定多少污染物保留在本地区或转移到毗邻的下游地区。但无论是保留还是转移,其本身都具有负外部效应。在这种情况下,流域水污染治理的基本特点是,当水资源的消费者达到一定数量时,治理污染边际成本开始上升;随着规模的继续扩大,其边际成本迅速上升甚至达到无穷大。这时,虽然地方政府、企业和公民个人都可以单独加入流域水污染治理,但由于初始成本大而且边际成本递增,使得任何单一的地方政府、企业或个人都无法承担如此大的投入。所以,流域水污染治理会由于治理成本大且边际成本递增而具有非竞争性特点,除非在这其中提供必要的激励。但是,这反过来也会使得流域水污染治理具有受益的排他性——谁治理,谁受益。所以说,流域水污染治理属于典型的准公共物品提供,需要政府、市场和社会公众等多主体力量的参与。

四、地方行政分割体制

对流域水污染治理问题的研究,不仅要考虑到流域本身客观因素的存在,例如水量季节性不均和地形起伏过小引起排污不畅,考虑到不同个人和组织之间的行为、信息以及相关的制度安排,还要考虑到各行为主体依附于流域之上的利益格局。本书所称地方行政分割体制,特指我国现行的流域水污染治理基本制度。

当前我国流域水污染治理方面存在的地方行政分割体制,使得流域管理机构的设置存在制度缺陷,流域治理全面陷入困境。地方政府部门所属的水资源管理机构为了适应本地区经济发展的要求,存在一定的地方利益竞取,从而使得整个组织陷入自利化的樊笼之中。由于地方政府的行政权力作用,市场和自治组织以及公民个人在流域水污染治理中难以发挥出应有的作用。因此,研究流域水污染治理问题,还需要研究流域水资源治理所体现出的政府、市场和自治这三种不同制度的设计和均衡。通过流域水污染治理制度安排的分析,给政府界定自身的基本职能范围提供一个基本的分析框架,同时也可以使中央和地方政府根据利益的不同划分、不同物品的属性来确定自己的职责,适应公共福利最大化的要求,寻找到自身职能范围和作用方式的合理边界。而政府职能范围和边界的划分和确立,对我国的政府治理与政治发展具有现实意义。我国流域水污染治理需要实现制度变革和创新,以超越地方行政分割体制。

第三节 既有研究评析

当前我国流域水污染治理的研究,主要是从水利工程、排污收费制度、法律框架、明晰产权以及管理体制等方面展开的。

有学者提出用资源系统工程管理学的办法来化解水资源危机。就是以系统工程的方法,在人工生态系统与自然生态系统之间,通过科学管理来实现这个大系统的动态平衡和可持续发展。吴季松先生在《新循环经济学》一书中强调,“生态水就是生命水,必须保护全流域的水生态系统”。他认为,“在我国水多、水少、水脏和水浑四大水问题中,目前对可持续发展影响最大的是水少,即水资源短缺问题”,解决问题最重要的途径是实施循环经济,建设资源节约型社会。他通过分析我国近年来用水趋势发现,尽管我国国民生产总值平均速度在增加,而总用水量却在小幅度下降,因此得出了“中国可以不缺水”的乐观结论:到 2015 年以前仅靠节水中国就可能达到水资源平衡。他在《从世界看台湾》一书中肯定了工程技术措施对流域治理的作用,认为台南河流污染的原因,主要在于这里是农业区,化肥和农药的面源污染是至今全世界都难以解决的问题;同时这里污水处理厂较少,污水处理比率也不高。笔者以为,这个结论的分析前提存在两个不足:一是对水质问题的严重程度估计不足,事实上“有水不能用”和“无水可以用”的问题同样突出,甚至说水质问题更加令人担忧;二是这个结论建立在经济增长方式的成功转变上,而现实表明生产方式变革是一个十分艰难的过程。

这种思路的优点是开辟了多学科角度研究水资源问题的视野，结合经济发展方式、生产方式和水利工程来看待我国水资源治理问题，但问题是需要进一步从根源上寻找我国流域水污染问题的症结，需要从行政管理制度安排方面发现我国流域水资源污染区别于其他国家的典型特征，即流域水污染属地管理下的地方行政分割的制度安排。

就排污收费制度的研究来看，智国明等人的研究具有代表意义。[①] 他们的研究指出，我国从 1979 年开始实施排污收费制度，作为污染治理的货币化手段，排污收费制度起到了一定的积极作用。但是，也存在一些客观的问题。比如地方保护主义、寻租行为的存在、信息的不对称、免费搭车行为的存在、具体操作技术存在的不合理性等。王金南、陆新元等人认为，这种经济手段也没能有效解决我国目前严重的流域污染纠纷问题，主要原因是这项环境管理制度存在明显的计划经济痕迹，暴露出许多亟须改革的问题，主要集中在征收政策、收费标准、排污资金的使用与管理等方面。[②]

这种分析看到排污收费制度的缺陷，但是忽略了对流域水污染原因的深层次分析。实际上，在地方行政分割体制下，各地区根据属地管理的原则从自身利益和污染程度出发制定各自的排污收费系统，从而导致流域水污染治理的分割局面，从客观上加剧了流域水污染的恶性循环。排污收费制度要研究，污水处理厂要因地制宜分析区域污染物特征，改变单因子收费模式和标准过低现状。

从法制建设的角度出发，一大批法学研究者注意到了有关水资源法律制定或执行中的缺陷。有的学者认为，《水污染防治法》规定下的管理体制，是“统一管理与分级、分部门管理相结合”，未统筹考虑水资源的自然流动性

---

① 关于排污收费制度的研究，参见智国明：《庇古税、科斯定理与政府角色的定位——对“污染反弹”现象的分析》，载《郑州轻工业学院学报（社会科学版）》2004 年第 3 期；王金南等：《中国排污收费制度的总体改革框架》，载《中国排污收费制度改革国际研讨会文集》，中国环境科学出版社 1998 年版；陆新元等：《中国排污收费制度的改革与实施》，载《中国排污收费制度改革国际研讨会文集》，中国环境科学出版社 1998 年版；张文松、郭广珍：《环境污染治理方式初探及其经济学分析》，载《中国煤炭经济学院学报》1999 年第 4 期；张雪绸：《环境污染的经济学分析及其治理对策》，载《西安财经学院学报》2005 年第 1 期；张颖、王勇：《我国治理污染的市场手段——排污权交易分析》，载《生产力研究》2004 年第 12 期。

② 王金南等：《中国排污收费制度的总体改革框架》，载《中国排污收费制度改革国际研讨会文集》，中国环境科学出版社 1998 年版。

与流域生态系统的平衡性，简单地按照行政区划或者部门管理的思路确立管理体制。具体表现为缺乏流域级的水环境管理（或水污染防治）机构或机制，现有的机构之间职责权限交叉不清，导致重复劳动和相互牵制。目前我国现行的有关水资源保护的法律主要有四部，它们是《环境保护法》、《水法》、《水污染防治法》、《水土保持法》。虽然从表面上看，这四部法律对我国的水资源保护已作出了全面的规定，但实际上在立法理论与实践中，这四部法律本身及其相互之间存在着诸多问题：

（1）四部法律的关系不甚明确。通常说来，在立法上只有具备不同效力等级的法律体系，才有利于形成不同的行为规范体系。上述四部法律均为全国人大常委会制定，具有同等法律效力；但从理论与实践上看，水资源管理应该是高于水土保持、环境保护的，与水污染防治在同一个层次，应该属于上位法规定的内容。因此，目前这种立法模式显然不能适应水资源管理与保护的需要。

（2）四部法律之间的关系不甚协调。四部法律都对管理体制作出了规定，确立了水资源管理与保护的主管部门和协管部门，但四部法律实际上是由水利和环保两个职能主管部门分别起草后报全国人大常委会审议通过的，立法时缺乏部门间的综合平衡，容易产生部门利益的分歧，因而在法律实施中也难以实现很好地协调。各部法律规定重原则轻程序，致使一些法律条文的适用范围不明、操作程序不清、具体实施时困难重重。

（3）各管理部门之间的职权范围不够清晰。由于目前我国政府所属的行政机关的设立没有专门的组织法，各部门的职权都是由各部门自己先制订方案，后报经国务院批准“三定”方案后执行。各部门在设计方案初始阶段难免从部门自身利益出发考虑问题，忽视整体利益，容易造成权力设置的重复或空白，只有分工没有协作，既不能充分发挥各部门的作用，又不能形成整体协同性政府管理效益；甚至因为各部门的权力竞争造成对整体利益、长远利益的损害。这种体制安排在流域水资源保护中表现相当突出且危害很大：污染管理者、资源开发者、排污者相脱节，管理者只收费不治理、资源开发者既要开发又要治理、排污者只缴费别的什么都不管。其结果必然导致流域水资源污染严重。

（4）一些管理机构的法律地位尚不明确，职权亦不确定，难以实现法律规定的管理目标。在四部法律中,关于流域水环境保护仅在《水污染防治法》中有所规定,但其规定却是相互矛盾的。该法第四条规定:"……重要江河的水源保护机构,结合各自的职责,协同环境保护部门对水污染防治实施监督管理。"而根据我国目前的机构设置规定,水行政主管部门下应该设置水资源保护机构,但实际根本没有设置。然而从《水污染防治法》关于流域水污染防治的其他规定来看,流域水污染防治显然就是流域水资源保护机构的职责。由于流域水资源保护机构的法律地位不明、权力不清、职责不定,当然无法发挥对主要江河流域水资源统一管理的作用,致使流域水资源保护举步维艰。[①] 因此,有学者认为,解决流域水资源问题的出路,主要是通过流域立法,强化流域管理机构的权威,利用法律约束机制调节地方利益冲突,实现流域水资源的统一优化管理调度。[②]

这些观点从法律的视角看到了我国目前水资源管理中存在的制度缺失。但是,实际上,由于缺乏激励机制,使得强制性的法律同样很难达到预期目标。目前,执法成本高已成为水污染防治法实施中的执法瓶颈,通过收缴现行规定的排污费或罚款,已不足以制止环境违法行为。一些企业宁愿缴纳排污费,或者采取偷排行为,也不愿意投资建设污水处理设施,有的企业虽然建有污水处理设施,但由于运行成本较高而任其成为摆设。

另有一些学者从水污染管理机制上来看我国流域水污染问题。赵来军、李怀祖等认为,目前流域跨界水污染管理机制属于指令配额管理体制,这个管理机制的显著特点是各地区必须独立完成流域管理机构确定的污染物削减配额,不允许存在污染物的跨地区转移削减,由此导致两个明显问题:第一,由于流域各地区存在不同的产业结构、企业所有制组成结构、自然资源禀赋、区域污染治理技术与水平,各地区的污染物削减成本函数差异很大。由于不允许污染物的跨地区转移削减,因而无法发挥削减成本的地区

---

① 参见徐伟敏:《中国污染防治立法的回顾与展望》,载《山东大学学报》2000 年第 4 期;陈琴:《构建我国水权法律制度体系的初步设想》,载《中国水利》2003 年第 7 期,B 刊;台世舜:《论流域管理机构的法律地位及其职能》,载《长江工程职业技术学院学报》2004 年第 3 期;姚慧娥、徐科雷:《新〈水法〉的进步与不足》,载《华东政法学院学报》2003 年第 3 期;敖良桂、吴国平:《水资源保护与水污染防治的立法协调性初探》,载《人民长江》2001 年第 7 期;陈德敏、乔兴旺:《中国水资源安全法律保障初步研究》,载《现代法学》2003 年第 10 期。

② 王建中:《黄河断流情况及对策》,载《中国水利》1999 年第 4 期。

差异优势,无法达到环境容量和资源的优化配置。第二,有些地区缺乏足够的资金支持,污染物处理技术落后,污染物处理能力不足,导致没法完成污染物削减配额,只有向其下游地区转移污染物,这些地区也没必要为此补偿。而有些地区有足够的资金支持,也具备先进的污染物处理技术,充足的污染物处理能力,但由于流域上下游地区之间没有污染物转移削减利益协调机制,这些地区也没有责任和动力去削减其他地区的污染物。这样就导致有些地区污染物处理能力闲置,而有些地区污染物处理能力不足,整个流域的治理资源没有充分利用,流域跨界水污染纠纷严重。因此,建立流域跨界水污染纠纷合作平调模型,才有可能解决流域跨界水污染纠纷问题。该模型分为两个部分,首先是在确保整个流域及各地区达到环境质量标准的约束条件下,以整个流域的环境成本最小为优化目标,确定各地区的污染物削减量和污染物转移量的优化方案;然后对污染物转移地区和接受污染物转移地区进行利益协调,污染物转移地区对接受污染物转移地区进行合适的利益补偿。①

这种观点从局部技术方面看到了现有制度安排的不足,但是,对制度的局部调整和修改实际并不能改变制度本身的失效问题。跨界水污染纠纷合作平调模型假设整个流域的环境成本为最小也是不切实际的,从流域总体上的环境成本上计算再辅之以各个地区的优化方案,仍然只是一个理想的模型而已。因为,要达成集体行动,前提是确定各地区可以依存的共同利益,并且提供必要的激励。

从水市场和水管理的角度来研究水污染问题的文献较多,但大多集中在水市场的利益分配和推进管理体制改革方面。比如刘文强认为,要通过水市场的制度安排建立合理的水分配利益调节机制,以产权改革为突破口。通过界定产权,利用市场这只“看不见的手”去对水资源加以配置,从利益机制出发建立流域“激励相容”的水管理机制。② 又如叶文虎认为,跨行政区的环境污染问题不是一个行政区所能单独解决的。因此,在处理与多个部门、

---

① 赵来军:《流域跨界水污染纠纷合作平调模型研究》,载《系统工程》2004 年第 3 期。

② 刘文强:《塔里木河流域基于产权交易的水管理机制研究》,清华大学管理学博士学位论文,1999 年。

多个地区有关的环境问题时,就必须遵循"双赢"原则和思路。[①]

胡鞍钢等认为,要解决跨区域水资源问题,应该着眼于制度创新和制度建设,推动流域管理体制改革,改变强有力的流域统一管理模式,沿着建立水市场的思路,实现从流域水资源指令配置向准市场配置的转变。水资源的分配是一种利益分配,水资源的配置方案不仅仅需要技术上和经济上的可行性,更重要的是政治上的可行性。因此,要做好诸多方面的工作,尽快建立基于平等参与的全流域地方政治民主协商制度、实现流域人口基本用水均等化、加大对中上游省区财政支付转移的力度、广泛披露水资源信息、引入广泛参与机制、加快水利体制改革、推进水利设施运营公司化或商业化。[②]

从水市场和管理制度的角度来分析水污染问题,有利于明确各个参与的主体以及主体的利益要求,容易确定管理的对象,但仍然忽视了中国流域水污染治理属地管理之中的地方行政分割问题。如果不从中国的实际情况出发,简单借鉴他国的理论和经验来作为中国水污染治理的思路,对我国流域水资源治理可能产生的实际效果尚待观察。

需要指出的是,已有部分学者开始注意到行政分割对流域水污染所造成的影响。比如黎元生等提出,当前我国水资源管理中存在的流域机构权威缺失、条块分割、块块分割和部门分割等体制性缺陷,要通过加强流域机构与地方政府协作、建立水资源市场化配置机制、促进流域经济一体化和实现水资源管理职能综合化等措施,以此构建水资源管理中的利益协调机制。[③]

这种观点看到了我国流域水污染治理中的行政分割现象,并提出要建立利益协调机制。但是,从目前看来,这些观点都只是停留于对行政分割的一般描述,尚未揭示我国行政分割的不同层次问题特别是地方行政分割体制问题,也没有对行政分割体制的形成、结构以及存在的矛盾进一步展开分析。因此,设计的替代性选择方案也往往缺乏特定针对性。正因为如此,对利益协调机制如何形成也难以展开进一步深入分析。

---

① 叶文虎:《环境管理学》,高等教育出版社2000年版,第37—38页。

② 胡鞍钢、王亚华:《转型时期水资源配置的公共政策:准市场和政治民主协商》,载《中国水利》2000年第11期。

③ 黎元生、胡熠:《论水资源管理中的行政分割及其对策》,载《福建师范大学学报》2004年第4期。

第四节 本书研究方法与框架

本书在研究过程中尝试采用实证的案例分析方法研究流域水污染治理问题。本项研究选取的案例有两个特点：一是实现有效治理的跨界河流、湖泊和没有实现有效治理的跨界河流相比较；二是流域范围大小不同对应着不同的治理绩效差别。因此，本项研究通过对不同个案的调查和比较分析，论证了我国流域水污染治理必须建立参与共治模式来超越地方行政分割体制禁锢的基本论点。

本书从制度研究入手，分析了我国流域水污染治理过程中的制度功能以及结构问题，分析了我国流域水污染治理存在的制度约束以及可能发生的制度变迁。因此，本书的研究思路基本体现为四个递进的层次，或者说该项研究分为四步：第一步，分析流域水污染治理的基本属性。第二步，分析流域水污染治理存在问题的性质。其中，关于治理现状的分析主要是对于治理所处的阶段、所应用的方法、存在的困境以及造成的消极后果的分析。而关于流域水污染治理存在问题的性质，通常决定着可以采取的制度安排，也决定着制度安排绩效的差异。第三步，分析流域水污染治理的特定制度选择可能导致的直接效率效应。特定的制度选择的直接效率效应，既可以用实际的案例来证明，也可以采用效率比较的方法去辨析。从当前的研究来看，效率的计算标准有二：一是线性组织越完备，效率就越高。等级组织中单一的命令链条和组织的专业化、职业化程度成正比；[①]二是以成本计算来看待效率。某种特定目标的完成，必须要匹配特定数量的资源和信息。如果以最少的成本实现了该目的，则说明取得了好的绩效，从而也是有效率的。[②] 本项研究对于流域水污染治理的制度安排的直接效率效应的分析，采用的是制度绩效比较的方法。第四步，分析特定制度选择的实施以及可能

---

① 专业化、职业化程度对流域水污染治理来说是必要的。或者说，职业化和组织结构是两个独立的正相关的变量。不论是从流域水污染的自然属性还是社会属性来看，组织规模以及组织获取资源和信息的能力的强弱都和水污染治理的机会结构正相关。

② 文森特·奥斯特罗姆：《美国公共行政的思想危机》，上海三联书店2000年版，第55页。

存在的制度变迁。本研究借鉴了2009年诺贝尔经济学奖获得者、美国公共治理学家埃莉诺·奥斯特罗姆关于制度影响变量的分析方法。如图0-1所示：

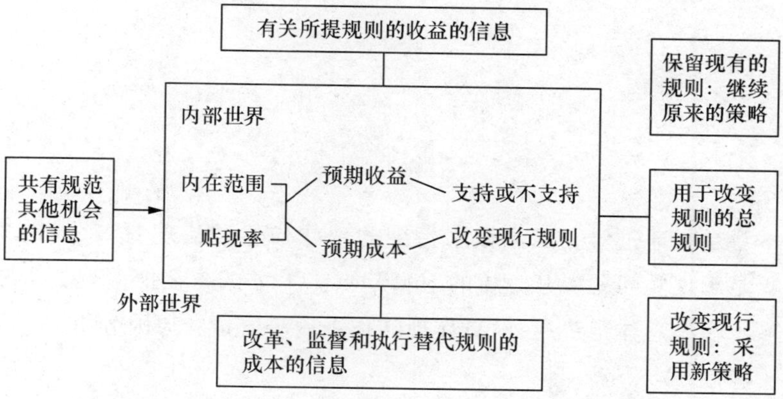

图 0-1 影响制度选择的变量总汇

（来源：埃莉诺·奥斯特罗姆：《公共事物的治理之道》，上海三联书店2000年版，第288页）

本书研究以流域水资源相关的行动主体和相应的制度安排为基本分析单位。在文森特·奥斯特罗姆的制度绩效比较分析的理论基础上，本项研究也对不同典型案例的实际效果进行比较分析。比较分析的目的在于发现不同治理模式的差异以及不同模式导致的制度绩效的差别，实质是对两套制度的收益—成本进行比较。一套制度规则所可能产生的收益，取决于制度实施本身的客观条件、当前制度安排所形成的并对人们公开的信息类型，以及替代方案所提出的制度规则。新旧制度更替可以界定为制度变迁，其成本包括转换成本、监督和实施成本。在这些指标的衡量中，可以设定一些必要的参数值，如：L：低，M：中，H：高（其中L为1，最好）。[①] 从总体上观察这些参数的频率分布，即可以比较出不同制度绩效的差异。通过比较分析以及对我国流域水污染治理制度影响变量的分析，本项研究提出我国流域水污染治理的制度变迁应该满足的必要条件和可能达到的制度优化程度，由此指出参与共治可以成为有效的制度安排。

① 参见 埃莉诺·奥斯特罗姆：《制度激励与可持续发展》，上海三联书店2000年版，第155页。

第一章

我国流域水污染现状

本章旨在通过对我国流域水污染的现状描述和治理对策分析，为本书提供立足于现实问题展开分析的逻辑起点。本章试图在把握近二十年来我国流域水污染总体走势后，对具体现状作进一步概括和原因分析。

第一节　流域水污染总体走势

随着人口激增和粗放型生产方式副作用的累积，自从20世纪中叶特别是80年代以来，我国在水量紧缺的同时，也暴露出水质变化越来越严重的问题。主要江河和淡水湖水体呈现恶化趋势，表现在水质下降、水污染范围扩大、危害加剧等诸多方面，并且还呈现出新的发展趋势。针对水污染的现状，我国也采取了一些积极的措施，但是这些措施无法改变水污染危害积重难返的困局。

本书选用《中国环境统计年鉴》2003—2009年的流域水污染指标来描述我国流域水污染的现状，主要理由是选择2003—2009这7年的污染数据指标，能够基本反映我国流域水污染的状态和总体趋势，揭示出流域在相对落后生产方式下，经济总量增长和水环境总体质量呈现负相关的特征，流域水环境很难有根本性的改善，也不可能实现环境保护与经济增长协调发展。在2003—2009年的7年间，我国国民生产总值GDP持续稳定快速增长(2003年9.5%，2004年10.1%，2005年10.4%，2006年11.6%，2007年13.0%，2008年9.0%，2009年9.2%)。假设一个流域在一段时间内的自然状态保持稳定，流域内生产方式也保持基本稳定，那么经济开发强度将决定流域水环境的质量。如果经济开发强度过大，陆地各种污染物排入河流湖泊的总量必然加大，反映流域内水环境质量的水污染指标就会居高不下。

2006 年是国家第十一个五年计划开局之年。当年《政府工作报告》评价，经济增长连续四年达到或略高于 10%，没有出现通货膨胀。中国经济处于高歌猛进之中。2007 年 10 月 16 日上正指数创下 6124 点新高。2008 年 9 月 15 日美国雷曼兄弟公司宣布破产，金融危机升级。10 月 3 日布什政府签署总额高达 7000 亿美元的救市方案。10 月 28 日中国上证指数暴跌至 1664 点。2008 年 11 月 5 日中国国务院常务会议研究扩大内需、促进增长的措施，在宏观调控方面执行积极的财政政策和适度宽松的货币政策。会议要求，扩大投资“出手要快，出拳要重，措施要准，工作要实”，开启了十项措施、四万亿投资的庞大救市计划。

《中国统计年鉴》2003—2009 年相继公布《流域分区河流水质状况评价结果》。按评价河流湖泊的长度统计，2003 年在全国流域分区评价河流长度 134593 千米中，完全丧失利用价值的劣 V 类（人体不能和 V 类水接触，劣 V 类水则完全丧失基本生态功能）水体占被评价河流总长度的 20.7%，污染严重程度河流劣 V 类水体占比以辽河 71.8% 为最，湖泊以太湖 56.6% 居首。2004 年评价河流长度 133545 千米，劣 V 类比例为 21.8%；河流劣 V 类水体占比以辽河 63.2% 为最，湖泊劣 V 类水体占比以太湖 62.8% 居首。2005 年，评价河流长度 140497 千米，劣 V 类比例为 21.3%；河流劣 V 类水体占比以海河 61.4% 为最，湖泊劣 V 类水体占比以太湖 63.4% 居首。2006 年，评价河流长度 138737 千米，劣 V 类比例为 21.8%；河流劣 V 类水体占比以海河 62.5% 为最，湖泊劣 V 类水体占比以太湖 62.9% 居首。2007 年，评价河流长度 143604 千米，劣 V 类比例为 21.7%；河流劣 V 类水体占比以海河 64.8% 为最，湖泊劣 V 类水体占比以太湖 64.3% 居首。2008 年，评价河流长度 147728 千米，劣 V 类比例为 20.6%；河流劣 V 类水体占比以海河 60.8% 为最，湖泊劣 V 类水体占比以太湖 55.7% 居首。2009 年，评价河流长度 160696 千米，劣 V 类比例为 19.3%；河流劣 V 类水体占比以海河 61.1% 为最，湖泊劣 V 类水体占比以太湖 50.6% 居首。

通过对上述数据和表 1-1 分析比较，可以看出，流域水污染程度与地理

表 1-1 流域分区河流水质状况评价结果(按评价河长统计)(2007 年)

流域分区	评价河长(千米) Evaluate Length (km)	分类河长占评价河长百分比(%) Classify River length of Evaluate Length (%)					
		Ⅰ类 Grade Ⅰ	Ⅱ类 Grade Ⅱ	Ⅲ类 Grade Ⅲ	Ⅳ类 Grade Ⅳ	Ⅴ类 Grade Ⅴ	劣Ⅴ类 Worse than Grade Ⅴ
全国	143604	4.1	28.2	27.2	13.5	5.3	21.7
松花江区	13525	0.5	14.1	32.4	27.1	6.6	19.3
#松花江	10909	0.6	12.2	38.5	27.0	5.8	15.9
辽河区	5482	1.4	23.5	14.7	13.7	5.0	41.7
#辽河	2538		14.7	10.3	6.7	8.6	59.7
海河区	11856	2.1	13.7	11.8	12.4	2.9	57.1
#海河	9169	1.9	10.2	11.2	8.5	3.4	64.8
黄河区	13493	3.0	13.1	27.5	15.7	6.9	33.8
淮河区	13962	0.7	12.5	24.6	18.9	9.2	34.1
#淮河	11883		13.7	24.0	20.0	10.6	31.7
长江区	39483	3.2	36.2	27.5	12.4	5.9	14.8
#太湖	2511		4.4	9.8	10.6	10.9	64.3
东南诸河区	4973	4.7	38.2	25.6	11.4	3.5	16.6
珠江区	17860		33.1	36.3	9.7	6.2	14.7
#珠江	13832		30.9	36.3	10.8	7.0	15.0
西南诸河区	13323	3.7	41.3	42.6	5.3	2.4	4.7
西北诸河区	9648	31.0	46.5	10.2	9.0	0.4	2.9

条件、降水量的时空分布不均有关,在更大程度上与经济开发强度和技术水平以及环境约束规则有关。北方河流,例如海河和辽河由于地处平原、年降水量少而不均,很容易遭到污染;南方流域,例如太湖地处平原,水体自净能力差,而该地区长期处于经济开发高强度状态,污染严重而且治理困难。这些江河湖泊在流域水体污染排行榜上长期高位不退。而就全国范围而言,2007 年是取样 7 年中 GDP 增长最快的一年,流域水污染趋势并没有伴随国民生产总值的高速增长继续恶化,而是呈现总体形势严峻、趋势稳定的特征,这表明流域水污染程度并不总是简单地和 GDP 高增长保持正相关关系,在政策约束力和技术强化条件下,流域水污染恶化趋势在一定程度上可以得到遏制。可以推断,2007 年可能成为中国控制流域水污染恶化趋势的转

折点，此后这个趋势可能走向缓和乃至回落。《2007年中国环境状况公报》显示：2007年全国化学需氧量排放量比2006年下降3.14%，但是水污染形势依然严峻。在全国监测的197条河流的407个断面中，一至三类、四五类和劣五类水质的断面比例分别为49.9%、26.5%和23.6%。在我国七大水系中，只有珠江、长江总体水质良好，松花江为轻度污染，黄河、淮河为中度污染，辽河、海河为重度污染。我国流域水污染还相当严重。

究其原因是多方面的，但主要在于2005年以来我国重点流域和区域污染防治取得了进展，环境保护被切实提升到了前所未有的战略高度并在实际工作中得到有效落实，发展理念更为先进，增长手段更为得力，约束规则更为完善。当年的《政府工作报告》指出，要把科学发展观贯彻到现代化建设的全过程，加快推进经济结构调整和增长方式转变；环境保护和生态建设以水污染防治为重点，实行严格的排污总量控制制度，大力推行循环经济和清洁生产，发展环保产业，加大环保监督和执法力度，让人民群众喝上干净的水。当年12月，国务院发布了《关于落实科学发展观加强环境保护的决定》，明确了环保工作的目标、任务和一系列重大政策措施。2006年4月17—18日，国务院召开了第六次全国环境保护大会，具体部署落实国务院发布的《关于加强环境保护的决定》。其间，国家环保总局[①]局长周生贤接受记者采访时指出，我国环境与发展的关系正在发生重大变化。环境容量成为区域布局的重要依据，环境管理成为结构调整的重要手段，环境标准成为市场准入的重要条件，环境成本成为价格形成机制的重要因素。这些重大变化，标志着环境保护成为优化经济增长的重要内容，为推动经济增长历史性转变带来了难得的历史机遇。考虑到2008年以来中国经济受到全球经济危机的影响，经济总量回落，"十二五"乃至今后，国民经济增长质量将得到优先考虑，环境保护约束力将得到强化。

国家环境保护部总工程师万本太在中国发展高层论坛2010年会上表示，目前我国环境污染和生态破坏加剧的趋势均有所减缓，环境污染的趋势尚未得到根本扭转。"重点流域区域污染治理取得初步成效，环境保护成效

① 按照国务院机构改革方案，国家环境保护局1998年3月升格为国家环境保护总局（正部级），2003年3月改名为国家环境保护部。

不断闪现但形势依然严峻，潜在的环境问题还在不断显现”①。当前探索环保新道路的首要任务就是要深入研究如何充分发挥环境保护优化经济发展的综合作用。在笔者看来，这位学者型官员在评价我国环境总体趋势上用语简约，显示出官员正式场合应有的沉稳；而通过“成效闪现”和“问题显现”的精确用词，也透露了这位官员型学者的客观谨慎。闪现是瞬间过程，而显现可以是一种状态。可见我国流域水污染治理还处在时好时坏的不稳定时期，探索道路包括经济、法制等现有规则的进一步深化，更包括对整个治理制度的治道变革。

第二节 我国流域水污染具体现状

一、纳污量激增水质下降

20 世纪中叶特别是 80 年代以来，我国水体总体上呈现恶化趋势。污染物排放总量逐年增加，各种污染成分越来越复杂，严重超过流域水体的自净能力。《中国统计年鉴 · 2004 年卷》环境保护统计篇水环境栏显示，废水排放总量自 1999 年来连续 5 个年度分别达到 401、415、433、439、459 亿吨，供水、用水、废水处理的比例达不到 1∶1∶1。2005 年 3 月，水利部公开指出中国 70% 以上的水体已经遭到污染，并援引世界银行的测算，表明中国每年因空气和水污染造成的损失约占当年 GDP 的 8% 左右，环境污染使中国发展成本比世界平均水平高 7%。尽管目前中国水污染造成的损失还没有确切的数据，但严峻的污染形势有目共睹，由此造成的损失也绝不会太低。②

首先是生活污水的比重增大，污水处理能力明显不足。全国工业和城镇废污水年排放量从 1980 年的 239 亿 m^3 增加到 2000 年的 740 亿 m^3。③ 而单就生活污水的排放来看，也呈现出逐年增加的趋势。这一结论可以从 2000—2005 年国家环境保护总局发布的《废水排放及处理情况（2000—

---

① 《环保成效闪现形势依然严峻》，中国经济网，2010 年 3 月 21 日。

② 《中国水势》，http://www.waterinfo.com.cn/ywkd-1/guonei/200503110016.htm。

③ 《全国人大常委会〈中华人民共和国水污染防治法〉执法检查组第一次全体会议文件》。

2005)》(见表1-2)数据得到验证。在这6年中废水排放总量增长了26.3%,而废水治理设施只增长了7.4%,处理能力滞后。在污水排放总量构成中,生活污水排放总量上升,连续六年超过工业废水排放总量。氨氮排放总量明显增长。

表1-2 废水排放及处理情况(2000—2005年)

指标	2000	2001	2002	2003	2004	2005
废水排放总量(亿吨)	415.2	432.9	439.5	459.3	482.4	524.5
工业废水排放总量	194.2	202.6	207.2	212.3	221.1	243.1
直接排入海的	8.2	8.6	9.8	11.5	14.1	15.2
生活污水排放总量	220.9	230.2	232.3	247.0	261.3	281.4
化学需氧量排放总量(万吨)	1445.0	1404.8	1366.9	1333.9	1339.2	1414.2
工业	704.5	607.5	584.0	511.8	509.7	554.7
生活	740.5	797.3	782.9	821.1	829.5	859.4
氨氮排放量(万吨)		125.2	128.8	129.6	133.0	149.8
工业		41.3	42.1	40.4	42.2	52.5
生活		83.9	86.7	89.2	90.8	97.3
工业废水排放达标率(%)	76.9	85.2	88.3	89.2	90.7	91.2
工业废水中化学需氧量去除量(万吨)	819.8	1045.8	1649.9	1008.0	1043.9	1088.3
工业废水中氨氮去除量(万吨)		34.1	38.8	36.0	46.6	48.3
废水治理设施(套)	64453	61226	62939	65128	66252	69231
本年运行费用(亿元)	132.53	195.83	181.08	196.50	244.57	276.69

其次,我国流域水污染成分复杂。我国的主要工业集中地带,例如在海河流域的山东与河北跨省界、河南与山东跨省界、淮河流域的河南安徽跨省界、辽河流域的吉林辽宁跨省界,水污染主要指标严重超标。污染的主要成分为石油类、生化需氧量、氨氮、高锰酸盐指数和挥发酚等。例如,氨氮作为水体中的营养素,如比重过大可导致水体缺氧和富营养化现象。不同的污染成分需要不同的采样设备以及化验装备,而且多种成分的混合,使得监测

部门难以确定污染来源，这就给污水处理增加了难度。

再次，我国流域水污染面积逐年增加。2003 年，在列入全国水资源质量评价的约 10 万千米长河中，1/3 以上的河段受到污染。[①] 同年，国家环保总局利用遥感和地理信息系统技术对全国生态环境现状进行了首次调查评估。结果显示，我国水土流失严重，水生态环境仍然在恶化，一些地区江河断流，农村面源污染严重。

2004 年，淮河、黄河污染反弹。淮河主要水质污染指标已达到或超过历史最高水平；黄河干流一度 40% 河段的水质为劣 V 类，基本丧失水体生态功能。目前全国 70% 以上的河流湖泊受到不同程度的污染，并由城市向农村蔓延；90% 的城市地下水不同程度遭受污染，并由点向面扩展。与此同时，陆源污染正在毒化近海海域。2005 年我国向近海排放废污水 317 亿吨，主要入流污染物约 1463 万吨。城市生活废水和农业面源已成为水污染物的主要来源。据中国环境监测总站 2006 年 6 月发布的《113 个环境保护重点城市集中式饮用水源地水质月报》，有 16 个城市水质全部不达标，占重点城市的 14%；有 74 个饮用水源地不达标，占重点城市饮用水源地的 20.1%；有 5.27 亿吨水量不达标，占重点城市总取水量的 32.3%。目前全国还有 3 亿多农民在饮用不合格的水。

中国环境监测总站 2007 年 1—4 月对全国地表水的检测结果表明，流域污染的总体态势仍然没有得到有效控制。长江安徽段的巢湖全湖平均为 V 类水体；黄河支流渭河的渭南市、淮河支流沙颍河的周口市的国控断面 2007 年前 4 个月的监测结果全部为劣 V 类。国家环保总局 2007 年 4 月对海河和淮河流域干支流 67 个断面水质抽样检测结果显示，全部为劣 V 类。限批流域的饮用水安全隐患也非常严重。巢湖每年夏季暴发蓝藻，很多企业仍在排放大量氮磷污染物，加大了蓝藻继续大规模爆发的风险。2007 年 5 月安徽蚌埠市 5 个排污通道超标排放污染水体，而且是直接排入淮河。现场检查发现，在淮河已经形成长达 1 千米的泡沫带，作为衡量水中有机物含量指标的化学需氧量（COD）浓度高达 390mg/L。

---

① 《中国水利杂志专家委员会会议暨节水型社会建设高层论坛论文集》，中国水利杂志编辑部，2005 年，第 144 页。

二、七大水系均受到严重污染

在全国七大水系407个重点监测断面中，劣Ⅴ类水质断面约占30%。38%满足Ⅰ—Ⅲ类水质要求，32%属于Ⅳ—Ⅴ类水质。七大水系干流的18个国控监测断面中，劣Ⅴ类水质断面占9%，Ⅰ—Ⅲ类水质占54%，Ⅳ—Ⅴ类占37%。黄河干流22个断面中劣Ⅴ类水质断面占14%、Ⅳ—Ⅴ类占55%、Ⅱ—Ⅲ类占31%，珠江水系33个断面中Ⅰ—Ⅲ类水质断面占82%、Ⅳ类占12%、劣Ⅴ类占6%，辽河水系37个断面中劣Ⅴ类水质断面占41%、Ⅳ—Ⅴ类占30%，Ⅲ类占29%。按照综合污染指数评价，2003年七大水系污染程度由重到轻依次为海河、辽河、黄河、淮河、松花江、长江和珠江，主要污染指标为石油类、生化需氧量、氨氮、高锰酸盐指数和挥发酚等。按照10个水资源一级区1300条河流的3200多个监测断面的水质资料，对全国13.46万千米河流水功能区水质评价结果显示，Ⅳ类水河长占10.9%，Ⅴ类水河长占5.8%，劣Ⅴ类水河长占20.7%。①

2005年1月，对全国七大水系的175条河流、345个断面的监测显示：Ⅰ—Ⅲ类水质占46.7%；Ⅳ—Ⅴ类占24.9%，劣Ⅴ类水质占到28.4%。七大水系主要污染指标是高锰酸钾指数、氨氮和石油类。2005年七大水系污染程度由重到轻排序与2003年一样，但这些流域的废水排放总量同期增加了11%。

三峡库区部分支流水质呈现恶化趋势，2004年有7条次支流发生了水华。② 国家环保总局提供的环境统计数据表明，长江污水排放量呈快速增长之势。1998年全流域废水排放量为113.9亿吨，2001年为138.3亿吨，2005年为184.2亿吨。短短7年的时间，废水排放量增加了70亿吨。《长江流域水资源公报》显示，长江流域废污水的排放持续增长、干流近岸水域污染未能得到遏制、支流污染严重、湖泊富营养化继续发展、工业固体废弃物等“白色污染”犹存等5大问题使长江水质不断恶化。长江流域的废污水排放量

---

① 这些数据来源于《中国水利杂志专家委员会会议暨节水型社会建设高层论坛论文集》和《全国人大常委会〈中华人民共和国水污染防治法〉执法检查组第一次全体会议文件》。

② 参见1.《中国统计年鉴2004年卷》；2.《全国人大常委会〈中华人民共和国水污染防治法〉执法检查组第一次全体会议文件》。

2003 年达到 270 多亿吨，较 5 年前增长了 35%。2006 年七大水系中Ⅴ类和劣Ⅴ类水质占 26%。国家重点监控的 9 大湖泊中整体水质为Ⅴ类和劣Ⅴ类水质的就达 7 个。

国家确定的重点流域水污染防治"十五"计划共安排了 2418 个工程项目，总投资 1926 亿元。但是，重点流域水污染治理进展并不顺利。据 2004 年 5 月的统计资料显示，重点流域治污工程还有 40% 没有动工，投资完成率只有 34%。治污资金投入不足，重点工程项目建设滞后。2004 年 5 月，高达 1280 亿的资金没有落实，海河、巢湖流域尚有超过半数的工程项目没有动工，个别省份甚至三分之二的工程项目还没有任何进展。相当一部分项目在"十五"期间不能正常发挥效益。[①] 由于污水处理费用征收标准过低，导致污水处理厂平均每处理 1 吨污水就得"赔"进去 0.68 元。安徽省安庆市投资 1.98 亿元新建的城东污水处理厂目前正面临成为"摆设"的尴尬，导致安庆市每天 12 万吨的污水在没有进行任何处理的情况下直接排放到长江。[②]

三、落后产能导致流域水污染加剧

我国流域水污染事故频发和相关产业企业布局不合理有关。根据 2006 年的统计，以石油石化企业为例，全国 2 万多家石化企业大部分设在水边，其中 1 万家在长江流域，4000 家在黄河流域，还有 2000 家在饮用水源地和人口稠密地区。[③] 废水排放集中在少数几个行业，比如自然资源采选、纺织、印染、石油加工等。

表格 1-3 为分析产业结构和污染物排放关系提供了数据支持。2005 年全国工业废水排放总量前五大行列是，① 造纸及纸制品业 36.7 亿吨，② 化学原料及化学制品制造业 33.9 亿吨，③ 电力生产 25 亿吨，④ 黑色金属冶炼及压延加工业 17 亿吨，⑤ 纺织业 17 亿吨。分析发现，① 是利润多产业，②、③、④ 是国家支柱产业，⑤ 是就业经济的需要。五大行业总计废水排放总量为 130 亿吨，在工业废水排放总量 216 亿吨中占比 60%，权重很大。

---

① 《治污"重点战"缘何进展缓慢》，载《人民日报》2004 年 5 月 13 日第 16 版。

② 《安徽安庆 1.9 亿新建污水厂成摆设污水直排长江》，载《安徽市场报》2006 年 11 月 29 日。

③ 《环保组织制中国水污染地图 过百城市测试得零分》，载《第一财经日报》2006 年 9 月 9 日。

表 1-3 各行业工业废水排放及处理情况(2005 年)

单位:万吨 (10 000 tons)

行业	汇总工业企业数(个) Number of Industrial Enterprises (unit)	工业废水排放总量 Total Volume of Industrial Waste Water Discharge	直接排入海的 Direct Discharge into Sea	工业废水排放达标量 Industrial Waste Water Discharge Standards
行业总计	70514	2159779	152371	1989533
煤炭开采和洗选业	2968	46650	123	39309
石油和天然气开采业	211	11252	394	10545
黑色金属矿采选业	744	14239	160	12829
有色金属矿采选业	1123	31136	640	28027
非金属矿采选业	535	12968	3173	11957
其他采矿业	64	496	…	388
农副食品加工业	3594	118964	2212	94645
食品制造业	2236	42830	524	38416
饮料制造业	1996	43404	726	37413
烟草制品业	157	2809	2523	
纺织业	6001	172232	2962	165960
纺织服装、鞋、帽制造业	599	9185	355	8954
皮革、毛皮、羽毛(绒)及其制品业	837	18338	218	17205
木材加工及木、竹、藤、棕、草制品业	715	6569	38	5978
家具制造业	182	797	204	770
造纸及纸制品业	3911	367422	6104	335581
印刷业和记录媒介的复制	382	1618	5	1545
文教体育用品制造业	180	862	21	772
石油加工、炼焦及核燃料加工业	1011	68122	25468	66520
化学原料及化学制品制造业	6791	339052	19019	311922

（续表）

行业	汇总工业企业数（个）Number of Industrial Enterprises (unit)	工业废水排放总量 Total Volume of Industrial Waste Water Discharge	直接排入海的 Direct Discharge into Sea	工业废水排放达标量 Industrial Waste Water Discharge Standards
医药制造业	2225	40050	231	37963
化学纤维制造业	233	48516	13775	45458
橡胶制品业	542	6118	214	6031
塑料制品业	655	2288	118	2208
非金属矿物制品业	11891	48248	320	45544
水泥制造业	4576	24257	40	22856
黑色金属冶炼及压延加工业	2213	169934	441	163928
有色金属冶炼及压延加工业	1692	33734	117	29160
金属制品业	3929	21057	698	20028
通用设备制造业	2136	15652	530	15021
专用设备制造业	1154	11324	220	10915
交通运输设备制造业	1622	24653	1405	23190
电气机械及器材制造业	832	8108	230	7727
通信设备、计算机及其他电子设备制造业	1035	18745	1702	18164
仪器仪表及文化、办公用机械制造业	496	7241	134	7056
工艺品及其他制造业	383	2160	35	2098
废弃资源和废旧材料回收加工业	90	235	5	227
电力、热力的生产和供应业	2356	251145	68352	246832
火力发电业	1402	236289	67604	232795
燃气生产和供应业	67	4099	18	3789
水的生产和供应业	175	18819	219	18419
其他行业	2551	118708	1261	94516

单位:吨　　(ton)

行业	工业废水中污染物排放量 Amount of Pollutants Discharged in Industrial Waste Water				
	汞 Mercury	镉 Cadmium	六价铬 Hexavalent Chrome	铅 Lead	砷 Arsenic
行业总计	2.685	61.047	105.556	378.274	452.194
煤炭开采和洗选业	0.002	0.007	0.391	0.208	0.462
石油和天然气开采业	…	0.011	0.078	0.025	0.041
黑色金属矿采选业	0.001	0.326	0.325	6.052	1.161
有色金属矿采选业	0.141	11.570	2.307	121.912	19.153
非金属矿采选业		0.050	0.195	0.350	1.210
其他采矿业			0.168	0.001	0.003
农副食品加工业	0.029	0.020	0.196	0.206	0.694
食品制造业		0.005	0.025	0.022	0.145
饮料制造业		…	0.001	0.028	
烟草制品业					
纺织业	…	0.002	1.676	0.898	0.005
纺织服装、鞋、帽制造业			0.118		
皮革、毛皮、羽毛(绒)及其制品业		0.018	21.415	0.001	
木材加工及木、竹、藤、棕、草制品业					
家具制造业	0.076		0.211	0.174	
造纸及纸制品业	…	0.016	0.185	0.024	0.061
印刷业和记录媒介的复制		0.009	0.038	0.045	
文教体育用品制造业			0.107	0.040	
石油加工、炼焦及核燃料加工业	0.074	0.257	0.639	1.187	2.265
化学原料及化学制品制造业	1.390	4.298	6.447	31.468	101.297
医药制造业			0.007	0.195	0.553
化学纤维制造业			0.006		0.322
橡胶制品业		0.016	0.153	0.062	
塑料制品业		0.004	0.252	0.011	
非金属矿物制品业		0.022	0.127	0.083	0.108
水泥制造业					
黑色金属冶炼及压延加工业	0.037	1.588	10.422	65.505	3.422
有色金属冶炼及压延加工业	0.835	41.529	12.208	137.569	289.728
金属制品业	0.006	0.615	30.913	1.819	0.968
通用设备制造业		0.038	1.985	0.261	0.093
专用设备制造业	0.006	0.016	1.187	0.216	0.007

（续表）

行业	工业废水中污染物排放量 Amount of Pollutants Discharged in Industrial Waste Water				
	汞 Mercury	镉 Cadmium	六价铬 Hexavalent Chrome	铅 Lead	砷 Arsenic
交通运输设备制造业	0.001	0.058	5.625	0.517	0.040
电气机械及器材制造业	0.084	0.080	0.614	2.503	0.098
通信设备、计算机及其他电子设备制造业	0.001	0.035	3.898	2.464	0.050
仪器仪表及文化、办公用机械制造业		0.066	1.508	1.891	0.008
工艺品及其他制造业	…	0.003	0.165	0.013	
废弃资源和废旧材料回收加工业			0.070		
电力、热力的生产和供应业	0.001	0.354	1.301	1.780	29.996
火力发电业	0.001	0.354	0.729	1.416	6.561
燃气生产和供应业				0.005	
水的生产和供应业			0.176		
其他行业	0.001	0.034	0.417	0.739	0.304

单位：吃

(ton)

行业	工业废水中污染物排放量 Amount of Pollutants Discharged in Industrial Waste Water				
	挥发酚 Volatile Hydroxy-benzene	氰化物 Cyanide	化学需氧量 COD	石油类 Petroleum	氨氮 Ammonia Nitrogen
行业总计	4166.052	573.762	4931701.3	23249.0	480217.7
煤炭开采和洗选业	317.787	1.065	57387.6	245.5	2166.1
石油和天然气开采业	8.820	0.659	16728.9	3242.2	2416.4
黑色金属矿采选业	0.617	0.026	14906.9	19.4	531.5
有色金属矿采选业	2.381	29.195	60279.9	140.2	364.7
非金属矿采选业	0.001	0.048	20448.8	6.9	1555.2
其他采矿业		0.002	291.5	0.2	11.3
农副食品加工业	11.641	7.267	677239.8	330.4	49298.7
食品制造业	8.394	6.586	154962.8	253.2	25710.8
饮料制造业	0.634	0.317	187804.3	52.4	7818.2
烟草制品业	0.019		4835.8	16.0	149.1
纺织业	5.703	3.175	298628.1	343.7	16564.8
纺织服装、鞋、帽制造业	0.414	0.038	21297.6	13.0	1522.9

（续表）

行业	工业废水中污染物排放量 Amount of Pollutants Discharged in Industrial Waste Water				
	挥发酚 Volatile Hydroxy-benzene	氰化物 Cyanide	化学需氧量 COD	石油类 Petroleum	氨氮 Ammonia Nitrogen
皮革、毛皮、羽毛(绒)及其制品业	0.091		75152.8	73.6	8327.0
木材加工及木、竹、藤、棕、草制品业	6.437	0.026	27829.9	53.6	1871.1
家具制造业	0.216	0.090	972.4	23.5	322.6
造纸及纸制品业	305.565	1.203	1596590.8	368.9	41361.6
印刷业和记录媒介的复制	0.009	0.325	4847.0	43.8	1048.0
文教体育用品制造业	0.005	0.052	1140.5	7.7	43.7
石油加工、炼焦及核燃料加工业	1661.928	61.032	83343.4	3257.3	16263.5
化学原料及化学制品制造业	283.814	275.231	569256.1	4158.9	220035.0
医药制造业	6.716	1.462	132654.4	425.8	9383.6
化学纤维制造业	17.039	4.627	104171.4	318.5	4478.7
橡胶制品业	0.320		6063.9	150.7	506.6
塑料制品业	0.087	0.011	4064.9	17.9	168.2
非金属矿物制品业	16.321	1.125	52843.6	331.9	1454.2
水泥制造业	0.031		25476.3	89.9	510.6
黑色金属冶炼及压延加工业	232.535	114.350	176376.0	4761.0	19093.0
有色金属冶炼及压延加工业	5.443	4.326	34187.0	393.4	12254.9
金属制品业	0.075	30.734	20215.7	217.4	753.0
通用设备制造业	0.305	3.949	18992.0	908.8	1166.6
专用设备制造业	1.993	2.665	14010.1	281.3	2112.3
交通运输设备制造业	0.672	1.077	38095.3	895.8	1992.5
电气机械及器材制造业	0.514	1.069	9591.1	107.2	348.1
通信设备、计算机及其他电子设备制造业	0.947	4.733	16690.6	169.1	1002.1
仪器仪表及文化、办公用机械制造业	0.125	1.186	9353.6	63.1	550.1
工艺品及其他制造业	0.837	0.403	4207.4	8.6	260.8
废弃资源和废旧材料回收加工业		0.018	637.5	4.7	9.7
电力、热力的生产和供应业	23.941	0.530	132158.7	997.3	5507.2
火力发电业	23.930	0.350	122817.3	954.5	5010.0
燃气生产和供应业	1219.733	5.674	9463.7	70.9	6275.2
水的生产和供应业	7.566	6.742	23685.4	265.9	2189.5
其他行业	16.407	2.744	250294.3	209.4	13329.2

行业	废水治理设施数（套）Facilities for Treatment of Waste Water (set)	废水治理设施处理能力（万吨/日）Capacity of Facilities for Treatment of Waste Water (10 000 tons/day)	本年运行费用（万元）Annual Expenditure for Operation (10 000 yuan)
行业总计	68940	17713	2762665.7
煤炭开采和洗选业	2517	370	80880.8
石油和天然气开采业	662	414	137511.1
黑色金属矿采选业	2305	251	21225.1
有色金属矿采选业	1565	285	52178.6
非金属矿采选业	681	124	11529.2
其他采矿业	40	2	346.6
农副食品加工业	3447	647	67329.8
食品制造业	1683	144	71653.3
饮料制造业	1691	241	60029.2
烟草制品业	126	8	1917.1
纺织业	5267	707	207865.4
纺织服装、鞋、帽制造业	486	38	23036.1
皮革、毛皮、羽毛(绒)及其制品业	811	91	31958.6
木材加工及木、竹、藤、棕、草制品业	419	35	4287.5
家具制造业	98	13	2029.9
造纸及纸制品业	5154	1870	277337.6
印刷业和记录媒介的复制	130	13	2706.2
文教体育用品制造业	103	2	1939.6
石油加工、炼焦及核燃料加工业	1340	207	203633.9
化学原料及化学制品制造业	9142	2985	405273.3
医药制造业	1996	114	61402.7
化学纤维制造业	304	121	53578.5
橡胶制品业	322	29	5487.8
塑料制品业	276	9	4707.1
非金属矿物制品业	6633	389	37359.6
水泥制造业	1545	192	10909.4
黑色金属冶炼及压延加工业	3807	4905	372688.5
有色金属冶炼及压延加工业	1871	357	71949.5
金属制品业	4033	92	79057.9
通用设备制造业	1253	102	12419.5

（续表）

行业	废水治理设施数（套）Facilities for Treatment of Waste Water (set)	废水治理设施处理能力（万吨/日）Capacity of Facilities for Treatment of Waste Water (10 000 tons/day)	本年运行费用（万元）Annual Expenditure for Operation (10 000 yuan)
专用设备制造业	931	88	16116.1
交通运输设备制造业	2081	63	30834.1
电气机械及器材制造业	709	26	63689.3
通信设备、计算机及其他电子设备制造业	1195	71	57051.7
仪器仪表及文化、办公用机械制造业	534	30	17729.3
工艺品及其他制造业	451	10	2857.8
废弃资源和废旧材料回收加工业	80	1	430.0
电力、热力的生产和供应业	2793	1255	121279.2
火力发电业	2487	1201	112761.0
燃气生产和供应业	70	7	5179.4
水的生产和供应业	120	83	55802.8
其他行业	1814	121	28376.0

分析五种重金属（汞、镉、六价铬、铅和砷）污染在各行业中的比重，发现处于重污染行业者居多。以镉为例，2005 年全国镉总污染量 61 吨，行业构成中依次为① 有色金属冶炼及压延加工业 41.5 吨，② 有色金属矿采选业 11.6 吨，③ 化学原料及化学制品制造业 4.3 吨。发生在 2002 年 1 月的广西龙江河镉污染就是典型的重金属污染事故，它表明对重金属监测和治理应该放在重要位置。在重金属六价铬污染的行业构成中，金属制品业占比最大（31 吨），其次为金属冶炼及压延加工业（23 吨），再次为皮革制品业（21 吨）。在重金属铅污染的行业构成中，有色金属冶炼及压延加工业占比最大（138 吨），其次为有色金属矿采选业（122 吨），再次为黑色金属冶炼（66 吨）。

分析工业废水排放物的成分构成，化学需氧量（COD）最大（行业总计为

493 万吨)。行业排放大户依序为,① 造纸业 160 万吨,② 农副产品加工业 68 万吨,③ 化学原料及化学制品制造业 57 万吨。淮河流域的产业结构中,造纸和农副产品加工业构成比例高,化学需氧量长期居高不下,流域污染治理需以 COD 的监测和治理为重点。

2005 年全国工业废水治理设施(行业总计)68940 套,日处理能力 17713 万吨,本年运行费用约 276 亿元,计算出每吨工业废水的处理成本约为 0.43 元。按照行业治理成本由高到低排列依序为,① 医药制造业每吨 1.48 元,② 皮革制造业每吨 0.96 元,③ 纺织业每吨 0.81 元,④ 有色金属冶炼每吨 0.55 元,⑤ 有色采矿业每吨 0.5 元。造纸业污水处理成本从数字上看为较低的每吨 0.4 元,原因是全行业小企业多、不达标排放严重。废水处理能力最大的五大行业依序为钢铁、化工、造纸、电力和纺织,这与它们的国有产权比重高有关。

流域水污染治理困境的根本原因,在于流域行政区自利化倾向导致的产业结构困境,追求经济总量、降低治理成本经常成为地方政府和企业的共同目标。落后的经济发展方式和生产方式带来了严重的流域水污染问题。从上面所列表格数据可以看出,纺织、简单加工、小造纸、小火电、金属洗选等行业对流域水体构成了严重威胁。它们不仅污染排放量大,而且污染源集中,难以通过净化处理来控制污染转移。这些行业的特点和困境在于生产方式简单、产能重叠过剩、产品竞争力弱,产业结构调整步履艰难。在流域水污染治理消费的非竞争性和受益的排他性特征制约下,这些行业鲜有动力进行有效的污染控制和治理。这一结论可以由表 1-3 中关于《各行业工业废水排放及处理情况(2005 年)》的数据得到验证。

从污染处理情况来看,主要存在两个问题:一是污染处理设施不够,各个行业的治理能力差异性大;二是一些行业虽然拥有大量的污染处理设备,存在着运行效率低的问题,有的甚至不运行,成为应付环保检查的晒太阳工程。这种情况主要存在于纺织、造纸、电力、热力生产和供应业、金属制品、石油加工、炼焦、核燃料加工、黑色金属矿采选业以及食品加工等行业的一些企业中。

近年来,长江流域重大污染事件时有发生,其中影响较大的有葛洲坝库区黄柏河黄磷污染事件、岳阳苯酚沉江事件、万州航空油泄漏事件、云阳运载硫酸船舶沉江事件、沱江污染事件等。与此同时，长江船舶运输交通事故引发的环境污染事件也成倍增加。全国海洋污染基线调查结果显示，长江口海域无机氮和无机磷全部超标，无机氮含量超过Ⅳ类水标准一倍多，2005年严重污染的海域面积达1000平方公里。大量污染物入海，导致近海富营养化严重，赤潮频发。

四、水污染危害呈现流域性特征

（一）流域水污染降解困难

我国重点流域水污染主要是由人类活动产生的污染物造成，来自工业污染源、农业污染源和生活污染源。工业废水是水域的重要污染源，具有量大面广、成分复杂、毒性大、处理难等特点。农业污染源包括农药、化肥、牲畜粪便等，伴随着严重的水土流失和流失的氮磷钾营养元素，造成了河湖不同程度富营养化和藻类等生物异常繁殖，引起水体透明度和溶解氧的下降，从而致使水质恶化。生活污染源主要是城市生活中使用的各种洗涤剂和污水、垃圾、粪便等，含氮、磷、硫多，多为无毒的无机盐类。

在自然的河湖水域中，任何可氧化的材料都可以被生化（如细菌）或是化学的方式所氧化，从而导致水体中的含氧量降低。因为所有自然水路都包含细菌和营养素，所以几乎任何引入这样的水路的废化合物都会产生如同上面所述的生化反应。这些生化反应创造了一个可以在实验室中量测的生化需氧量（BOD）。被引入自然水路中的可氧化之化学物质（如还原物）也会同样产生如同上面所述的化学反应。这些化学反应创造了一个可以在实验室中量测的化学需氧量（COD）。生化需氧量与化学需氧量都是废水污染物的相对缺氧的量测，故二者皆广泛用作表示河湖水体污染程度的重要指标。生化需氧量测试用来量测可生物降解（biodegradation）的污染物需氧量，而化学需氧量测试则是用来量测可生物降解的污染物需氧量加上不可生物降解却可氧化的污染物需氧量之总需氧量。

水体中有机物的降解过程主要有化学降解、生物降解和光化学降解，其中生物降解最为重要。有机物降解的难易取决于其组成和结构，其降解程度则取决于水体条件和降解路线。有机物降解若通过氧化路线，最终降解为二氧化碳、硫酸盐、硝酸盐、磷酸盐等；若通过还原路线，最终降解为甲烷、硫化氢、氨、磷化氢等；但在变成最终产物之前，还会出现一系列中间产物或生物代谢产物。地下水体中基本上没有微生物活动，也不能发生光化学降解，一旦受到有机物污染将难以净化。自然水体中有机物的化学降解过程较为缓慢，除依赖于水中溶解氧水平外，还受到悬浮颗粒物或胶体物质表面上的吸附/解吸过程等因素的影响。难降解有机物在水环境中基本上不发生降解，而是吸附在悬浮颗粒物表面或者伴随浮游生物食物链最终沉积到底泥中。自然河湖水域污染物氧化作用原理和过程表明，我国重点流域水污染成分的复杂性决定了其治理的高难度系数，地下水破坏后的治理成本高昂数十倍于局部暂时的经济效益之说并非危言耸听。

（二）流域水污染化学式分析

淮河是我国重要的南北方地理分界线，故本小节以淮河为例，描述一般河流污染的基本结构，然后通过其化学式分析流域性污染的形成过程。淮河主要污染指标为COD、氨氮、重金属，各自的污染原理和结果有其特征。

其一，《淮河流域纳污能力及限制排污总量意见》确定的COD限制排污总量是38.20万吨/年，氨氮限制排污总量是2.66万吨/年，当排污总量超过限制排污总量就会对淮河造成污染。淮河水体中COD主要来自于造纸及纸制品业、化学原料及化学制品制造业、食品加工业、食品制造业等行业，都属于点污染源。氨氮主要来源于人和动物的排泄物，乡镇生活污水、生活垃圾、农田化肥过量施用、农村秸秆处理、禽畜养殖都会产生氨氮，这些属于难以控制的面污染源；另外，化学原料及化学制品制造业、食品加工业、食品制造业、鞣革、化肥制造等行业也会排放氨氮，它们是氨氮在工业上的主要来源，这些属于点污染源。采矿业、金属冶炼业、电镀行业、芯片制造业是重金属的主要污染源。

COD（化学需氧量）是指在酸性条件下，将水中的还原性物质氧化所消耗的氧量，以氧的mg/L来表示。它反映了水体中受可氧化物质污染的严重程度。这里的可氧化物包括各种有机物、亚硝酸盐、硫化物等还原性物质。但水体普遍受有机物污染严重，故化学需氧量可作为有机污染物相对含量的指标之一，COD越高，也表示水中有机污染物越多。

淮河流域污染水体中有机污染物包括碳水化合物、蛋白质、脂肪等，其分解化学式可表示为：

$$有机污染物 + 微生物 + O_2 \rightarrow 简单无机物质 + CO_2 + H_2O \qquad (1)$$

其他还原性物质也可在微生物作用下被氧化，消耗水中的溶解氧，比如水中的硫化物可被硫细菌氧化为硫酸盐：

$$S^{2-} + 硫细菌 + 2O_2 \rightarrow SO_4^{2-} \qquad (2)$$

其二，氨氮是指水中以游离氨（NH_3）和铵根离子（NH_4^+）形式存在的氮。氨氮也是通过消耗水中溶解氧使水质变差，氨氮的氧化过程成为硝化作用。氨氮（NH_4^+-N）先被氧化成亚硝酸盐（NO_2^--N）、亚硝酸盐最终被氧化成硝酸盐（NO_3^--N），可表示为：

$$NH_4^+ + 3/2O_2 + 亚硝化菌 \rightarrow NO_2^- + H_2O + 2H^+ \qquad (3)$$

$$NO_2^- + 1/2O_2 + 硝化菌 \rightarrow NO_3^- \qquad (4)$$

总而言之，有机物和氨氮都是通过消耗水体中的溶解氧量来影响淮河干支流的水体水质。正常水体中溶解氧不断被消耗的同时，大气中的氧气不断溶于水中，水生植物的光合作用产氧等作用使水体中的溶解氧水平得到一定程度的恢复。当水体中有机物等耗氧物质含量过多时，其耗氧速度超过氧的补给速度，水中溶解氧不断减少，甚至接近于零，此时有机物在缺氧条件下分解出现腐败发酵现象，产生恶臭等，水体中鱼虾等水生动物也不能存活，最后水质严重恶化。有机物在分解过程中需要消耗水体中大量的溶解氧，这是淮河许多闸坝所蓄水体产生黑臭的主要因素。

其三，重金属对淮河的污染可从河水和沉积物来分析。含大量重金属的污水排入淮河，重金属不仅会随河水向下游迁移，也会向沉积物中迁移。当重金属在沉积物中的浓度达到饱和后，重金属的分布又向水体中转化迁移，再次使得下游不远处的水体浓度升高。从空间上来讲是从上游向下游进行，是属于带状污染；从时间上讲下游的污染是上游的污染造成的，是存在先后顺序的。因此河流上游的重金属污染危害比在下游受到重金属污染的危害更大。重金属污染之所以受到很大的关注，是因为：当水体受重金属污染后，水体中的重金属离子质量浓度在 0.01—10 mg/L 之间，即可产生毒性效应；重金属不能被生物降解，反而可在微生物的作用下转化为有机化合物，毒性猛增；水生生物从水体中摄取重金属并在体内大量累积，经过食物链进入人体，危害极大。

（三）危害程度多角度扫描

流域水污染危害一方面表现在流域水体功能不同程度的丧失，低于Ⅲ类水体质量以下的水资源则不利于动植物正常使用；另一方面表现为流域水资源承载力急剧下降，群众生产生活乃至生命安全受到威胁。

早在1986年，《中国环境报》的记者在江浙部分流域水资源调查中就发现，太湖之滨的无锡市第一层地下水已全部污染，只得用第二层水，以至于地下水位下降了6米多。水乡即将遭受到无水喝的困境，不仅经济损失严重，还带来与农田争水的新矛盾，因此疾呼“水乡不能没水吃”。[①]

中国黄河流域的河水污染每年造成的经济损失约115亿元至156亿元。黄河流域每年因水污染导致工业用水成本增高、产品质量下降带来的损失约23亿元至32亿元，黄河水污染给农业造成的损失每年最高达33亿元。不仅如此，沿黄地区许多农田被迫用污水灌溉，对区域内居民健康带来危害。据初步测算，区域内每年人体健康损失达22亿元至27亿元。黄河水污染同时还带来水资源价值损失、城镇供水损失，并增加了处理污水的市政额外投资，每年总损失近60亿元。[②] 水污染导致疾病发生，危害着人民群众的身体健康。安徽省奎河沿岸的宿县地区每100人中就有1人罹患重症，一些村镇多年来无一人身体合格应征入伍。河北省深泽县磁河沿岸也因为水污染致使许多村庄成了名副其实的重症村。河南省西平县吕店乡因洪河污染，从1994年到2004年11月底共有1838人死亡。主要死因是消化系统重症。海河流经的天津北辰区西堤头镇刘快庄村、西堤头村是附近有名的重症村。2005年，93家非法化工企业超标排放，给当地水体、土壤、大气环境造成了严重污染，以致重症高发、农田减收，村民的生存条件受到了极大的威胁。浙江嘉兴则出现散乱分布的霍乱疫情。

流域水污染引发了严重的社会问题，集体上访事件因故多次发生。2004年1月至11月，国家信访局共受理反映环境问题的初信、初访1040件（批），同比上升13.47%。其中对流域水污染的信访触及国家环保部门、地方各级政府和一些大型企业。[③] 2002年以来，环保部门收到的环境投诉以每

---

① 许正隆：《大潮涌起的地球盛会》，中国环境科学出版社2002年版，第141页。

② 《水利部数据显示中国70%以上水体遭受污染》，新华网，2005年3月10日。

③ 《今年以来反映环境污染问题的信访增多》，载《群众反映》2004年12月6日。

年30%的速度上升,2004年达到了60多万件,环境污染引发的群体性事件以年均29%的速度递增。[①]

国家环保总局和国家统计局2006年9月7日共同发布了耗时两年完成的《中国绿色国民经济核算研究报告(2004)》。这是中国第一份有关环境污染经济核算的国家报告,也是第一份基于全国31个省份和41个部门的环境污染核算报告。核算表明,2004年,全国因环境污染造成的经济损失为5118亿元,占GDP的比例为3.05%。污染扣减指数1.8%,这个数字意味着,要将排放到环境中的主要污染物全部去除,需要付出的成本占GDP的1.8%。[②] 而且,随着污染总量的扩大,治理设施的成本与费用也是成比例地增加,这反过来对污染的控制起到负面的激励作用。

2006年是中国环境形势更为严峻的一年。全年发生严重环境污染事故161起,平均每两天一起。环境投诉达60万人次,比2005年增加30%。国务院年初提出的能耗降低4%、污染物排放降低2%的目标并没有实现,环境问题已经成为制约中国经济社会发展的主要瓶颈。[③]

五、污染物排放呈现新趋势

在我国工业化大生产过程中,主要污染来源是大工业城市的工业污染和城镇生活污染。然而,随着城市规模的进一步扩大和农村生产方式的改进,污染物排放出现了新的发展趋势,产生了非工业污染增多、农村面源污染扩大和东污西移的新特征。

(一)非工业污染增多

2001年国家环保总局发布的《中国环境质量状况公报》表明,全国工业和城市生活废水排放总量为428亿吨,其中工业废水排放量200亿吨,占47%;城市生活污水排放量228亿吨,占53%。2003年,全国共排废水460亿吨(其中工业废水占46%,城镇生活污水占54%),比2002年增长4.7%。废水中化学需氧量(COD)排放1334万吨(其中工业排放COD占38%,城镇生活排放COD占62%),比2002年下降2.4%。废水中氨氮排放130万吨

① 《环保组织制中国水污染地图 过百城市测试得零分》,载《第一财经日报》2006年9月9日。
② 《绿色GDP报告解读:3.05%和1.8%意义何在》,新华网,2006年9月7日。
③ 潘岳:《环境问题成为社会发展瓶颈》,中国新闻网,2007年1月20日。

（其中工业排放占31%，生活排放占69%），比2002年增长0.7%。非工业污染呈现明显的上升趋势。

在排入淮河的污水中，城市污水超过60%。[①] 三峡库区农村生活污水处理率不到10%，每年都有大量生活污水未经处理、甚至没有经过管网而直接排入到当地次级河流。生活垃圾的无害化处理率仅为10%左右。库区污染源及污染物评价结果表明，城市污水和工业废水分别仅占1.39%和0.29%。[②]目前库区小城镇普遍缺乏排水管道和垃圾处理设施，城镇污水直接排入河流和垃圾围城现象突出。重庆市685个建制镇中有365个位于库区，其中只有101个生活污水和生活垃圾项目纳入《三峡库区及其上游水污染防治规划》。而且，每年在重庆市境内航行和停泊的各类船舶约3万艘，年产固体垃圾约4.9万吨、生活污水约1800万吨、含油废水100多万吨。2004年3月，湘江干流27个水质检测断面中，仅6个达到二类水质。其中氮氨和总磷污染范围广、程度较深，城镇附近大肠杆菌污染突出，重金属污染日趋严重。大量污水、废水经1575个排污口排入湘江，是导致湘江水体污染严重的直接原因。[③] 目前，沿黄城市中除西安、太原、包头等不到10个城市外，部分城市污水未经任何处理直接排入黄河。据测算，城市污水对黄河水的污染份额已达40%多，并有上升趋势，即使关闭沿河所有工业污染源，也不能实现达标排放。[④] 据甘肃省环保局统计，黄河甘肃段年排放废水2.37亿吨，其中生活污水排放量达到1.41亿吨，约占废水排放总量的59.5%。黄河流经甘肃4个城市，目前仅兰州市有4座污水处理厂，日处理能力仅15.8万吨。因此大量的污水是直接排入黄河的。[⑤] 陕西汉中和安康两市的生活污水和生活垃圾是汉江的最大污染源，占汉江污染源的65%。除汉中市城区刚刚建成一个污水处理厂外，汉中各县及安康全市均没有生活污水处理厂，每年两市5600多万吨城镇生活污水直接排入汉江及其支流。[⑥] 据广东省发布的统计数据，2000年全年污水排放总量44亿吨，其中生活污水

---

① 《为淮河治污建言献策》，载《人民日报》2004年8月12日第16版。
② 《农业面源污染造成三峡库区水质下降》，载《新华社内参》2005年11月11日。
③ 《近期湘江干流水体污染严重》，载《新华社内参》2004年3月21日。
④ 《黄河中上游水污染严重》，载《新华社内参》2004年7月15日。
⑤ 同上。
⑥ 《汉江受污染危及南水北调中线水质》，载《新华社内参》2004年11月20日。

排放量为33亿吨，占75%，而处理率仅为20%，大部分城市生活污水未经任何处理直接排入江河、湖泊。

（二）农村面源污染扩大

我国农村化肥的大量使用以及无限制的污染物排入各河支流，也是我国流域水污染形势变得严峻的主要因素。现有的统计资料表明，农村的面源污染是我国流域污染面临的新矛盾。三峡水库蓄水后，长江干流水质基本保持稳定，但库区次级河流水质却逐渐变差，农村面源污染成为库区生态重建新课题。据重庆市环保部门测算，库区次级河流主要污染物有近60%来自化肥、农药、人畜粪便和农村生活垃圾。[①] 在淮河流域安徽境内，农业面源污染严重。流域内每公顷耕地化肥施用量为710.8公斤，高于全国和全省平均水平。[②] 在我国许多农村地区，主要江河点源污染和面源污染呈现迅速扩大并累积的局面。另外，农村耕作方式以及种植结构的改变，也影响到水质变化。英国《新科学家》周刊2004年9月18日刊登题为《中国变化的农场正在损害土壤和水质》的文章认为，中国农业革命正在付出惨痛的代价，农作物种植习惯的变更正在对土壤和水质造成破坏性的损害。除了过多施用化肥造成土壤肥力下降之外，中国科学家又发现，国家采取鼓励农民放弃种植水稻，改为种植水果和蔬菜的政策正在对土壤和水源的质量造成严重破坏。仅仅5年之后，改种水果和蔬菜的农田酸性开始增强，也变得更加贫瘠，塑料大棚内的土质恶化最为厉害。一些植物开始出现异态生长，结出变形的果实，也容易感染各种难以用普通农药控制的病虫害。自1998年到2007年，中国用于种植粮食的土地大约减少了15%，谷物产量减少了五分之一。其中的根本原因是中国高速的城市化进程。城市占用了农田，也改变了食品市场结构。由于谷物基本上由政府定价，城市居民愿意花高价购买水果和蔬菜；同时政府鼓励农民改种更有价值的经济作物，来满足这一不断上升的需求。从客观上讲，这也导致了农村面源污染的扩大。

（三）污染产能由东部向中西部转移

在我国实施西部大开发战略的过程中，一些东部污染企业在原地很难

---

① 《三峡库区次级河流水质变差》，载《经济参考报》2011年5月23日。

② 《为淮河治污建言献策》，载《人民日报》2004年8月12日第16版。

设营扎寨，便在招商引资的旗号下乘机大量涌入西部地区，造成了“东污西移”。[①] 在西部一些地区，国家明令关停的小造纸和小水泥等在一些地方不仅没有全部关停，而且新建了许多“小作坊”。为此，国务院办公厅发出[2002]33号文，对甘肃、陕西一些地区重复建设和环境污染等问题进行了通报，并要求各地区、各部门对这类问题进行清理整顿。以黄河为例，20世纪80年代，黄河流域废污水排放总量是20多亿吨，2000年达到42.22吨，预计到2010年，这个数字要增加到65亿吨。[②] 其中主要是西部河段的污染总量增加所致。西部地区是我国主要江河发源地，对污染源的转移，如不能防微杜渐，流域水污染将由中下游转移到上游区域，治理成本将大幅度上升。国家环保总局2005年发布的《东中西部地区废水排放及处理情况》显示（表1-4），西部地区的废水排放总量1115087万吨开始接近中部地区1130577万吨，而且，工业化学需氧排放量579568万吨在西部地区废水排放总量中占比高达47.1%。

表1-4 东中西部地区废水排放及处理情况（2005年）

（10 000 tons）

地区	废水排放总量 Total Volume of Waste Water Discharged	工业废水 Industrial Waste Water	生活污水 Household Waste Water	化学需氧量排放量 COD Discharge	工业 Industrial	生活 Household and Service
全国	5245089	2431121	2813968	1414.2	554.7	859.4
东部小计	2568671	1216274	1352397	510.5	188.3	322.3
北京	101009	12813	88196	11.6	1.1	10.5
天津	60361	30081	30280	14.6	5.9	8.7
河北	208524	124533	83991	66.1	38.9	27.1
上海	199710	51097	148613	30.4	3.7	26.8
江苏	519425	296318	223107	96.6	33.8	62.8
浙江	313196	192426	120770	59.5	29.0	30.5
福建	212392	130939	81453	39.4	9.9	29.5
山东	280377	139071	141306	77.0	35.7	41.4

① 《企业治污难在哪里》，载《经济参考报》2004年8月7日。

② 李国英：《关于黄河长治久安的思考》，2001年，http://yellowriver.gov.cn。

（续表）

地区	废水排放总量 Total Volume of Waste Water Discharged	工业废水 Industrial Waste Water	生活污水 Household Waste Water	化学需氧量排放量 COD Discharge	工业 Industrial	生活 Household and Service
广东	638403	231568	406835	105.8	29.2	76.6
海南	35274	7428	27846	9.5	1.2	8.3
中部小计	1130577	487906	642671	351.9	122.9	229.0
山西	95096	32099	62997	38.7	16.8	21.9
安徽	156591	63487	93104	44.4	13.6	30.7
江西	123320	53972	69348	45.7	11.1	34.6
河南	262564	123476	139088	72.1	34.3	37.8
湖北	237368	92432	144936	61.6	17.7	43.9
湖南	255638	122440	133198	89.5	29.4	60.1
西部小计	1115087	535519	579568	396.2	186.9	209.3
内蒙古	56241	24967	31274	29.7	15.5	14.2
广西	270857	145609	125248	107.0	66.4	40.5
重庆	145221	84885	60336	26.9	11.9	15.0
四川	261651	122590	139061	78.3	29.8	48.6
贵州	55668	14850	40818	22.6	2.2	20.3
云南	75202	32928	42274	28.5	10.7	17.8
西藏	4555	991	3564	1.4	0.1	1.3
陕西	83368	42819	40549	35.0	14.9	20.1
甘肃	43728	16798	26930	18.2	5.9	12.3
青海	19360	7619	11741	7.2	3.4	3.8
宁夏	35817	21411	14406	14.3	10.8	3.5
新疆	63419	20052	43367	27.1	15.3	11.8
东北小计	430751	191419	239332	155.5	56.6	98.9
辽宁	218705	105072	113633	64.4	26.8	37.6
吉林	98005	41189	56816	40.7	16.1	24.6
黑龙江	114041	45158	68883	50.4	13.7	36.7

污染物排放的新趋势反映了当前流域水污染形势与社会经济发展方式之间的关系。这个趋势是全国市场的逐步形成之中产业调整与地区经济发

展水平不平衡的产物，也是我国社会转型过程中面临的严峻挑战。

第三节　当前流域水污染的治理措施

就目前来看，我国的流域水污染的治理是以政府管制为主，辅之以法律规范和特定行政手段来实施的，它具体体现在以下五个方面：

一、明确属地管理原则

流域水污染治理实行属地管理的原则，有关法律对其有明确规定。《中华人民共和国水污染防治法》第 4 条规定，各级人民政府的环境保护部门是对水污染防治实施统一监督管理的机关。《中华人民共和国水法》第 13 条规定，县级以上地方人民政府有关部门按照职责分工，负责本行政区域内水资源开发、利用、节约和保护的有关工作。因此，我国流域水污染治理是按照地区划分来进行的。这一属地管理规定和原则的核心是强化地区政府的管制责任，以政府的行政方式直接进行流域水污染治理。这种方式的优点在于容易直接发挥权威效力，操作便捷，弊端在于方式简单，效果有限。

二、排污收费制度

排污收费是流域水污染治理的经济制度安排。排污收费的思想源于英国经济学家庇古在《福利经济学》中提出的观点，其基本精神是对于经济活动的外部不经济性作内部化的处理，所以排污收费也被称为“庇古税”（Pigouian Taxes）。这种观点认为，产生污染一个重要的原因是环境问题的外部性。外部性是一种成本的外溢现象，即生产者或消费者自身并不承担生产或消费这种商品所产生的副作用。由于外部性的作用，人类经济活动对环境的影响是普遍存在的，并会对环境造成损害。因此，排污收费制度是根据排污量的多少进行收费的制度安排。其基本的工作原理是“谁污染，谁付费”，“以征税或收费的形式将污染成本加到造成污染的产品的价格上，且征收的污染税也只是相对于排污量而言”，以此来控制“边际社会净生产的价值与边际私人净生产的价值发生的差异”。[①]

在我国的水污染治理实践中,排污收费成为重要的手段。国家计委、建设部、国家环保总局 1999 年 9 月 6 日联合发出通知《加大污水处理费的征收力度,建立城市污水排放和集中处理良性运行机制》,明确指出:“污水处理费是水价的重要组成部分。根据用户用水数量,各城市要在供水价格上加收污水处理费,以补偿城市排污和污水处理成本,建立污水集中处理良性循环机制。污水处理企业(单位)要实行企业化管理、独立核算、自负盈亏、照章纳税。”“污水处理费用由城市供水企业在收取水费中一并征收,按计划拨给排水和污水处理企业,用于城市排污管网和污水处理厂的运行、维护。”“污水处理费应按照补偿排污管网和污水处理设施的运行维护成本,并合理盈利的原则核定,运行维护成本主要包括污水排放和集中处理过程中发生的动力费、材料费、输排费、维修费、折旧费、人工工资及福利费和税金等”。三部委的通知实际上已经为污水处理厂的企业化、市场化奠定了基础,现在的关键是绝大部分省、市政府没有足够地重视,没有认真贯彻文件精神,更没有制定出产业化、市场化的机制及配套政策。

另一方面,我国排污费的收取方式也给治理污染带来消极影响。目前,我国的排污收费制度采取的是一种单因子收费方式,即同一排污口含有两种以上有害物质时,按照收费最高的一种计算。这种收费方式在排放污染物较为简单的情况下是比较实用的。但随着科学技术水平的提高及工业生产的高科技化,企业污染物的排放逐渐趋于综合化和复杂化,当同一排污口排放多种有害物质时,如果只对其中的一种收费,难以从总体上控制污染物的排放。[②] 目前实行的单因子收费方式,难以从整体上控制多种污染物的排放。收费标准过低也使得致污企业宁愿继续污染,也不愿添置环保设备,或者即使购买了治污设备也只是摆摆样子应付行政检查,与环保局“捉迷藏”,更不会去进行设备更新。

我国实行排污收费制度以来,特别是 2000 年排污收费严格执行“收支两条线”制度以来,[③]全国排污费征收总额逐年提高,2004 年达到 94 亿元,比

① A. C. Pigou, *The Economics of Welfare*, the forth, Macmillan and Co., Limited, p. 225.
② 张梓太:《污染权交易立法构想》,载《中国法学》1998 年第 3 期。
③ “收支两条线”是指环保部门所收取的费用统一上缴国库后再由财政部门予以拨付。

2000年增加了36亿元，增幅达62%。[①] 应该看到的是，在这个阶段，政府采取行政方式铺设管网、设置排污口以及决定污染排放总量控制，对污染监控、削减总量和集中治理起到了一定积极作用。但是，排污收费制度受制于地方利益驱动，在执行标准和力度上有时大打折扣。在排污费的收缴过程中，在监管部门和相关企业之间容易滋生寻租和腐败。对污染物的数量和危害程度的判断，还存在成本加大和技术不足的问题。

三、污染削减配额管理

在重点流域水污染治理方面，实行污染削减配额管理制度，是地方政府对辖区内环境质量负责之需要，也是国家治理流域水污染的调控手段之一。1996年6月，国务院批复了由国家环保局、水利部、国家计委、财政部以及淮河流域各地区人民政府等单位共同制定的《淮河流域水污染防治规划及“九五”计划》，此后，国务院先后批准了海河流域、辽河流域、太湖流域、滇池等流域的水污染防治规划。规划是根据流域水体的环境质量要求，按比例确定各个地区的最大排污量和削减量，同时，中央政府给予一定的人力、物力以及政策上的支持，并依据完成情况来考核地方政府的政绩。比例配额管理是各地区根据流域污染削减配额的规定，在各自的额度限制范围内排污和削减排污量。以淮河为例，《淮河流域水污染防治暂行条例》第5条和第11条规定：“四省人民政府应当将淮河流域水污染治理任务分解到有关市（地）、县，签订目标责任书，限期完成。”“淮河流域县级以上地方人民政府，根据上级人民政府制定的淮河流域水污染防治规划和排污总量控制计划，组织制定本行政区域内淮河流域水污染防治规划和排污总量控制计划，并纳入本行政区域的国民经济和社会发展中长期规划和年度计划。”可见，这种比例配额管理办法很难照顾到流域内各种利益关系以及不同行政区的经济发展水平，在实施中很快陷入流域内各地区争夺排污配额的讨价还价的怪圈之中。

1998年11月4日，国家环境保护总局以环发[1998]366号文下发《关于印发全国2000年工业污染源达标排放和环境保护重点城市环境功能区达

---

① 《中国统计年鉴2004年卷》。

标工作方案的通知》,对“双达标”工作目标的考核指标做了详细的规定:水污染物考核以化学需氧量(COD)为主要指标,另加行业特征污染物。工业污染源达标排放的评定以排污单位的水污染物排放口、按监测规范要求测定的数据为依据,占该排污单位污染物排放量80%的排放口,则可评定为达标。这一文件虽然对限期达标排放起到了积极作用,但是,并未根本解决行政区域争夺排污额度的问题。

四、制定相关法律法规

《中华人民共和国水污染防治法》于1984年5月11日第六届全国人民代表大会常务委员会第五次会议通过,同日公布,自1984年11月1日起施行。2002年8月29日,第九届全国人大第二十九次会议通过了修订后的《水法》并于10月1日起施行。在《水法》和《水污染防治法》的基础上,同时出台了相应的法规与政策。比如,在《水污染防治法》基础上制定了《水污染防治法实施细则》。针对我国重大环境问题相对集中于“三河、三湖”,国务院于1995年8月制定颁发了《淮河流域水污染防治暂行条例》、江苏省于1996年6月制定颁发了《江苏省太湖水污染防治条例》。相应的政策则很多,比如:2000年建设部、国家环境保护总局和科技部根据《中华人民共和国水污染防治法》、《中华人民共和国城市规划法》和国务院《关于环境保护若干问题的决定》联合制定并颁发了建城[2000]124号文《城市污水处理及污染防治技术政策》。文件要求:城市污水处理设施的建设要规划先行,并优先安排城市污水收集系统的建设;2010年全国设市城市和建制镇的污水平均处理率不低于50%,设市城市的污染水处理率不低于60%,重点城市的污水处理率不低于70%;设市城市和重点流域及水资源保护区的建制镇,必须建设二级污水处理设施,可分期分批实施。除上述政策外,国家相关部门还制定许多具有针对性的专项政策,并发布了相关文件。例如,《城市排水当前产业政策实施办法》、《城市排水许可管理办法》、《城市排水监测工作管理规定》,以及《关于加快城市污水集中处理工程建设的若干规定》等等。在标准制定方面,现已颁布了《排水管道维护安全技术规程》、《污水排入城市下水道水质标准》及《城市污水水质检测方法标准》等七十五项有关排水及污水处理技术标准、规范和规程。

《中华人民共和国水污染防治法》明确规定,各级人民政府的环境保护部门是对水污染防治实施统一监督管理的机关。各级交通部门和航政机关是对船舶污染实施监督管理的机关。各级人民政府的水利管理部门、卫生行政部门、地质矿产部门、市政管理部门、重要江河的水源保护机构,结合各自的职责,协同环境保护部门对水污染防治实施监督管理。为了适应市场经济下环境保护目标的要求,1996 年 5 月 15 日第八届全国人民代表大会常务委员会第十九次会议通过了《关于修改〈中华人民共和国水污染防治法〉的决定》,对《水污染防治法》进行了重大修改,比原法增加了 15 个完整条目,并对原法中 8 个条目作了修改。现行的《水污染防治法》共有 7 章 62 条,分别对水污染防治法的目的、适用范围、基本原则、监督管理体系、管理制度和措施、防止地表水污染、防止地下水污染和法律责任作出了比较全面的规定。与原法相比其修改和增加的主要内容包括:加强了对流域和区域水污染防治的监督管理、增加了对跨流域水污染防治的监督管理措施、强调了对城市污水的集中处理、增加了划定生活饮用水保护区制度、增加了实行清洁生产、淘汰落后生产工艺和设备的规定、增加了对重点污染物排放的总量控制制度和重点污染物排放量的核定制度、强化了对严重污染水环境小型企业的管理措施、扩大了省、自治区、直辖市人民政府制定水污染物排放标准的权力、增加了对非点源水污染管理措施的规定、明确了跨行政区域的水污染纠纷的处理机构、授权渔政监督管理机构对渔业污染事故进行调查处理、明确了个体工商户被管理主体的法律地位。

修订后的《水法》虽然明确"水污染防治,依照水污染防治法的规定执行",仍有多处内容与《水污染防治法》和国务院"三定"方案的规定有职能重叠和交叉,造成了法律执行的困难和多个执法部门的尴尬:(1)《水法》规定的保护和管理地表水和地下水职能与《水污染防治法》规定的地表水体以及地下水体的污染防治职能存在重叠,在实际工作中必然导致各个方面的交叉。(2)《水法》第 12 条规定的国家对水资源实行流域管理与行政区域管理相结合的管理体制,与国家环保总局强调的国家环保部门对水环境实行流域管理与区域管理相结合的管理体制存在矛盾。(3)《水法》第 14 条、第 15 条、第 16 条及第 17 条规定的流域综合规划的内容和报批程序与《水污染防治法》第 10 条规定的水污染防治规划内容及制定存在重复,在实际工作中，流域水污染防治规划与流域综合规划、专业规划之间的区分也是相当困难的。(4)《水法》第32条规定水利部门制定的水功能区划与环保部门的水环境功能区划严重交叉。《水污染防治法》第17条规定“国务院环境保护部门会同国务院水利管理部门和有关省级人民政府，可以根据国家确定的重要江河流域水体的使用功能以及有关地区的经济、技术条件，确定该重要江河流域的省界水体适用的水环境质量标准，报国务院批准后实施”。《水污染防治法实施细则》第2条规定“依据《水污染防治法》第10条规定编制的流域水污染防治规划，应当包括水体的环境功能要求内容”。《水法》明确水利部门制定水功能区划，“水环境功能区划”尚未在有关法律和规定中正式出现。(5)《水法》第32条第3款规定水利部门核定纳污总量。《水污染防治法》及其实施细则已对污染物排放总量控制制度的内容及实施程序作出规定，即排污总量控制计划由环境保护行政主管部门会同有关部门编制并依法组织实施。这不仅会造成排污总量控制制度实施过程中的执法矛盾和冲突，也人为地给地方水环境管理工作带来不良影响。(6)《水法》第32条第4款规定水利部门对水功能区的水质情况进行监测，并向政府报告。这将严重影响环保部门的水质监测和管理职能，在实际工作中可能造成水利部门对环保部门的工作情况进行监督的局面。(7)《水法》第34条关于排污口的设置，虽然规定环保部门对环境影响报告书进行审批，但在第67条的“法律责任”部分却明确由水利部门进行处罚。

五、其他措施

在明确属地管理原则、排污收费以及比例配额管理的基础上，我国还首创了“三同时”制度。“三同时”制度即指一切新建、改建、扩建的基本建设项目，技术改造项目，自然开发项目以及可能对环境造成损害的其他工程项目，其中防治污染和其他公害的设施及其他环保设施，必须和主体工程同时设计、同时施工、同时投入使用。

我国还适当鼓励民营资本进入污染治理相关的行业当中。比如进行污染治理基础设施的投资，建立污水处理厂，铺设城市排污管网等。建设部分别于2002年12月、2004年3月印发《关于加快市政公用行业市场化进程的意见》、《市政公用事业特许经营管理办法》，推动城市污水处理进行市场化改革。但是,由于多部门监管的不一致性,从客观上导致我国市场不规范,竞争门槛过高,而且往往是利益寻租严重。环保设备的质量监控,现行由几条渠道在进行,由于经济利益的驱使,往往导致检测结果的偏差很大,用钱买证的现象较为突出。设计资质的管理也出现了类似问题。

此外,我国还出现了地方性取水许可方面的制度安排。山西省在1982年制定的地方性水利法规中确定了取水许可制度。同年,该省颁布《山西省征收水资源费暂行办法》,对水资源费用的征收范围、标准等作了规定。

应该强调指出的是,自1993年全面实施取水许可制度以来,由区域水行政主管部门负责管理范围内和限额内的取水许可管理,负责区域水域的保护;区域环保部门负责对区域排污的管理。区域对这部分的水资源和水环境容量配置掌握了实际控制权,但本质上仍然是强化了属地管理的原则。环境容量作为某一环境对污染物最大承受限度,能够反映一个地区经济发展与水环境容量的关联状态。在环境容量限度内,环境质量不至于降低到有害于人类生产生活和生存的水平,环境具有自我修复外界污染物所致损伤的能力。实施取水许可制度,无疑有利于地方政府对流域水环境容量进行调控。

综合本章内容,改革开放三十多年来,我国经济建设高速增长,特别是东部及沿海经济发达地区,人口急剧增长,城镇化进程加快,给环境造成了巨大的压力,水污染问题尤其突出,流经城市的江河都受到了严重的水质污染,有的甚至影响了城市饮水,直接关系到城市社会经济的可持续发展和人民群众的生活质量。从目前来看,在相对落后的生产方式下,流域内经济总量增长和水环境总体质量呈现负相关特征,难以实现经济增长与环境保护协调发展。尽管2007年可能成为中国控制流域水污染恶化趋势的转折点,但总体趋势仍然严峻。我国流域水污染基本特征是,流域水污染正从东部向西部发展,从重点流域向非重点流域延伸,从城市向农村蔓延,从工业用水向生活用水扩展,从区域向流域扩散,从点源污染到面源污染,主要江河的流域性水污染严重。流域水污染治理已到了非解决不可的程度。政府也意识到治理水污染的迫切性和必要性,进行了一系列的对策设计,但进展却不尽如人意。

当前所采取的治理措施，存在制度本身无法根除的困境。局部的技术调整，无法掩盖制度的局限。属地管理的强化、排污收费制度的推行、污染削减配额的实施，都无法改变块块矛盾与职能冲突。而相关的法律法规，由于其内在的冲突和外在的体制制约而无法为流域水污染治理提供法理支持，因此，流域水污染的有效治理难以实现。面对这种困境，需要人们从新的路径出发，认真分析流域水污染治理到底面临什么样的困境以及造成困境的根源。通过对文献的梳理，笔者认为，只有超越既有的研究思路和研究方法，以新的视野去分析我国流域水污染问题，才有可能提出科学合理的对策思路。

第二章

我国流域水污染治理困境

我国流域水污染治理的现实困境，是在社会政治经济转型过程中出现的。这个困境客观上表现为我国流域水污染总体形势十分严峻。尽管我国政府制定了许多相应的制度，采用了许多具体的技术工艺，但是并没有能够根本改变流域水污染治理失效的局面。我国流域水污染治理失效，表面看来是物质手段和科技水平不到位，但就深层次原因而言，既有我国基本国情因素的影响，也受到制度方面的制约，而治理失效的根本原因实际在于治理制度设计不合理。

如上所述，流域水污染治理具有准公共物品的性质，具有消费的非竞争性和受益的排他性。从准公共物品的角度来看，无论是从供给的角度，还是从生产的角度来看，政府、市场和自治等三种机制都可以进入流域水污染的治理领域。因此，从理论上来说，我国流域水污染的治理困境，一方面肇因于供给和生产这种准公共物品的技术工艺问题，另一方面则发端于供给和生产这种准公共物品的过程中三种机制之间的关系问题。是政府的行政干预多一点？还是市场交易多一点？或者是自治协议多一点？三种治理机制之间的关系反映着不同的治理结构。从实证案例分析出发，能够清楚地看到我国流域水污染治理失效的种种表现，也能够发现治理机制的现实弊端带来的巨大危害，由此可知，制度创新才是提高治理流域水污染的可取之路。

第一节　我国流域水污染治理困境的典型案例

一、两个实证案例

本节引用的两个案例是十年治理淮河水污染失效与松花江突发水污染事件。其中涉及的材料多为笔者亲历调查所得。

（一）案例 2-1：十年治理淮河水污染失效①

淮河流经河南、安徽、江苏、山东等省，其中，河南境内流域面积占整个流域面积的近三分之一。20 世纪 80 年代以来，随着工农业的迅速发展和城市化进程的加快，淮河各支流受到严重污染，水质急剧恶化，有淮河流域流传的民谚为证："50 年代淘米洗菜，60 年代洗衣灌溉，70 年代水质变坏，80 年代鱼虾绝代"。1989 年 2 月和 1992 年 2 月，淮河两次发生重大污染事故。江苏洪泽湖一带遭到大面积污染，人们只能到山上背水做饭。河流水体破坏后，地下水体也遭到严重污染。奎河沿岸的安徽宿县地区每 100 人中就有 1 人罹患重症，一些村镇多年来无一人身体合格应征入伍。沙颍河上的槐店大闸，由于造纸行业、淀粉酿造和炼焦行业的大量废水在这里沉淀，河面臭味冲天。淮河流域水污染给相关四省人民造成了惨重的经济损失。1992 年 2 月，安徽淮南电厂因淮河水质严重污染，离子交换水来不及供应而停运 3 台机组，影响华东电网供电，许多工厂减产或停产，直接经济损失过亿元。安徽省涡河亳州、涡阳和蒙城段素有"五十里涡河，五十里网箱"之说，并有望被国家列入"星火计划"，但由于这次水污染引起的死鱼事故，申报"星火

---

① 该案例系笔者担任"中华环保世纪行"记者期间所进行的实地调查采访所得，当时形成了新闻系列报道，主要如下：

1.《淮河污染困扰多年今望还清》，载《中国环境报》1994 年 5 月 21 日第 1 版。
2.《共同参与齐心协力 早日重现碧水蓝天》，载《中国环境报》1994 年 5 月 28 日第 1 版。
3.《淮河，怎样走向新世纪》，载《中国环境报》1994 年 6 月 14 日。
4.《总理要求尽早变清淮河水》，载《中国环境报》1994 年 8 月 23 日。
5.《解振华称"周口现象"有典型意义》，载《中国环境报》1994 年 8 月 25 日。
6.《治淮众生像》，载《中国环境报》1994 年 9 月 1 日。
7.《治理淮河必须加强法制》，载《中国环境报》1994 年 9 月 20 日。
8.《打好治淮这一仗》，载《中国环境报》1994 年 9 月 21 日。

计划”的项目搁浅。

1993 年,中宣部等 14 部委组织开展了“中华环保世纪行”活动,对淮河上游主要支流黑河的污染状况进行了系列报道,引起强烈的社会反响。报道也受到中央以及地方各级政府领导的重视。1994 年 5 月 20 日,笔者作为“中华环保世纪行”记者团成员之一抵达河南郑州,南下漯河,东经周口、项城、沈丘、安徽界首、阜阳、颍上、淮南等淮河流域城市,24 日到达安徽蚌埠市。一路上对淮河污染严峻形势和原因作了实地调查。

与此同时,国务委员、国务院环境保护委员会宋健主任率全国环境保护执法检查团抵达河南郑州,对淮河流域进行环保执法检查。1994 年 5 月 24 日至 26 日,宋健在安徽蚌埠市召开淮河流域环保执法检查现场会。会议制定了淮河治理的目标:各省制定的“八五”污染防治计划必须按期完成;“九五”实现淮河流域干流及其主要支流河水变清,流域所有企业排放的污水必须达标排放。按照水体环境功能要求,制定污染物削减计划,1996 年污染物排放总量得到基本控制,到 20 世纪末大幅度削减,实现淮河水基本变清。按照这一目标,会议制定了治理淮河水污染的措施:要健全淮河流域水污染防治的法律体系,1994 年底草拟完成淮河流域水污染防治条例;要坚定不移地执行国家产业政策,对污染严重、效益差又难以治理的污染企业要坚决关停,1994 年底前要关停 196 家污染企业;对所有污染严重的企业进行限期治理,做到达标排放;到 20 世纪末,流域内所有市县必须因地制宜建设污水处理设施,重点城市要建污水处理厂。参加这次执法检查现场会的有全国人大环境和资源委员会副主任杨振怀、国家环保局局长解振华以及经贸委、农业部、化工部、建设部等 11 部委和单位的有关领导。

时隔两个多月,1994 年 7 月淮河下游却发生了史无前例的特大水污染事故。原因是河南、安徽两省淮河干支流上的主要闸坝开闸泄污,造成淮河下游水体严重污染。反常的久旱不雨的自然条件加重了污染程度。安徽省淮南、怀远、蚌埠和江苏省淮阴市相继陷入饮水困境。淮阴市政府的有关报告显示,沿淮地区死鱼 1200 多万公斤,死蟹 1 万 3 千公斤,直接经济损失过亿元。事故给当地工农业生产和社会稳定造成了巨大的危害。8 月 22 日上午,国家环保局局长解振华在淮阴市调查淮河下游特大水污染事故现场后,向新闻记者传达了李鹏总理关于治理淮河流域水污染的最新指示:对淮河流域水污染防治工作每年要抓一次,关停并转一批严重污染环境的企业。要抓出几个样板来,要尽快制定淮河流域水污染防治条例。

1995 年 8 月 8 日国务院发布了我国第一部流域法规《淮河流域水污染防治暂行条例》,其中规定,沿淮四省人民政府分别对本省淮河流域水环境质量负责。按照《条例》的要求,成立了淮河流域水资源保护领导小组。国家环保局和水利部是领导小组的组长单位,淮河水利委员会是领导小组的成员单位,水利部和国家环保局双重领导的淮河流域水资源保护局改为领导小组办公室。《淮河流域水污染防治暂行条例》明确规定,"四省人民政府应当将淮河流域水污染治理任务分解到有关市(地)、县,签订目标责任书,限期完成"。这就从法律层次上明确了辖区属地管理原则,把这一责任分解到了地方各级政府,由此开始并逐步形成淮河流域水污染治理的地方行政分割局面。

早在 1988 年 1 月经原国务院环境保护委员会[①]批准成立了淮河流域水资源保护领导小组。领导小组组长单位为国家环保局和水利部,副组长单位为流域四省人民政府,领导小组办公室设在淮河流域水资源保护局。1990 年 2 月 6 日,根据水利部人事劳动司(1990)第 13 号文件,水利部淮河水利委员会成立。水利部淮河水利委员会共设副局级、正处级单位 23 个。还设有一些事业单位和从属于水利部淮河水利委员会的企业。这样的机构设置的总的特点是职能复杂、职权划分不清、结构庞大。[②]

在大规模的淮河流域水污染治理过程中,中央政府以及苏、鲁、皖、豫四省各级地方政府和企业,付出了巨大的投入和努力。仅"九五"期间国家安排的淮河治污项目就多达 200 个,总投资 120 亿元;莲花味精、丰原集团等千

① 国务院环境保护委员会是我国政府专设的环境保护机构。1974 年 5 月建立时为国务院环境保护领导小组,下设办公室。1982 年 5 月成立城乡建设环境保护部,将领导小组的办公室改为该部所属的环境保护局。1988 年环境保护局升格为国务院直属机构,本委员会继续保留。

② 这些机构是办公室、规划计划处、水政水资源处(水政监察总队)、财务经济处、人事劳动教育处、建设与管理处水土保持处、防汛抗旱办公室、监察处、审计处(与监察处合署办公)、离退休职工管理处、直属机关党委、中国农林水利工会淮河委员会、淮河流域水资源保护局(副局级)、治淮工程建设管理局(副局级)、水文局(信息中心)、通信总站(正处级)、治淮档案馆(正处级)、淮河流域水土保持监测中心站(正处级)、水利水电工程技术研究中心(正处级)、后勤服务中心(正处级)、物资站、临淮岗洪水控制工程建设管理局、石漫滩水库管理局。规划设计研究院(中水淮河工程有限责任公司)、淮河水利水电开发总公司、水利水电开发中心、水利水电工程建设监理中心、厚德设备租赁有限责任公司。

余家上规模涉污企业，陆续投入数百亿元建设污染处理设施，包括郑州、徐州、淮南等在内的百余座城市筹建污水和垃圾处理厂。2000年底，国家环保总局在颍河至安徽的界首市设了第一个水质自动监测哨——淮河流域七渡口站。尽管如此，时好时坏的淮河水质并没有给治理者带来令人欣慰的回报。

1998年，以工业企业达标排放为目标的“零点行动”中，关停了一大批治理无望的造纸、皮革等重污染企业，减少工业产值200多亿元。中央政府强令禁止“十五小”企业，要求淮河流域的工业企业废水在这次行动中全部实现达标排放。2004年又取缔关停了6400多家违法排污企业，对非法资源开采企业和矿点，取缔了1.6万多家。淮河的污染状况改善一度被看好。可就是这一年，时隔大规模治淮十年的2004年，淮河却发生了历史上最严重的流域水污染。[①] 事故暴露出地方保护主义危害甚大。

在治理流域水污染的十年间，淮河流域270万平方公里的土地上增加了两千多万农业人口。这些人仍然需要在淮河经济带寻找就业机会，地方政府的GDP和税收也需要这些小企业拉动。笔者在调查中发现，淮河流域是稻草和麦草主产区。麦草更是这里的造纸优势。造纸业兴旺的时候，麦草价格最高能卖到小麦价钱的一半，而麦草收割起来要比小麦省劲得多。一家小型造纸厂只需投资20多万元就能运转，半年收回全部投资，当年便可盈利。淮河流域的许多地方都在为麦草想出路。如果没有人收购，又不许焚烧，农民就得把麦草堆放在地头或沟边。经过夏天的雨水冲刷，又形成废水流到河流中，形成新的污染。政府面临的严峻事实是，过剩的资源和过剩的劳动力造成的内需动力总能让造纸产业屡禁不止。比如漯河市，1986年经国务院批准升格为地级市，第二年就与清华大学环境工程系联合完成了《漯河市水污染控制系统规划研究》。鉴于市区几家造纸厂都各自拥有一套独立的草浆造纸系统，市政府决定以第一造纸厂为依托，统一建设一个年产3.5万吨商品纸浆基地，再配以碱回收装置，从而实现“集中制浆、集中治理、分散造纸、解决污染”的理想格局。令人遗憾的是，记者采访时看到，造纸厂的碱回收工程只是搞了点“土建”。结果造纸产量在扩大，污水排放量也在

---

① 《网民议论淮河治污》，新华社通讯报道，2004年8月4日。

进一步增大，当时光这一个厂每天综合排污量就达 1.5 万吨之多。

城镇生活污水也逐步成为淮河主要污染源。近年来，沿淮小城镇和中小城市发展迅速。地级市常住人口一般都在 30 万人以上，县城及县级市常住人口平均接近 10 万，居住人口在万人左右的小城镇崛起一大批。假设城镇人均每天产生生活污水 0.2 吨，按照沿淮地区登记人口 1.68 亿计算，城镇化比重每增加 1%，每天增加入河生活污水就是 33.6 万吨。按沿淮各地城镇发展规划，2010 年前全流域城镇化率将会达到 40% 以上，净增城镇人口 2000 多万，即使人民生活水平保持静止状态，届时淮河流域每天也将新增污水 400 万吨。与此形成强烈反差的是城镇生活污水处理率极低，计划兴建的污水处理厂半数以上没有动工，已建工程很少发挥作用。据国家环保总局统计，沿淮四省"十五"计划中生活污染处理项目未动工率高达 93.3%；由于亏损运营，沿淮已建成的生活污染处理设施多数在"晒太阳"。郑州市日均向下游排放污水 240 万吨，经过处理的仅 37 万吨。阜阳、蚌埠、信阳、淮南等沿淮干流较大城市，生活污水平均处理量不到产生量的十分之一。淮河污染反弹呈加速趋势，一个重要原因是沿淮工业经济形势明显回升，工业污染源和污水排放量显著增加。近些年来，沿淮地区工业产值平均年增长率达 20%，工业污染源相应迅速增加。市场的急剧扩张，使污染严重的造纸、食品加工业规模迅速扩大。如蚌埠丰原生化集团，产值由 2003 年的 40 多亿元发展到 2004 年的 70 多亿元。化肥、纸张市场价格上升，行业效益大幅度提升，刺激企业扩大生产。1999 年开始，城镇生活污水首次超过工业污水的排放量，成为淮河的主要污染源。随后几年，生活污水与工业污水的比差越来越大，有的地区生活污水占比已高达 87%。这种未经处理的生活污水的直接排放，加剧了淮河流域的水污染程度。

带有明显地方保护主义色彩的拦闸蓄水，也使得淮河水体自我调节的自净功能失调。由于淮河径流量本来就不大，淮河流经地区追求辖区内经济利益最大化目标，各地争相建立拦蓄闸，把流经当地的河水拦蓄下来以备自用，而向下游排出污水，所以越往淮河下游走，污染自然越来越重。若放任这种状况持续下去，淮河污染治理的边际成本呈现递增的趋势难以改变。

2004 年 5 月 28 日至 6 月 11 日，国家环保总局派出 3 个督察组，对沿淮四省 21 个地市、91 个区县的重点工业污染源、城市生活污水处理厂和重点河流断面进行了为期半个月的暗查。检查涉及化工、酿造、医药、造纸等行业165家重点工业污染源、30座城市污水处理厂、65条河流(湖、排污沟)、155个河流断面。调查结果表明,淮河流域水污染防治形势依然严峻。主要表现在:一是总体上水质仍然较差,特别是主要支流水质污染严重。淮河流域还有近一半的断面水质尚未达到"十五"控制目标,部分重点支流跨界断面水质污染严重,有的甚至持续恶化,部分河段氨氮严重超标。涡河、颍河、濉河、池河、北淝河、沱河等主要支流污染严重,贾鲁河、惠济河等也存在一定程度的污染。二是排污总量仍然居高不下,主要污染物排放超过环境容量,一些主要支流和地市污染排放量仍在增加。超过控制目标较多的主要是河南省的洪河、惠济河、涡河、颍河,安徽省的濉河、新汴河,山东省的武河,江苏省的奎河、京杭大运河、沿河等10条河流。三是污染反弹问题严重。检查发现,企业违法排污现象还很普遍。在检查的165家重点工业污染源、30座污水处理厂中,有52家企业违法超标排污,占检查总数的31.5%;17家污水处理厂非正常运行,占检查总数的56.7%。安徽省环保局暗访组在暗访中发现淮河流域仍有部分企业顶风排污,环保部门作出的处罚决定在一些企业执行不下去。①

然而,就在淮河流域水污染问题没有得到根本解决的同时,淮河水利委员会和国家环保总局之间却发生了管辖权的争议。2005年4月5日,淮河水利委员会发布《第一个流域限制排污总量意见》,提出淮河流域水域所能容纳的污染物总量。4月10日,国家环保总局污染控制司副司长指出,淮河水利委员会无视国家法律规定,违背国务院确定的"十五"淮河流域限制排污总量原则要求,擅自发布限制排污总量意见,扰乱视听,干扰了国家排污总量控制工作的正常进行。这位副司长还据法指出,《中华人民共和国水法》第四章第三十二条明确规定"县级以上人民政府水行政主管部门或者流域管理机构应当按照水功能区对水质的要求和水体的自然净化能力,核定该水域的纳污能力,向环境保护行政主管部门提出该水域的限制排污总量意见。"淮河水利委员会理应科学核定并依法向环保部门提出限制排污总量建议,而不是自行发布。淮河水利委员会发布的数据,明显违背国务院确定

① 《安徽沿淮仍有部分企业顶风大量排污》,新华社通讯,2004年7月16日。

的“十五”限制排污总量要求。“九五”“十五”期间，环保总局会同国家发改委、水利部等有关部门和沿淮四省政府共同制定并实施的《淮河流域水污染防治规划及“九五”计划》和《“十五”计划》，均经国务院批复，其中对排污总量有明确的要求，“九五”计划要求到2000年全流域化学需氧量排放总量控制在36.8万吨，“十五”计划要求到2005年全流域化学需氧量排放总量控制在46.6万吨，同时要求氨氮排放总量控制在9.1万吨。而此次淮河水利委员会擅自发布流域化学需氧量控制在38.2万吨/年，氨氮2.66万吨/年，明显违背国务院早已确定的“十五”限制排污总量要求，且与水利部以前提交给环保总局的《关于淮河流域限制排污总量的意见》中建议淮河流域化学需氧量和氨氮限排总量分别为46.0万吨/年、3.28万吨/年的意见不相一致，引起了有关方面的质疑。

国家环保总局污染控制司这位副司长说，总量控制作为环保工作的一项基本制度，早在1989年第三次全国环境保护会议时就得到了确立。1996年，国务院批准实施的《“九五”期间全国主要污染物排放总量控制计划》和《淮河流域水污染防治规划及“九五”计划》，明确提出了淮河流域化学需氧量的排放总量目标。此次淮河水利委员会仓促发布限制排污总量意见，怎能算是“第一”？①

对环保总局的强烈反应，水利部援引国务院“三定”方案指出，淮河水利委员会发布限制排污总量意见，符合流域机构的职责范围的要求。“水利部门并未越权行事”，“数据不符是长远目标和阶段性目标不同”，“淮委发布的数字，是使淮河水体变清需要达到的数字”。“所以水利部淮河水利委员会是完全按照法律和‘三定’赋予的职责从事的工作，没有错误，也没有和别的部门发生冲突”。“而且在淮委的‘意见’出来以后，我们已经按照‘三定’的要求，正式出文送交了环保总局”。②

十年治淮，耗资巨大，失效明显。笔者认为可以从客观和主观两个方面来总结淮河流域水污染治理失效的原因：淮河流域的水污染治理是国家在经济欠发达、人口密集、污染严重的地区首先起步的，治理难度之大是前所未有的，它所取得的成效稳定性差，相当脆弱。尽管如此，造成淮河流域污

---

① 《环保总局质疑淮委越权》，载《新京报》2005年4月11日。

② 同上。

染反弹和治理失效的主要原因,首先归结为地方保护主义,流域内各级政府"重经济发展轻环境保护"的现象非常普遍,没有严格按照环境容量的约束条件来组织当地经济社会活动,以浪费资源、污染环境换取经济增长的传统生产方式普遍存在。其次是污染治理资金投入不足,治污工程建设滞后。到2007年为止,淮河"十五"计划投资完成率仅占33%,个别省份甚至不足20%。污水处理厂建设缓慢,城市生活污水处理率低。全流域尚有85个城市污水处理项目未动工,大部分城市污水处理厂没有实行市场化运作,多元化投资机制尚未形成。最后是结构性污染突出,企业超标排污反弹严重。造纸、酿造、化工、制革和印染等仍是淮河流域主要行业,特别是造纸业,既是排污大户也是利税大户,关停并转谈何容易。非工业污染增加趋势日益突出。农业面源污染严重,化肥、农药施用量不断增加,其中约70%的用量流失或残存在土壤和农产品中,并最终进入河流水体。上述因素复合叠加,致使淮河流域治理污染的速度赶不上环境破坏的速度。

所有上述原因可以归结为,落后的生产方式或者说经济增长方式从客观上造成了淮河流域治污的失效。从淮河水污染治理看,当前我国流域水污染治理的措施得到了充分的应用,比如明确属地管理原则、实施排污收费制度以及"三同时"制度等。但是,效果却不明显。案例表明,作为需要重点治理的流域,虽然国家和地方在政策安排和财政资源上给予了一定的倾斜,但是由于有关部门在同一流域设置多种管理机构,则条块分割矛盾严重。从治理淮河开始,国家环保总局以及经贸委、农业部、化工部、建设部等11部委和单位的有关领导联合召开执法现场会,到国务院环委会批准成立淮河流域水资源保护领导小组、水利部下设水利部淮河水利委员会,都体现了我国在流域水污染治理的制度安排方面的块块分割以及潜在部门职能冲突的特点。

《淮河流域水污染防治暂行条例》规定,由沿淮四省人民政府各对本省淮河流域水环境质量负责。这从客观上导致流域水污染治理的区域分治。同时该条例还规定,国家环保总局和水利部是领导小组的组长单位,淮河水利委员会是领导小组的成员单位,水利部和国家环保总局双重领导的淮河流域水资源保护局为领导小组办公室。这从客观上造成了部门分割以及部门职责不清。国家环保总局作为专门的防污控污机构具有专业特长的优势,而各层级的水行政主管部门客观上代表国家对水资源行使管理权,这就使得两类机构在职能和权责设置上产生了冲突。各个地区政府的公共权力在水资源管理中的失位和缺位,也使得流域污染一再反弹、治乱循环。不同行政区也因为地方政府的执政理念的差异、治理措施的差异和财政资源力量的差异而导致治污效果差别明显。水资源管理的地方行政分割导致了淮河流域水污染的整体治理的无效率状态。流域水污染治理的失效,给各个地方政府带来了直接的经济损失和政治影响,也加剧了不同行政区之间的紧张关系。同时,由于地方行政分割体制的制约,流域管理机构作为上级职能部门的派出机构容易和别的组织系统发生职能和管辖上的冲突,从而导致案例中所反映的国家环保总局和水利部之间的权限之争。

淮河流域污染充分暴露了地方政府在发展地区经济过程中的自利化倾向。地方政府作为地方共同利益的代理人,一方面是要从该地区整体利益出发来制定各项政策,另一方面相对于其他地区来说,该地区又是一个虚拟的特殊利益主体。在共同利益的层次关系中,和其他利益主体是相互竞争的。尤其是以流域为共同利益体的连接链条中,不同地方政府本质上呈现着一种零和博弈的局面。因此,趋利避害,转嫁责任,就成为地方政府实现自我利益的必然。

经济发展和增长方式转变不是朝夕之功所能完成的,而如何消除地方保护主义对流域内治理污染的危害的命题则应该进入我们的研究视野。地方保护的做法,不仅发生在省与省之间,同样发生在省内的市县之间。从 1995 年 8 月 8 日国务院发布了我国第一部流域法规《淮河流域水污染防治暂行条例》开始,沿淮四省人民政府分别对本省淮河流域水环境质量负责,明确了辖区属地管理的原则,以及进行了一系列的配套制度建设,则相应产生了地方行政区域之间的流域水污染分治状态。只要水往低处流,下游区域就很可能成为上游污水的受害者。一种理想的状态可能是这样的:在各级政府辖区范围内,形成政府、市场、公众以及社会组织之间的利益协商与合作机制,促使管制、交易和契约等制度安排都能够得到有效的实施,在流域共同利益引领下形成集体行动,达成多个行为主体之间的利益共赢局面。

（二）案例 **2-2**：松花江水污染事件[①]

2005 年 11 月 13 日 13 时 45 分左右，中国石油吉林石化公司双苯厂发生着火爆炸事故。受事故影响，约有 100 吨苯类污染物进入松花江水体。当日 16 时 30 分开始，环保部门对吉化公司东 10 号线周围及其入江口和吉林市出境断面白旗、松江大桥以下水域、松花江九站断面等水环境进行监测。11 月 14 日 10 时，吉化公司东 10 号线入江口水样有强烈的苦杏仁气味，苯、苯胺、硝基苯、二甲苯等主要污染物指标均超过国家规定标准。松花江九站断面 5 项指标全部检出，以苯、硝基苯为主，从三次监测结果分析，污染逐渐减轻，但右岸仍超标 100 倍，左岸超标 10 倍以上。松花江白旗断面只检出苯和硝基苯，其中苯超标 108 倍，硝基苯未超标。随着水体流动，污染带向下转移。11 月 20 日 16 时到达黑龙江和吉林交界的肇源段，硝基苯开始超标，最大超标倍数为 29.1 倍，污染带长约 80 千米，持续时间约 40 小时。[②]

11 月 18 日，吉林省政府办公厅和省环保局把此次爆炸可能对松花江水质产生污染的信息通报给了黑龙江省政府和省环保局。11 月 21 日，哈尔滨市政府发布停止供水公告。11 月 22 日，哈尔滨市政府再次发布停水公告，决定于 23 日零时起正式停止市区自来水供应。11 月 23 日，哈尔滨市政府发布第 29 号公告，决定从 11 月 23 日 23 时起，关闭松花江哈尔滨段取水口，停止市政供水管网向市区供水，具体恢复供水时间另行通知。11 月 23 日下午国家环保总局有关负责人向媒体通报，受中国石油吉林石化公司爆炸事故影响，松花江发生重大水污染事件，污染带长约 80 千米，持续时间约 40 小时。11 月 24 日，中国石油天然气集团公司副总经理、大庆石油管理局局长曾玉康专程前往哈尔滨，代表中国石油向黑龙江道歉。

负责松花江流域和辽河流域管理的是松辽水利委员会，但这个委员会只是水利部的派出机构。流域委员会的主要作用就是测算入河污染物总量，并对其进行总量控制。至于对水质方面的监控，更多是属于环保部门的责任。由于缺乏有关部门和地方的共同参与，流域委员会的议事、协调和裁决能力不强。且流域管理机构只是事业单位，不属于政府行政系列，在水行政管理事务中难以刚性行使权力，在实际工作中又会受到地方行政的影响。

---

① 本案例系实地考察、访谈并整理公开媒体资料所得。

② 《环保总局通报：松花江水污染带长约八十公里》，载《人民日报》2005 年 11 月 24 日第 5 版。

而在此次事件中的一个插曲即可以说明这个问题。11 月 17 日，吉林丰满水库的放流量为每秒 1130 立方米，而当 11 月 19 日污染物主体通过吉林松原后，丰满水库放流速度下降到了每秒 610 立方米，20 日降到每秒 300 立方米。黑龙江方面为防止放流量不足导致污染物下沉，迅速向国家水利部求助。在水利部部长汪恕诚亲自协调下，11 月 24 日水量才提高到每秒 1000 立方米以上。

从 11 月 21 日中午起，哈尔滨市陷入了前所未有的恐慌，饮用水、水容器、啤酒、牛奶、饮料等统统遭遇抢购，甚至连八宝粥、罐头、速冻水饺等快餐食品和擦手的湿纸巾也未能幸免。这一切，源于当地流传着中石油下属企业吉林石化工厂爆炸后造成的剧毒苯污水团即将流入松花江哈尔滨江段，而哈尔滨的城市供水绝大部分取自松花江。当天下午 1 点多，电视台开始用滚动字幕播出即将停水 4 天的消息，原因是要“对市政供水管网全面检修”而临时停水。正规渠道消息与道听途说矛盾，使市民更加恐慌。

我国传媒关于这一事件的报道可以大致分以下几个阶段：第一阶段 11 月 14—18 日，有四家媒体的报道限于吉林石化公司爆炸事件本身；第二阶段 11 月 19—21 日，因为没有新的新闻源，四家媒体处于共同的沉默期，其中《吉林日报》的沉默持续到 11 月 23 日；11 月 22—28 日为第三阶段，有三家媒体的报道对象由吉林转向哈尔滨，关注哈尔滨宣布四天停水的事件，并逐渐将原因与吉林石化公司的爆炸联系起来。《吉林日报》在这一阶段报道主题是吉林环保和支援哈尔滨的情况。12 月 3 日主要媒体公布国家环保总局局长解振华辞职消息后，报道进入第四阶段，关于松花江污染段的流向和沿途的防范情况逐日公布，信息基本公开化。第一、二阶段的危机信息流，障碍缘于“内紧外松”的传播策略和由地方保护主义主导的信息封闭策略。

在第一阶段，这四家媒体都在爆炸发生后及时报道了这一事件，其中，《吉林日报》从 11 月 14 日到 17 日的报道重点依次是：省领导赴现场部署救援，事故不影响主业生产；事故处理有序进行，生产整体正常；应急预案措施得力；通报要认真吸取教训，加强安全生产。关于爆炸所引起的吉林松花江段污染问题只字未提，只提到没有造成大气污染。但是，位于吉林市松花江下游的吉林省松原市，在没有被告知原因的情况下连续停止供水 7 天，直到 11 月 23 日；与此同时，吉林市上游的松花江丰满水库的排水量被加大。这个事实说明,吉林石化公司和吉林省政府对于爆炸后造成松花江污染是知情的。《第一财经》11 月 24 日社论提到,“环保总局在《新闻通稿 84 号》通过一组翔实的数据清楚地告诉我们,此次受中国石油吉林石化公司爆炸事故影响,松花江已经发生重大水污染事件。消息还说,吉林石化公司爆炸发生后,监测即已发现苯类污染物流入松花江,造成水质污染。”《吉林日报》在 11 月 24 日头版新闻中也承认:“11 月 13 日,中国石油吉林石化公司苯胺厂车间爆炸事故发生后,我省严密监控环境质量状况,及时发现苯类污染物流入第二松花江。”《北京晚报》引述当地一名媒体工作者的话:吉林石化爆炸造成水污染在吉林已是公开的秘密,但是媒体从没报道过。因此,在第一阶段的危机识别信息应该是两个:一个是爆炸本身带来的危害,包括疏散等信息,其利益相关者是现场附近的市民;二是有关松花江吉林段的污染情况,其利益相关者是吉林市和吉林市松花江下游城市市民,尤其是松原市市民,还有更下游地区的黑龙江省松花江沿岸各城市市民,尤其是哈尔滨市市民。关于第一个危机识别信息,《吉林日报》通过偷梁换柱的方式,以政府积极作为和石化公司宣布没有污染替代了这一危机信息,危机无从识别,以此来消弭爆炸可能带来的恐慌和波动。关于第二个危机识别信息,吉林省政府和《吉林日报》作为信源予以回避,当地媒体无一报道。哈尔滨媒体当时前往采访,也被告知松花江的水质“未受污染”。因此,与之对应的危机应对信息自然也就不存在。信息流在第一阶段的总体特征是危机识别信息缺乏,从而造成信息流障碍。由于第一阶段如此,造成集体失语的第二阶段。

地方保护主义导致吉林省对邻省黑龙江将会遭遇的生态危机采取封闭传播的策略。对利害不关己和有损自身利益的危机管理的不作为,导致在危机信息的传播上也处于不作为状态,具体表现为对传递危机识别信息的信源角色的极力回避。吉林省的地方保护主义在此次危机事件中表现尤其明显。吉林省一些城市饮用水基本不从松花江取用,而哈尔滨 90% 的饮用水来自松花江。吉林省境内的第二松花江边有不少化工企业,几十年来不断对松花江造成污染,吉黑两省间曾为此多次协商。爆炸事故发生后,“吉林丰满水库曾经开闸放水,但 19 日在污染带流入我省[黑龙江]境内后,吉林减少了丰满水库的放流量,后经水利部协调再度加大放流量。”《第一财经》在哈尔滨宣布紧急停水的当天(21 日)采访吉林化工,“吉林化工方面否认爆炸污染到松花江水源”。地方保护主义不仅影响到政府行为，使吉林省有关地方政府不愿意承担污染责任，甚至不愿意分担处理污染的责任，并且直接体现在媒体对本地利益以外事件的冷漠和麻木。

国家“一五规划”期间兴建的吉林化工企业，不仅是吉林省的纳税大户，而且还要向当地政府缴纳大笔排污费。从一个企业可以收取两笔收入，使有关部门变成了两面人：对企业，强调你排污了要收费；对下游松花江流域的上千万人民，坚决不承认有污染，即使有当地《生活报》的报道为证，有黑龙江电视台的画面为证。但手握一纸有关单位出具的“检测报告”，仍然在掩盖是非。从吉化的各种宣传材料中得知，他们有完备的污水处理装置。据吉林环保部门的检测结果，其污水属于达标排放。但在黑龙江省媒体的“实录”中，看不到汩汩净水从化工厂排出；黑龙江省环保部门的内部资料，早就记载着松花江的化学污染严重。

据 11 月 28 日人民网和《环球时报》消息，松花江污染事件引起了俄罗斯方面的高度关注。11 月 24 日，俄罗斯多家媒体的头条都聚焦在受污染的江水流经俄罗斯时，是否会给当地带来危害。俄罗斯有环境保护人士估测，被污染的水流 11 月 26 日进入黑龙江，污染带大概按照以下时间表流经俄罗斯的一些居民区：列宁斯科耶：11 月 27—28 日；哈巴罗夫斯克：12 月 1—3 日；特罗伊茨科耶：12 月 4—5 日；共青城：12 月 7—10 日。这些时间都与中方估计的有较大出入。

据新华社北京 12 月 6 日电外交部发言人秦刚消息，国务院总理温家宝 4 日就松花江水污染事致信俄罗斯总理弗拉德科夫，强调中俄两国人民同饮一江水，保护跨界水资源，对两国人民的健康和安全至关重要。温家宝总理介绍了中方已经并正在采取的措施，表示中方对此次污染持负责任的态度，重申愿与俄方进一步加强合作，消除灾害后果。12 月 6 日，中石油吉林石化分公司双苯厂“11 · 13”爆炸事故及重大水污染事件国务院调查组在北京成立。国务院调查组组长为国家安全生产监督管理总局局长李毅中，副组长由来自安监局、监察部、国资委、环保总局、中华全国总工会、吉林省政府和黑龙江省政府的七位副部级官员组成。国务院调查组将对中石油吉林石化分公司双苯厂“11 · 13”爆炸事故和引发松花江重大水污染事件的原因、责任以及应对水污染事件的责任进行全面调查，提出处理意见。国务院调查组下设技术组、管理组和综合组三个组，最高人民检察院也派员参加。

又据 12 月 12 日《环球时报》消息，为了保证俄罗斯沿江城市的取水安全，应俄罗斯要求，经我国政府批准，黑龙江省将在抚远水道入口处实施临时筑坝堵污工程，阻止污染水团流入乌苏里江。黑龙江省领导将抚远水道临时筑坝堵污工程比作是应对松花江水污染事件的第三场战役。此前的第一场战役是哈尔滨战役，已取得了决定性胜利；第二场是已经打响的佳木斯战役。黑龙江省领导动员各部门和各地、市要发扬不怕疲劳和连续作战的精神，克服困难，争分夺秒地做好第三战役的各项准备工作。

是该寻找原因总结教训的时候了。化工厂的污水处理不仅设备投入巨大，而且运行成本高，这是很多化工企业偷排污水的经济动力。环保部门的缺位及利益链条的延伸，更助长了偷排。延续了几十年的污染，都与为了"国家利益"的"保密"有关。随着社会信息透明化的进步脚步，人们得以发现，诸多以国家名义实施的"保密"措施背后，都有行业、部门、地区甚至是企业利益的影子。2005 年 11 月 17 号，地处吉林市下游的松原市全市停水，七天之后，也就是 11 月 24 号，才恢复供水。哈尔滨市政府 11 月 21 日以维修管道为名发布停水公告，而且是事后 6 个小时后才发布信息，也在同一天发出另一个公告说是"江水受污染"。也是直到这时，全国老百姓才知道松花江污染的事件。吉林石化则一直说"爆炸产生二氧化碳和水，不会污染到水源"。环境污染监督职能部门对客观存在的严重程度、流域转移以及国际影响缺乏理性的评价，不是缺乏调查信息不足，也不是缺乏科学技术手段的支持，而是更多地要归结为部门保护思想作怪。在事故始发阶段，有地方环保局官员接受媒体采访时甚至否认河流水体遭到严重污染的基本事实。直到 2005 年 11 月 23 日，也就是在吉林石化公司爆炸事故发生 10 天后，国家环保总局及吉林省政府部门才首次承认，爆炸事故导致松花江发生重大水污染事件。此后北京方面的主流媒体才给予连续的跟踪报道。由于有关职能部门和多个地方政府应急措施不力，信息发布失真，在相应地区甚至在国人心目中造成了极为不良的影响。

在此后一段时间内，黑龙江省除了哈尔滨市具备对水体污染全面监测和化验的能力，松花江主要流经地、市、县以及边境地区的环境监测部门大多只具备江水取样和日常分析的能力，无法对有机污染物进行全面和及时的监控、监测，在短时间内还无法满足政府和公众对水质信息的需求。国家环保总局副局长王玉庆则公开批评吉林省环保官员，在2005年11月14日至17日这段期间没有及时上报这宗重大环境污染事故的资讯，错过了解除污染隐患的最好时机。其间，吉林省也没有及时向黑龙江省提供真实、全面、准确的信息。但是，已有许多网民开始在网络媒体呼吁和讨论可能造成的污染事故。随后，俄罗斯方面通过外交途径对松花江这条国际性河流遭到污染表示了高度关注并要求中国政府赔偿损失。

从松花江水污染事件的案例可以看出，地方保护主义的利益链条严重束缚了流域水资源利益流的合理分配，从而损害了流域共同利益的发展空间。在该利益链条中，起着中心环节作用的是地方政府与地方既得利益者。地方政府因为各种利益因素的考虑，推诿责任，虚报和隐瞒污染事实。其中，也凸显出地方政府利益驱动以及自利化的倾向。自利化一旦和块块分割这一制度缺失衔接起来，导致的实际结构就是地方政府在污染治理过程中的"失位"和"错位"现象。各个行政区缺乏应急行动协调机制，缺乏信息沟通与交流，因此，在流域水污染治理上各自为政，反过来又导致更严重的地方行政体制块块分割。

松花江水污染事件也充分暴露出行政分割造成的局部技术调整的碎片化和局限性。尽管环保部门可以进行抽样分析和水质检测，松辽水利委员会可以测算入河污染物总量并对其进行总量控制，丰满水库可以对松花江流域污染保持足够的稀释能力，但在块块分割的权力格局中，这些限于行政区域内的治理污染技术趋向碎片化，不同层级的地方政府及其职能部门无法针对整个流域以及污染突发事故承担公共责任，并采取整体性技术应对措施。在块块分割状态下，流于程序以及一般化的日常管理难以显示出其局限性，而一旦事故发生，块块分割则暴露出其本身的局限性，此时，任何局部的技术调整都无法掩盖制度缺失，后发措施的结果往往于事无补。

二、案例反映的流域水污染治理困境

治理措施是治理制度安排的外在体现，同时也构成了治理困境的制度原因。在严峻的流域水污染形势面前，我国当前的治理措施暴露出明显的局限：

（一）辖区属地管理原则无法治理流域水污染

由于不同行政区之间没有相互的隶属关系，行政山头和块块特征明显，造成了共防共治协调方面的困难，给环境治理带来人为的行政障碍。在行政区划以内，水行政主管部门负责水域的保护，环保部门负责排污的监督管理。在这种状况下，对于涉及全流域整体利益的管理法规和政策的实施，在没有足够强制性措施的作用下，每个区域倾向于采取实用主义的态度。两个部门不仅在法律责任上缺乏相互制约机制，而且两个部门同时服从于该行政区的地方人民政府，因此最终必为区域利益所左右。各行政区域政府从各自的局部地区经济和 GDP 增长考虑问题，则使得政府与致污单位间在某种程度上的谋合成为可能，从而带来监督部门对排污行为的放纵，导致污染的治理困难，治理成效稳定性差。因此，在地方行政区域以内经常发生的现象是，有些致污单位在排污达标检查通过以后，继续排污，甚至变本加厉，于是发生行政区域界内“污染反弹”。这种现象的出现，加剧了污染的蔓延，并造成流域水污染的“污染跨界反弹”。根据《中华人民共和国水污染防治法》第 26 条规定，对跨行政区域的水污染纠纷有两种处理办法：其一是由地方有关人民政府协商解决；其二是由其共同的上级人民政府协调解决。实际上，上一级人民政府对其下一级人民政府所管辖区域之间的跨行政区水污染纠纷只能进行协调，这就使得上一级人民政府的行政处理纠纷无法起到强力控制的作用，无法及时有效地解决跨行政区的水污染问题。而不同行政区由于地方利益的考虑，也不可能主动独自承担一切防污治污的费用。在这种情况下，维护流域水清洁，防治流域水污染的集体行动就难以形成。比如安徽省辖淮河流域内“十五”计划建设的 29 个城市污水处理厂项目仅落实资金 6.19 亿元，占总投资的 25.4%；其中 23 个县属污水处理厂 86% 的资金没有落实。淮河全流域 161 个污水处理建设项目中，仅完成 28 项，47 项在建，尚有 86 个城市污水处理项目未动工。① 到 2004 年 8 月为止，淮河流域建成的污水处理厂只有 57 座，还不到规划的一半；而在建成的污水处理厂中，半数以上在“晒太阳”。② 又如三峡库区建制镇中，已建、在建、拟建污水处理设施的比例分别为 7.14%、10.71%、24.13%，而没有建污水处理设施

① 《当前淮河流域安徽境内水污染治理存在的问题及建议》，载《综合与摘报》2004 年 12 月。
② 《为淮河治污建言献策》，载《人民日报》2004 年 8 月 12 日第 16 版。

的比例为60.71%。小集镇几乎没有生活污水处理设施。在三峡库区一带,凡长江沿岸基本上一个县建一座污水处理厂。南水北调,东线14节提水站在沿线要建立很多的污水处理厂,这些都是在国家的规划之中,而且在财政预算上也都已经安排了,但是平均污水处理比例不到20%,污水处理厂建成后没有污水供给,沿线城镇产生的污水送不到污水处理厂,造成开工不足。[①] 2003年3月,审计署在审计国家投资1.11亿元的山东济南、烟台、威海和枣庄污水处理回用项目时发现资产闲置严重,实际利用率不到10%。[②] 污水处理存在着体制、资金、管理上的低效困境。环境监管体制不顺。环保工作横向职能交叉严重,政府部门协同非常困难,纵向基层没有"腿",监管乏力。如治理水污染,一条河水利部管水,环保局管岸上;沙尘暴防治方面,草原归畜牧部门管,治沙归林业局管,发布消息由气象局管。从纵向上看,由于没有对地方环保机构实行垂直管理,环保部也没有派出机构,环保执法在地方经常受到干扰。目前,国家、省、市、县四级环境执法监测网络的5万名人员,市、县两级占总数的99%,这些人的"位子"实际上都掌握在地方政府手中。

属地管理导致的另一重大困境是城市污染圈被内部化。城市生活污水处理列为城市公用事业,由政府投资,按事业单位管理,有的城市财政入不敷出,确实难拿出钱来建设城市污水处理厂,只能任污水直排。有的城市经济发达,财政收入多,有能力承担,但按国有、事业模式运作污水厂,往往任其成为市长形象工程,多数引进洋设备,不讲投资效益,不讲运行成本,浪费纳税人的钱,也不能有效发挥治理设施的效能。有的地方还由此得出错误的结论:城市污水处理厂投资大,运行费用高,建不起,养不起。有的城市领导缺乏可持续发展战略意识,重经济,轻环保。有的地方虽是百强县市,也不愿拿出钱来建设城市污水处理厂,他们的理由同样是城市污水处理厂投资大,运行费用高,建不起,养不起。这里的关键就是,政府环保责任制没有与市长们的乌纱帽挂钩。有的城市领导重视环境保护,但确实心有余而力不足,即使污水处理厂建设起来也养不起,成为政府包袱,污水处理率也很难提高。流域水污染还没有得到治理,投入的设备已造成资源的严重浪费。

流域水污染治理实行属地管理原则,还使得一些业已存在的流域机构

---

① 《十届全国人大常委会第十三次会议简报》,2004年12月28日。

② 审计署内部资料提供。

对行政区内流域水污染束手无策。目前流域机构在流域水污染治理上的主要机制是:依据流域水环境容量确定该流域的水体总纳污能力和排污总量,并据此再细分区域排污量,通过对区域边界断面的监测来监控区域排污量。流域机构除在指定流域范围和限额以上的取水许可实施直接的管理外,对其他取水则基本没有监控权(黄河流域管理机构对区域用水总量进行监控是特例)。在水污染控制方面,流域机构只负责对省界断面的监测,与排污的源头隔着地方政府、地方环保部门两个环节。边界断面监测结果对区域缺乏法定约束,制约能力极其有限,很难实施对区域排污总量的控制。我国水质恶化的趋势也就无法得到有效控制,流域跨界污染呈现恶化趋势。[①]

因此说,地方对辖区事务负责进行分块治理,跨界污染与界内污染控制失衡,降低了流域水污染治理的质量和效率,是我国流域水污染治理的第一大困境。

(二)对污染源的部门分割监管造成条块低效治理

从源头控制的角度来看,目前我国流域水污染治理是分属于行政区内的不同职能部门和流域管理部门,国家各部委、局的职权都是各个部门制定后报国务院审核批准。因此,各个部门难免从自身利益出发考虑问题,造成权力设置重复或空置,形成其运行过程中只有分工、少有合作的状态。具体而言,涉及水质保护的环保、水利两大系统在系统内部不是垂直领导而是业务指导关系,它们下属的基本单位也因为行政区组织的差异而更多地听命于各级地方政府。如图 2-1 所示:

《水污染防治法》等法律法规和 1998 年国务院“三定”方案,赋予国家环保总局的主要职责是,对水污染防治工作实施统一监督管理、组织拟定和监督实施国家确定的重点流域防治规划和生态保护规划、组织编制水环境功能区划、组织和协调国家重点流域水污染防治工作、拟定并组织实施水污染物排放总量控制计划、组织水环境质量监测和污染源监督性监测以及定期发布重点流域污染治理工作和深入开展全国水环境保护工作。但是,由于这些职责涉及多个政府部门,关系到水资源利用和污染治理多个环节,国家环保总局实际上并没有这样大的权力完全承担并履行这些职责。

---

① 《环保总局发布水质报告 海河辽河淮河污染严重》,载《第一财经日报》2005 年 2 月 23 日。

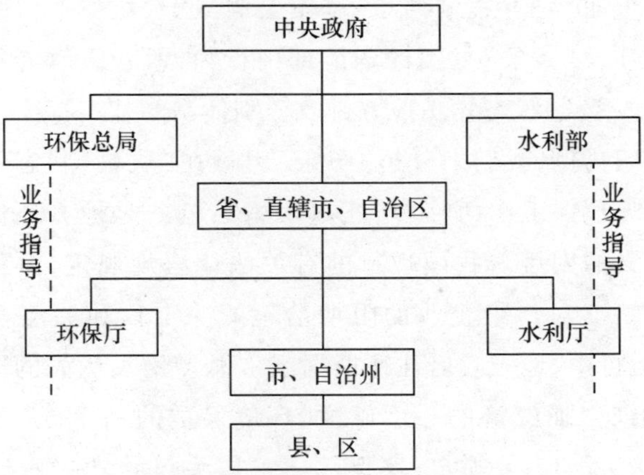

图 2-1　污染源部门分割监管图

与此同时,国务院相关部门水环境管理和保护职能则区分很大。水利部门主管的领域是水资源统一管理以及防洪、水土保持,负责水资源利用与保护规划、防洪、水土保持,水功能区划以及水资源统一管理和协调;建设部门负责城市供水、排水与污水处理等规划、建设与管理;农业部门负责农业面源污染控制、保护渔业水域环境;交通部门负责内陆航运与污染控制管理;卫生部门负责监督与保护饮用水和医用污水处理等等。

这样,在我国的行政权力系统中,在条条意义上就实际存在着对于流域水污染治理的部门分割。这种对污染源监控的部门分割的状态往往造成两种消极局面:一是造成不同部门各行其是。以流域水质监管和信息传播为例,目前存在环保部门和水利部门两套监测体系,使用的仪器和方法都不一样,发布的信息也不一致,甚至连日期的计算都不一致。环保部门是以225天计算,而水利部门则以300天计算。二是造成国家环保部门与国家水利部门的职责交叉,从而导致行政执行和政策落实过程中的职能冲突。

同时,由于我国流域水污染治理实行属地化原则,在行政权力主导下的各行政区往往形成利益共同体,"块块"特征明显,它们在治理流域水污染问题上很容易陷入地方保护主义的圈子。在同级政府内部,关涉水污染的环保、水利等职能部门都难以协调动作,要依靠这两大系统的力量来完成流域水污染治理就更加困难。在以"块块"为主的地方行政分割体制条件下,本来只有业务指导关系的环保、水利系统的行政部门对于其各基层单位所表现的“条条”力量非常有限。“条条”基本上服从于“块块”。因此，尽管本书在论述中经常涉及“条条”方面的职能部门行为，但各级政府行政权力主导下的利益“块块”分割状态才是地方行政分割体制的基本特征。

以环保部门为例，我们来分析“条条”力量在“块块”状态下软弱无力的运行状况。地方环保工作面临着“三重困境”：其一是地方环保机构面临地方行政保护主义的困境。我国现行的有关法律法规规定，由各地方政府对流域水污染负责。对污染企业的限期治理的决定权和关停权均属地方政府，而在实际运行中，地方政府往往根据经济总量增长优先的原则来处理环保问题，因而出现“抓经济的一手硬，抓环境保护的一手软”的情况。根据《水污染防治法》第15条规定，环保部门可以关停并转一些污染严重的企业，但是实际上地方环保部门只有行政处理权，而没有强制执行权，强制执行必须由地方法院来代为行使。这就给很多的排污企业有机可乘。要关停并转污染严重、经限期治理仍无法达标排放的企业，要经过调查取证、听证，甚至是行政复议、申请法院强制执行等阶段，通常需要10个月左右时间，其间无法迅速有效地控制污染，且法院在执行中经常发生业主、法人变更的情况，导致法院执行难的问题，或执行时该企业已经转移至别处另外组织生产。其二是部门分割的困境。从职能设置上看，环保总局、水利部、财政部、建设部、农业部等不同职能部门对水污染治理均有发言权和制定规章条例的权力，在地方政府管理的实践中，这种状况常常导致地方政府内部各行政部门的利益分割和利益竞取，形成有巨大缝隙政府。其三是环保机构自身面临的困境。由于地方行政力量的干预，很多环保部门变为“财政大锅饭”，超编超员，但却缺乏技术骨干。地方环保部门装备落后的情况非常普遍。目前，国家环保部门制作了新的排污费征收软件，但有些地区因为现有的电脑太落后而无法安装使用。一些地区环保局甚至连检测氨氮的仪器设备都没有，因此甚至无法进行现场采样检测。[①] 同时，环境保护部门还经常存在着正常运行经费严重短缺的局面。为了解决环境治理的资金短缺问题，1979年颁发的《环境保护法(试行)》规定了“谁污染谁治理”的原则；1982年，国务院颁布了《征收排污费暂行办法》(国发[1982]21号)，在全国范围

① 《没法查，没钱查，环保执法有点难》，载《经济日报》2004年7月28日。

开展排污收费,企业缴纳的排污费中的80%用作企业或其主管部门治理污染源的补助资金。1984年,国务院在《关于环境保护工作的决定》(国发[1984]64号)中,确定了污染治理的7条投资渠道:新建项目“三同时”污染防治资金;老企业更新改造投资中的7%用于老污染源治理资金;城市基础设施建设中的环保投资;排污收费的80%用作治理污染源的补助资金;企业综合利用利润(5年内不上交)留成用于治理污染的投资;防治水污染问题的专项环保基金;治理污染的示范工程投资。然而,由于环保部门人员的结构性过剩,本来要用于治理污染的费用被用作了行政支出。环保经费没有被列入地方政府财政预算现象也非常普遍,一些县级、甚至省辖市级环保局竟然主要靠吃排污费运转,客观上造成了“污染越重、环保越富”的怪现象。河南省陕县就是例证。2004年陕县“排污费”收入280万元,除按规定上缴国家及省财政56万元、安排企业专项治污资金40万元外,剩下的180多万元用来发工资和维持运转。这个全县仅34万人的人口小县,环保局却有120多名职工。①

那么,环保系统实行从中央到地方的垂直管理是否能解决“条条”职能被“块块”削弱的问题呢?笔者多次在省市环保部门的调研中了解到,简单垂直管理的答案是否定的。因为环保部门的职能是依法监督管理,并不具备工商、税务那样的财物自我保障能力,因此,环境保护庞大的行政系统实际上离不开地方各级政府部门的协同和支持。而由于县区一级环保部门“块块”特色更为明显,在环保执法时有时完全站在基层政府一边,监管职能很难发挥,在市以下的环保部门搞垂直管理可能是兼顾环保部门职能和实际情况的可行方案。这种设想在笔者对基层环保系统内部的调研中得到许多环保一线工作人员的认同。

2005年1月26日人民网文章《地方环保局长心声》也是支持这种设想的。文章指出,2004年12月24日下午,厦门市环保局局长谢海生在北京参加全国环境保护工作会议,并对记者讲述自己对环保系统管理体制改革的设想。谢海生1997年由厦门市计委调到市环保局,先是做局长助理,2002年1月任环保局局长。他说,他清楚地知道,这顶乌纱帽是当地政府给的。

---

① 《基层治污现怪圈:污染越重 环保部门越富》,新华网河南频道,2005年7月11日。

按照人事制度要求,地方各级环境保护部门领导干部实行双重管理体制,以地方党委管理为主。让他感到幸运的是,作为环保模范城市,厦门市的各级领导、人大和政协对环保工作相当支持和理解。他谈到最近有人主张环保系统实行垂直管理,作为地方环保局局长,他觉得省级以上实行垂直管理不太适合,有些措施在基层很难实施,在市以下实行垂直管理是比较合适的。谢海生解释说,一般来说市一级的领导环保意识都比较强,县一级领导多注重发展经济引进项目。由市级到县级进行垂直管理,有利于环保政策措施的贯彻落实。谢海生博士认为,今后的环保行政体制改革总的思路,应该是更有利于加强基层环保能力建设,有利于做大做强基层环保队伍,有利于科学发展观的全面落实。

（三）流域治理遭遇行政分割的严重后果

其一,流域水污染治理遭遇行政区分割,治理局部化,效果不稳定。自然属性和社会属性是矛盾的统一体。流域区和行政区是两种不同性质的区域划分。流域区是以河流自然生态为中心,由分水线包围的区域,是一个从源头到河口的完整、独立、自成系统的水文单元;行政区是为实现国家的行政管理、治理与建设,对领土进行合理的分级划分而形成的行政区域。同一流域往往流经几个不同的行政区,而一个行政区也可能包含几个不完整的流域区,[①]因此,两者之间往往存在交叉关系。由于流域自然属性的差异,加之经济社会发展存在不平衡性,一些流域比如重点治理流域内存在着巨大的经济实体,因而在治污工程的建设上通常比较容易筹集到足够的资金,这就进而促进了水资源的循环利用,为这些经济实体和地区带来更大的经济效益,形成了良性循环。而另一些流域区由于自然容量的差异而没有形成强大的产业集群,或者由于行政区划的限制,流域范围内的产业集群比较分散,从而给治污工程的建设造成困境,由此造成了不同行政区划或流域不同地段治污工程建设的差异。在这种情况下,即便是单个行政区内对流域污染的局部地区采取了强有力的工程措施,由于流域内其他行政区域不予配合,整个流域水污染治理难以取得一致行动和明显成效。在实际的水污染治理过程中,各行政区常常以此为借口,相互推诿责任,从而导致整个流域

---

① 黎元生、胡熠:《论水资源管理中的行政分割及其对策》,载《福建师范大学学报》2004 年第 4 期,第 55 页。

污染严重，山河依旧。

其二，人为划分重点流域和非重点流域，难以形成全国一盘棋。由于流域水污染治理形势严峻，我国在流域水污染治理上，通过行政手段人为地划分出重点流域和非重点流域。重点流域由中央政府、部委、流域管理机构和地方各级政府协调管理，由地方政府负责。而非重点流域的水污染治理则分属各个不同层级的地方政府负责。我们将全国流域水污染治理形势与地方经济发展形势加以比较，就可以发现，大多数水污染严重区是在相对发达的地区，这些省市占中国经济的比重大，上缴中央财政比重也大，国家对相应地区的流域水污染执行了明显的倾斜政策。这样的倾斜政策出台有其历史原因，但其负面作用不可低估。相反，许多经济欠发达地区分布在我国江河流域水的源头，在流域环境效益补偿机制没有形成的时候，这些地区对守着绿水青山不能上马更多的工业项目很有抱怨。

重点流域涉及我国 18 个省、自治区、直辖市，包括“三河三湖”（淮河、海河、辽河、太湖、巢湖、滇池）、南水北调、三峡库区等重要地区，其水污染治理关系我国半数以上的省市社会经济发展和人民群众的生活质量。1996 年全国人大通过的《我国国民经济和社会发展“九五”计划和 2010 年远景目标纲要》中，将“三河三湖”流域水污染防治列为“九五”期间我国环保工作的重点。“十五”期间，国务院又先后批复了“三河三湖”水污染防治“十五”计划、南水北调东线工程治污规划、三峡库区及其上游水污染防治规划，明确重点流域水污染防治的目标和任务。迄今为止，经国务院批准，已经召开了多次全国重点流域水污染防治会议。为了达到规定的目标和任务，中央政府、地方政府和基层政府都采取了若干措施，一些地方开始实行考核“一票否决制”，①把重点流域的污染治理工作和政府绩效紧密联系起来。环保不过关，不允许开展新的建设项目；环保不及格，不能够通过有关考核。中央政府和地方各级政府把相当的财力物力放在了重点流域水污染的治理方面，其做法一般是中央财政补贴与地方自筹防治相结合。然而，对重点流域水污染治理的倾斜政策造成的负面影响也是显而易见的。其直接效应就是非重点流域水污染不能得到有效治理。由于地方经济发展的需要，许多原

① 《解振华称“周口现象”有典型意义》，载《中国环境报》1994 年 8 月 25 日第 1 版。

本在重点流域污染严重的工厂搬迁到了非重点流域。地方政府由于需要大量的财力物力投入到重点流域的治理之中，因此，投放到非重点流域的治理资金相对匮乏，而水质检测设备和水利工程的建设项目所需要的大量投资，则使得地方政府的财力更是捉襟见肘。例如在西部一些地区，刚刚配备起来的环境设备原本可以完成自己的使命，因为东部地区产业转移的加快伴随着新污染物的“西进运动”，现有的环境装备又感到力不从心了。对于重点流域水污染治理的倾斜政策的进一步的危害还表现为，欠发达地区的地方政府和行政领导为了尽快促进地方经济的快速增长，形成任期内的 GDP 经济政绩，其行为一般倾向于大力吸引经济项目，而常常忽视流域水污染的治理和资源环境的可持续发展。

其三，流域水污染治理失控，加剧地方行政区之间的紧张关系。流域水污染治理的失效给各地水资源安全和社会稳定带来了消极影响。在局部地区，行政区域之间、流域管理机构与行政区域之间、用水者之间、水资源不同用途之间矛盾激化，集体械斗事件时有发生。集中于水量分配、径流调蓄、各种水事活动的协调安排等方面的争水事端和冲突大量出现。如安徽省广德县祠山岗乡、流洞镇和邱村镇的部分农民对附近一些“招商引资”来的小化工企业排放化学污染物，严重污染农作物、恶化环境强烈不满，愤而将 11 家小化工企业的门牌和玻璃砸毁，给当地的社会治安造成了消极影响。[①] 各行政区和企业为利益所驱动，总是想方设法将污染危害外部化，推行了以邻为壑的办法，结果只能导致邻近地区冲突加剧，关系紧张。

（四）政府、市场和自治制度分离，流域治理法律失范

政府是公共权力的主体。在流域水污染治理过程中之所以会出现政府失灵，除了其本身的制度设计和体制因素外，还有一个原因是市场和自治两种制度安排没有能够起到积极作用。辖区属地管理片面强调政府职能的专业分工和职能承担，市场主体在污染防治中无法有效发挥资源配置的作用。而由于流域水污染的自然属性的存在，不同流域段的社会成员自治也无法建立起来，难以形成一种整合的力量来共同治理水污染。所以，单一的行政力量就难以实现有效的治理。政府、市场和自治制度的分离，也从根本上违

① 《广德农民因农田污染冲击小化工厂》，新华通讯社，2004 年 7 月 29 日。

背了流域水污染治理的准公共物品的要求。辖区属地管理,加之没有一个核心的强力部门来统筹流域水污染的治理,从客观上强化了块块分割、职能重叠以及行政权力之间的冲突,造成了不同的行政区之间的紧张关系。建立政府、市场和自治制度的有机框架,也需要有效的法律法规来进行规制。然而,法律体系不完整以及部门话语权的争夺,使得立法和执法变成了职能部门谋取自身利益的工具,法律法规未能发挥有效的规范作用。《水法》与《水污染防治法》之间的冲突直接说明了这一观点。作为水污染治理的直接法律依据,一旦这两法之间的内在张力和冲突问题没有解决,则无法为水污染治理提供有利的法律基础和平台。部门法之间的冲突反过来又强化了部门主义,强化了块块分割,更进一步导致了水利部门和环保部门之间的相互推诿和资源争夺,并最终导致流域水污染无法实现有效治理。

三、我国流域水治理困境蕴含的主要问题

流域水污染的严峻现实和治理困境的现实案例引人深思。为什么会出现流域水污染治理困境?是哪些因素导致的?其背后的作用机理到底是什么?

由于地方政府的利益驱动,属地行政管理体制下的流域水污染治理呈现出块块分割状态下的行政方式单边作为的特点。松花江突发水污染事件,充分暴露出地方政府的单边作为以及把自己错误定位为区域或部门的企业化政府。从淮河流域水污染治理失效看,由于地方政府块块分割治理以及部门职能冲突,因此,无论是引入市场机制还是单个企业自主治理,都不能使淮河流域水污染的严峻形势得到控制。究其制度原因,实际上是地方政府对于本地区经济发展的片面强调,对于流域水污染治理的忽视,或者使得流域水污染的治理服从地方或者地区的经济发展和 GDP 经济的片面增长,由此导致地域分治。与此同时,淮河流域水污染治理,也暴露了我国流域水污染治理方面中央政府与地方政府之间、地方政府与基层政府之间、同一政府不同部门之间、部门与流域机构之间、政府与市场和自治之间的关系不顺与职能不清。此外,政府自利化倾向,把自己错误定位为区域或者部门的企业化政府,同样是该案例反映出来的基本问题。因此,在努力改进生产方式和生产力状况的同时,也应该改变我国流域水污染的治理结构,从制度

创新上去寻求治理流域水污染的根本出路。

第二节 我国流域水污染治理困境的原因

流域水资源不仅是一种可再生资源,还是经济发展方式和社会生产方式的一种物质载体;流域水资源污染问题不仅仅是资源利用方式问题,还是流域内各种行为主体利益关系的反映。因此,流域水污染治理不仅要考虑到流域的自然纳污能力以及社会生产方式,还要考虑到其准公共物品属性基础上的制度设计问题。

有鉴于此,本书从两个层次上分析我国流域水污染治理困境的原因:一个层次是一般原因分析,即从流域水资源本身的自然属性、治理工具和技术层次展开分析;另一层次是从流域水污染的社会属性入手,进行制度层次的分析,即针对我国流域水污染治理困境的特点,发现其内在的制度安排缺陷。

一、一般原因分析

与制度安排的特性不同,流域水污染治理的一般性原因是指任何流域水污染治理都会遇到的难题。总的来看,这些一般原因可以归纳为流域水污染的自然属性和治理工具技术问题等两个方面。

(一)流域水污染的自然属性

流域水资源是循环再生的动态资源,总体上相对稳定但在具体的时间空间上又极不稳定,具有强烈的周期波动性和随机性,也就是说水资源分布存在着时空不均衡特征。由于流域的不同地段的地质结构、气候、不同时间段流量大小差别等方面的原因,地域生态物种必然呈现出多样化特点。各地区有不同的自然资源综合丰度和自然条件组合适应度,从而使得各地域有不同的环境职责、环境功能和环境价值。

从功能的角度来看,各个流域所能够容纳污染和反应污染程度都不一样。流域水资源的基本特点是跨界流动、污染自然累积。无论是畅流流域如江河,还是非畅流流域如湖泊,污染物总量总是威比例地增量扩大。污染源即使遇到有行政边界的控制，也总是通过边界采取措施决定多少污染物保留在本地区或转移到下游地区。整个流域的污染总量仍然是在增加。在别的函数变量稳定情况下，不论是畅流流域，还是非畅流流域，不断排污必然导致流域水体溶解氧的水平呈现下降趋势，污染物在转移和扩散中呈现累积效应。下游地区的水量和水质一般与上游地区呈负相关的关系。所以，上游地区的污染源不仅会对其下游地区产生直接影响，而且对其下游地区以下的地区环境也产生明显影响，形成流域上下游特有的污染链条。所以说，流域水污染物总量特征是一个结果两个阶段，即总量累积增加结果，污染面分时段控制和被污染，污染从点源污染扩展到面源污染。下面就流域水污染总量特征给以数理分析论证。

假定特定的流域水的整个流域存在着四个地区。P 为排污量即 Pollution 的简写，R 为污染削减量或减污量即 Reduction 的简写。1 和 2 为上游地区，3 为中游地区，4 为下游地区。如图 2-2 所示：

Pi 为地区 i 的排污量，$P \geqq 0(i=1,\cdots 4)$。地区 1 的排污量为 P1，地区 2 的排污量为 P2，P3 为地区 3 的排污量，P4 则为地区 4 的排污量。不考虑其他因素，各地区的排污量和各地区的产业结构和经济总量正相关，因此，呈现出地域之间的分异。

Ri 为地区 i 的减污量，地区 1 的减污量为 R1，地区 2 的减污量为 R2，地区 3 的减污量为 R3。减污量的绝对值对地区的污染总量具有决定性的影响。

地区 3 经过的污染总量为 $P1 + P2 + P3 - R1 - R2$。如果 $R1 \geqq 0$ 和 $R2 \geqq 0$，其具体数量值和 P1、P2 的数量值将会对地区 3 的污染总量构成正相关关系。因此，地区 3 将直接承担地区 1 和地区 2 排污所造成的损失。和地区 3 一样，地区 4 由于处于下游地区，也将直接承担上游地区排污所造成的损失。地区 4 所承受的污染总量为 $P4 + P3 + P1 + P2 - R1 - R2 - R3$。多个变量的不同组合，给地区 4 的污染治理和经济发展带来巨大的不确定性。如图 2-2 所示：

结合流域水自然属性引起流域性污染图分析，假定每个地区都处于相对封闭的状态，也就是说信息、能量以及物质的交换不能实现，则必然出现热力学第二定律所描绘的熵增过程。熵是在封闭的热力系统中不能做功的

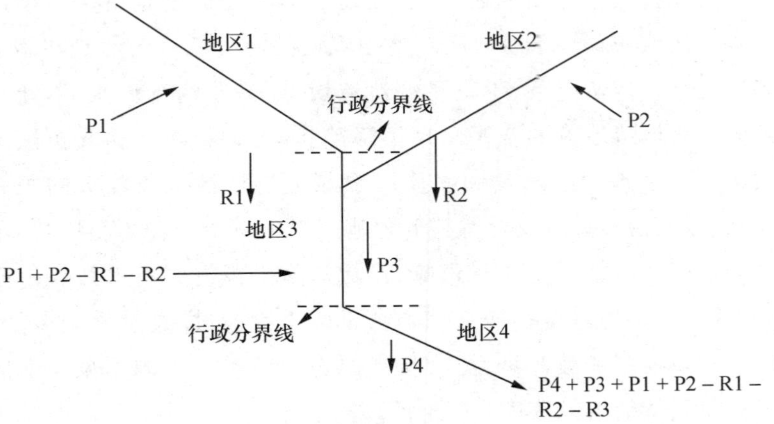

图 2-2 流域水自然属性引起流域性污染图

一定数量的热能计算单位。在孤立系统中,一切不可逆过程必然朝着熵的不断增加的方向进行,这就是熵增加原理(Principle Entropy Increase)。该定律认为:自发进行过程总是熵增的过程,由非平衡态向平衡态转化,并且这种转化具有不可逆性。对这一微过程的熵变表示为:

$$ds = d_e s + d_i s (d_i s \geqq 0)$$

式中 $d_e s$——系统与外界交换物质、能量、信息等引起的“熵流”,它可正可负;

$d_i s$——系统内部不可逆过程引起的熵产生。

因为熵只能产生不能消灭,所以熵产生具有非负性,即 $d_i s \geqq 0$,其中等号对可逆过程或平衡态成立。$d_i s$ 相当于孤立系统的熵变,对于孤立系统 $d_e s = 0$。①

我们可以把 P_i 等同于 $d_i s$,把 R_i 等同于 $d_e s$,这样就可以简单描绘出每一个局部地区中流域水污染的熵增过程。流域水污染的熵增过程成立,由流域自然属性引起进而最后导致流域性水污染,则具有必然性。事实上任

① 宋豫秦、张力小、曹淑艳:《耗散结构理论在我国北方农牧交错带人地系统分析中的应用》,载《中国沙漠》2000 年第 6 期,第 16 页。耗散结构是比利时统计物理学家普里高金 1969 年提出的概念,后来其著《非稳定系统中的自组织》作了理论总结。“耗散”一词源于拉丁文,愿意为“消散”,强调系统与外界有物质与能量交流的特性。耗散结构是指远离平衡态的复杂系统在外界物质流与能量流的影响下,通过自组织形成的新的有序结构。耗散理论研究远离平衡态的开放系统从无序到有序的演变规律,经过发展后常被用于社会经济系统的分析。

何流域都不是孤立封闭的,与外界交换信息、能量和物质的结果不同。当进入流域中的污染量超过本身自净能力,溶解氧下降到水质开始变坏的临界点时,流域水体开始发生污染。随着流域水污染的自然累积,在流域水系统不能得到足够物质、能量和信息救助情况下,流域污染按照熵增加原理不可逆地演进,最后呈现流域性的水污染。流域水是一个复杂的生态系统,在污染足够严重的情况下,其耗散结构功能低下,难以通过自组织形态完成功能的修复,还会给所在行政区的经济带来危害。

(二)治理工具和技术问题

治理工具的落后是我国流域水治理困境的现实原因。国家虽然在重点流域设置了污染监控设备,但监控设备的维护和技术更新是很大的难题,原来设置的污染参量由于新的污染物质的出现而无法正常反映污染的实际变化。我国大部分城市和农村地区的环保部门的监测和管理设备非常落后,这种情况使得环保部门无法有效履行污染源监管和污染治理的职能。从目前来看,国家对水质无机物污染要求测量 30 多项,可很多基层环保站只能测到 18 项左右。由于监测费用没有纳入财政预算,一些县环保局连基本的水污染化验设备都没有。[①] 一些企业也由于污水处理设备的落后和资金的短缺,而无法实现污水处理设施的更新,更谈不上按照环境管理体系(ISO14000)的要求去实现水污染的有效治理。

笔者在国务院研究室工作期间于 1998 年 7 月 8 日撰写了一份研究报告《应重视高科技在环保产业的作用》,其中指出:“在我国,环境污染尤其是大气、水污染已经成为制约经济和社会发展的重要因素。在环保产品中,大气污染治理设备和水污染治理设备产值占总产值的 80.3%,低水平重复建设严重。水污染治理设备标准化、系列化程度低,单机产品生产多,成套装置生产不足,高浓度、难降解工业有机废水处理设备和高新生物技术处理设备缺乏。造成这种现状的主要原因,是缺乏决定环保设备和技术优胜劣汰的环保产业政策。长期以来,环境污染的代价由国家和社会承担,多数企业缴纳的排污费低于治理污染的设备运行费,购买环保设备的目的在于项目上马时能顺利通过环保审批。项目投产后,环保设备基本上不运行,只是成为

① 《基层治污现怪圈:污染越重 环保部门越富》,新华网河南频道,2005 年 7 月 11 日。

应付环保检查的摆设。行业管理混乱，生产厂家甚至不需要生产许可证就可以生产环保设备，劣质、低效的环保产品和技术更容易找到市场，因此缺乏技术进步的动力。"①

从治理技术和手段看，目前我国还停留在污染总量控制、污水化学处理以及排污收费等技术和手段上，因此，实际上仍然是沿用简单的物理技术来治理水污染问题，缺乏对生态生化技术的应用。同时，目前的排污收费手段是一种单因子收费，在排放污染物较为简单的情况下是比较实用的。但随着科学技术水平的提高及工业生产的高科技化，企业污染物的排放渐趋于综合化和复杂化，当同一排污口排放多种有害物质时，如果只对其中的一种收费，难以从总体上控制污染物的排放。目前排污收费实行的单因子收费方式，难以从整体上控制多种污染物的排放。收费标准过低也使得致污企业宁愿继续污染，也不愿添置环保设备，或者即使购买了治污设备也由于设备运营成本与收益的比较而宁愿缴纳排污费甚至接受罚款。这样看来，流域水资源本身具备跨界流动、污染自然累积特征，决定了流域存在客观自然属性引发水污染的内在逻辑。工具技术层面的改进也只能在制度创新和优化中发挥更大的作用。

二、制度原因分析:流域水污染治理的地方行政分割体制

流域水污染治理不仅仅要考虑到流域的自然纳污能力、社会生产方式特别是经济发展方式，还要考虑到其准公共物品属性基础上的制度设计问题。所谓制度，是社会成员之间具有规律性和重复性的互动模式，它使投入转化为产出。制度的集合体现在家庭、私人公司、政府部门、地方社团、教会和园艺俱乐部等组织中。美国学者埃莉诺·奥斯特罗姆认为，制度可以界定为工作规则组合，它通常用来决定谁有资格在某个领域制定政策，应该允许或限制何种行动，应该使用何种综合规则，应该遵循何种程序，必须提供或不提供何种信息，以及如何根据各自的行动给予回报。②

我国流域水污染治理的制度安排，是根据流域水污染治理的属地管理

---

① 魏礼群:《政策研究与决策咨询——国务院研究室调研成果选》，中国言实出版社 2009 年版，第 1169 页。

② 埃莉诺·奥斯特罗姆:《制度激励与可持续发展》，上海三联书店 2000 年版。

原则形成的。根据《中华人民共和国水污染防治法》第 4 条规定，各级人民政府的环境保护部门是对水污染防治实施统一监督管理的机关。《中华人民共和国水法》第 13 条规定，县级以上地方人民政府有关部门按照职责分工，负责本行政区域内水资源开发、利用、节约和保护的有关工作。因此，流域水污染治理是按照地区划分来进行的。而根据《中华人民共和国水污染防治法》等法律法规和 1998 年国务院“三定”方案的规定，区域政府内各个部门则分别承担着部分的污染治理职能，从而呈现出一种横向的分割的态势即单位分割、产业分割、城乡分割和地区分割。

在属地管理原则下，不同行政区首先是作为一个独立的经济实体而存在的。而行政区域政府的自利化取向和片面追求 GDP 经济增长的倾向，使得地方政府趋于把自己错误定位为区域或者部门的企业化政府。这就会出现流域这一个自然人文整体单元被不同的利益单位人为行政分割的局面，流域的完整性被打破，作为利益载体的未被污染的水源被行政区截留，而废水则被排放到该行政区以外，造成负的外部效应。这样，不同行政区划的存在，形成了流域水中不同行政边界的控制。从表面上看，这种地方政府的行政性控制可以使得上游通过控制来减少对下游地区的污染。但实质上，边界控制一是人为损害了控制区流域水资源的纳污能力，使流域水体即使不受到严重污染，水质也会变差；二是控制区内的水资源由于污染物的沉淀而更加污染，一旦排放，更从水量和水质上加重了对下游地区污染的程度，从而给下游水资源纳污能力造成压力。这就是流域水污染表现出来的乘数效应。而当被分割控制的污染水体全部要通过流域的自净能力来解决时，整体流域又因为行政界线存在的控制而无法得到充足的自净水源，这样全流域水污染就必定发生并逐步恶化。

我们可以用一个模型来反映这种情况发生时对流域产生的消极后果。如果处于上游的地区 1 和地区 2 在决定本地区的污染物削减量和污染物转移量时，完全按照本地区成本函数进行决策，则势必造成下游地区污染物在扩散和转移中的累积效应而导致水污染治理的失效。如图 2-3 所示：

从图 2-3 可以看出，如果地区 1 和地区 2 的排污总量只考虑本地区经济结构以及本地区内经济产业组织的排污分配，进入地区 3 的污染物总量为 $P1max + P2max - R1min - R2min$。当 $P1max + P2max - R1min - R2min \geq 0$

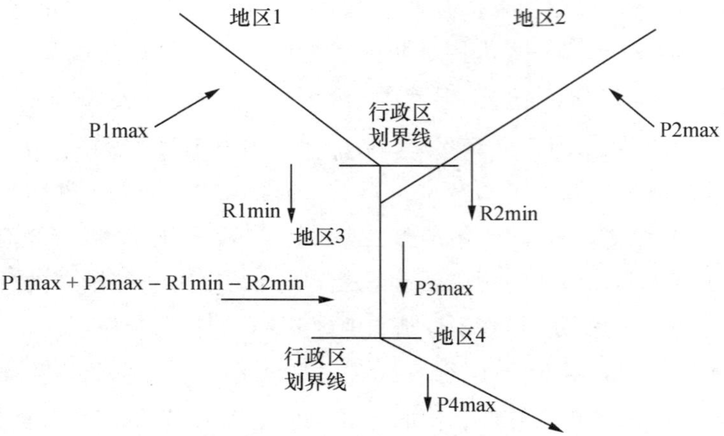

图 2-3　属地管理中的流域水污染治理失效机理图

时候,地区3的最优决策方案是不减少本地区P3的数量,也就是排放量达到P3max,而向地区4排放P1max + P2max + P3max – R1min – R2min的污染量。这样,无限制的个体选择会产生破坏性竞争,这样个体选择越理性,用户群体的境况就会越坏;在地方行政分割的意义上,无限制的地区利益竞取会产生破坏性的竞争。而不同行政区之间或同一行政区内的不同水事务部门之间的职能分割和冲突,则使得管辖权无法得到有效行使,甚至产生部门职能错位、失位、缺位的严重后果,进而加剧了不同行政区之间的块块矛盾。这样,特定流域区内特定行政区的经济实体越庞大,流域作为统一的自然水文单元的完整性就会被破坏得越严重,流域所承载的共同利益就必然越可能遭遇覆灭的命运。

从上述对治理困境的多个方面以及案例的分析,笔者发现,当前我国流域水污染治理呈现的属地管理、不同行政区内职能部门分割、人为行政方式、流域和行政区划分明显的特点,引发了污染跨界反弹、职能冲突、重点流域和非重点的分野、地方环保工作窘迫以至于污染治理失败的后果。

至此,结合本项研究对流域水污染治理失败的一般原因的分析,可以简单地把我国流域水污染治理失败的情形予以图示,如图2-4:

从图2-4可以看出,流域水的自然属性具有导致流域性水污染的客观必然性,这种必然性是不以人的意志为转移的。这也就是需要对于流域水污染进行治理的客观依据。面对这样的客观必然现象,流域水污染的治理可

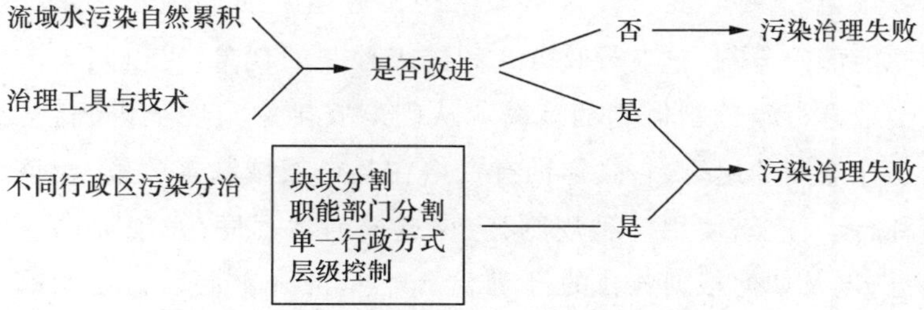

图 2-4　我国流域水污染治理困境原因指向

以从设备技术手段和治理制度安排两个方面入手来加以考虑。而事实证明,单纯意义上的治理设备、技术手段改进,并不能挽救流域水污染治理失败的命运。就此,需要从流域水污染治理的制度方面进行分析和改进。

由于流域水污染属地管理原则的确立,不同行政区污染处于分治的状态,各辖区地方政府对当地群众生活的环境质量负责,有权对水污染问题作出行政决策并付诸行政实施。各行政区由于行政区划的存在而呈现块块分割状态;每一行政区内的地方内部各个部门由于污染源的部门分割治理而形成权力的部门分割状态;水量与水质的部门分割管理由于缺乏有效的部门协调机制从而损害了流域的自净能力,流域会因为流量供应的人为分配而出现污染情况的波动,从而难以预测与控制。由于属地原则的确立,不同行政区之间的块块分割使得政府只能单纯依靠行政方式作为流域水污染的治理手段,往往表现为政府行政命令、突击行动、执法大检查等等。而行政区内或不同行政区之间水事务职能部门的职能分割造成的管辖权冲突进一步使得块块分割和块块矛盾加剧。部门分割下的职能错位、失位、缺位以及政府单纯行政方式和层级控制结合起来,则进一步强化了块块分割,使得地方行政陷入分散割据、权力重叠、封闭保守、连带责任的怪圈之中。

在这种地方行政分割的状态下,一方面,地方政府出于地方经济利益和片面 GDP 经济政绩的考虑而人为地破坏流域性治理,使得流域水无法按照自然规律来为人们提供公共水资源;另一方面,地方行政分割忽视了流域水资源的准公共物品的特性,使得治理手段单一化。地方行政分割的单一行政方式也会造成流域水污染治理的低效。流域水资源的准公共物品属性本质上要求政府、市场和公民个体都能够发挥治理的主体作用,而不能孤立地依靠任何单一的运作方式。

笔者认为,这种不同行政区流域水污染分治下的块块分割以及块块分割下的职能部门分割、单一行政方式和层级控制的现象,可以归于流域水污染治理中地方行政分割体制的范畴。从制度安排的角度上讲,制度本质上是系列工作规则的组合,它决定谁有资格在某个领域制定政策,应该允许或限制何种行动,应该使用何种规则,应该遵循何种程序,必须提供或不提供何种信息,以及如何根据各自的行动给予奖惩。① 不同行政区之间的块块分割以及块块分割背景下的职能部门分割、单一行政方式和层级控制的制度安排和权力运作方式,是当前我国流域水污染治理的工作规则。从政治学意义上来看,流域水污染治理中的地方行政分割体制本质上是地方政府间权力关系的体现,是我国政府行政体制结构在公共资源治理中的反映。因此,本书把这种流域水污染治理属地管理下的块块分割的制度安排简称为地方行政分割体制。关于地方行政分割体制的具体含义、制度结构和功能特点的详细分析,笔者将在下一章分析展开。

综合本章内容,当前的我国流域水污染治理的困境主要表现是:辖区属地管理原则无法治理流域水污染;对污染源的部门分割监管造成条块低效治理;流域水污染治理遭遇行政区分割,治理局部化,效果不稳定;人为划分重点流域和非重点流域,难以形成全国一盘棋;流域水污染治理失控,加剧地方行政区之间的紧张关系;政府、市场和自治制度分离,流域治理法律失范。十年治理淮河水污染失效和松花江突发水污染事件的案例,是我国流域水污染治理困境的典型反映。这使得我们必须去深入探讨问题的根本原因,寻求科学的思路,设计有效的办法。

不可否认,流域水污染的发生,与流域自然属性具有密切关系。因为流域的纳污能力是既定的,污染有自然累积的趋势。因此,先进的污染治理设备、技术和手段固然是避免流域水污染的加剧和水污染治理失败的重要途径。但是,流域水污染还有它的社会属性。流域水资源治理在社会产品属性上属于准公共物品,任何单一的主体都无法很好地发挥治理作用。流域不仅仅是社会生产力与生产关系的反映,也是流域内不同利益群体的利益

---

① 埃莉诺·奥斯特罗姆:《公共事物的治理之道》,上海三联书店2000年版。

关系的反映。尤其是在我国,一个独特的事实是,不同行政区各自对辖区内的水污染治理负责。在同一流域被多个不同地方行政区分割状态下,流域水污染治理呈现出一种横向的分割治理态势,即地区分割、部门分割、产业分割和城乡分割等。各行政区域根据属地管理的原则对流域水污染实行“分治”,由此产生不同行政区划之间的块块分割。这种块块分割带来的直接后果是:地方政府依据单一行政方式针对不同污染来源对水污染治理权力进行了部门分割,不可避免的职能和权力冲突使得各个部门都无力承担整个流域水污染治理的任务;单一的行政方式与层级控制还使得地方行政陷入分散割据、权力重叠、封闭保守、连带责任的恶性循环之中;水量与水质的“部门分割”管理由于缺乏有效的部门协调机制而损害了流域的自净能力,流域会因为流量供应的人为分配而出现污染波动和难以预控,流域跨界污染容易反弹。

因此,研究流域水污染治理不仅要考虑到流域的自然纳污能力、社会生产发展方式特别是经济发展方式,更要考虑到其准公共物品属性基础上的制度设计问题。笔者认为,改变污染物的自然累积是十分困难的,甚至在较短时期内几乎无能为力,而制度设计的创新则是人们可以有所作为的领域。

从以上的案例可以看出,局部的技术调整无法掩盖制度的根本缺陷。由于地方政府的利益驱动,属地管理体制下的流域水污染治理呈现出块块分割状态下的行政方式单边作为的特点。松花江突发水污染事件,暴露出地方政府的单边作为以及把自己错误定位为区域或部门的企业化政府。而从淮河流域水污染治理失效来看,由于地方政府块块分割治理以及部门职能冲突,无论是引入市场机制还是单个企业自主治理,都不能使淮河水污染的严峻形势得到控制。究其原因,实际上是地方政府对本地区经济发展的片面强调,使得流域水污染的治理服从地方或者地区的经济发展和 GDP 片面增长,由此导致地域分治。与此同时,淮河流域水污染治理,也暴露出中央政府与地方政府之间、地方政府与基层政府、部门与流域机构之间在实施流域水污染治理过程中的关系不顺和职责不清,暴露了政府与市场、自治三种制度安排之间的不和谐。此外,政府自利化倾向,把自己错误定位为区域或者部门的企业化政府,同样是该案例反映出来的重要问题。因此,在努力改进生产方式和生产力状况的同时,也应该改变我国流域水污染的治理结构,从制度创新上去探寻治理流域水污染的根本出路。

第三章

当前流域水污染治理的地方行政分割体制

何谓体制？在现代汉语体系中，“体制”一词本身有“国家机关、企业、事业单位等的组织制度”的含义。[①] 其引申意义可以指：制度、社会、经济或政治组织形式；现行秩序，即由政治权力构建的社会秩序，也就是权力运作方式以及各种力量所呈现的一种格局。因此，体制意味着权力运作的系统结构性，反映了权力运行方式的系统结构化特点。在英语中没有完全等价的词汇，一般把“体制”译为 structure。

何谓行政体制？相对立法体制、司法体制而言，行政体制是管理国家行政事务的政府机关的设置、职权的划分与运行等各种制度的总称。它属于上层建筑的范畴，是国家政治体制不可分割的重要组成部分。其核心是各级各类行政机关职权的划分，其载体是各级各类行政机构。西方学者从不同视角把行政体制划分为不同的类型。本书接受从层次角度分类方法，划分为中央、地方以及基层这三种行政体制。

何谓地方行政分割体制？这是本书必须界定清晰的关键概念。如上所述，由于不同行政区各自对辖区内的流域水污染治理负责，因此各行政区根据属地管理的原则对流域水污染实行“分治”，由此引发我国流域水污染治理中不同行政区划之间的块块分割现象。这种块块分割带来的直接后果是：地方政府依据单一行政方式针对不同污染源对水污染治理权力进行了部门分割，不可避免的职能和权力冲突使得各个部门都无力承担整个流域水污染治理的任务；单一的行政方式与层级控制还使得地方行政陷入分散割据、权力重叠、封闭保守、连带责任的恶性循环之中；水量与水质的“部门

---

① 《现代汉语词典》，商务印书馆 1997 年版，第 1241 页。

分割”管理由于缺乏有效的部门协调机制而损害了流域的自净能力，流域会因为流量供应的人为分配而出现污染波动和难以预控，流域跨界污染容易反弹。

地方行政分割体制概念有其特定的内涵和外延。在此，笔者把不同行政区流域水污染治理属地管理下的块块分割制度称为地方行政分割体制。在日常的运行中，其基本的表现方式是块块分割下的部门分割，运行机制表现为单一行政方式和层级控制的权力运作方式。它与流域水污染治理紧密相关，是当前我国流域水污染治理的制度安排，是流域水污染治理地方行政分割体制的简称；它属于地方行政体制的范畴，有行政体制职能设置、职权划分和权力运行方面的基本特征，但是本书所说“地方”特指省、市（地）和县三级政权形式，国家主要依靠它们对流域水污染治理依法行使监督管理权限；本书前文提到的“基层”是指县一级政府部门，而不是一般五级划分中央、省、县、乡、村中的后三级政权形式。

那么，这样的地方行政分割体制的特点是什么？它对于我国流域水污染治理究竟产生了什么样的影响？在这样的体制下，我国流域水污染的治理措施与治理制度安排的基本思路是什么？这些疑问构成了笔者在本章进一步分析和研究我国流域水污染治理问题的基本内容。

第一节　作为流域水污染治理制度安排的地方行政分割体制

新制度经济学的代表人物道格拉斯·C. 诺斯认为，制度是一系列被制定出来的规则、守法程序和行为的道德伦理规范。① 从制度功能来讲，集体行动控制个体行动。制度告诉个人可以、能够或必须做什么，或者是什么都不可以去做。②

按照埃莉诺·奥斯特罗姆的解释，制度是人及其规律性和重复性的互动模式，它使投入转化为产出。制度的集合体现在家庭、私人公司、政府部

① 道格拉斯·C. 诺斯：《制度、制度变迁与经济绩效》，上海三联书店1994年版。

② 康芒斯：《制度经济学》，商务印书馆1997年版。

门、地方社团、教会和园艺俱乐部等组织中。她认为,制度可以界定为工作规则组合,它通常用来决定谁有资格在某个领域制定政策,应该允许或限制何种行动,应该使用何种综合规则,应该遵循何种程序,必须提供或不提供何种信息,以及如何根据各自的行动给予回报。[①] 本项研究采用这一制度定义,来分析论述我国流域水污染治理的地方行政分割体制。因此,作为流域水污染治理制度安排的地方行政分割体制,在其权力运作方式之下,包含制度基本元素的安排、工作规则的集合以及权利的保障与确认等等。

一、地方行政分割体制的基本元素

从分析的角度看,我国的地方行政分割体制具有一些基本元素。作为我国流域水污染治理的权力运作系统和基本的制度安排,地方行政分割体制的基本元素既包括有形的物质实体和工作规则,也包括无形的权力体系与政府关系。作为制度的有机组成部分,这些基本元素虽然各自发挥着不同的作用,但这些基本元素共同构成地方行政分割体制这一制度安排的主体结构。对基本元素的廓清,则有利于认识制度的特点和结构,也有利于构建新的制度安排。

总的看来,我国地方行政分割体制的基本元素主要有以下六个。

(一)行政区划

行政区划是地方行政分割体制最基本的元素,是地方行政分割体制所赖以存在的实体。行政区划的本质是政治、行政权力的空间配置。行政区划往往是不同结点区域的集合体。结点区域是城镇与其周围腹地在不对称的相互作用中形成的地域系统,它关注区域行为或功能,又称为功能区域。结点区域是区域的一个类别。区域是“按照一定的标准划分的连续的有限空间范围,是具有自然、经济或社会特征的某一个方面或几个方面的同质性的地域单元”。[②] 而且,根据不同的参照系,区域还会出现层次上的区别。如果以一个国家为参照系,这个国家内的区域既可以是各层级的行政区划,如中国的省、市、县、乡镇等,也可以是在一定地理范围内的行政区划的组合,

---

① 埃莉诺·奥斯特罗姆:《公共事物的治理之道》,上海三联书店 2000 年版。

② 陈瑞莲、张紧跟:《当代中国的区域行政研究:缘起与发展》,载《广州大学学报》2002 年第 4 期。

如中国的东部沿海地区、珠三角地区等。[①] 结点区域则主要是从功能的含义来上划分的。因此,在地方行政分割体制中,行政区划的存在,主要是突出各个行政区不同的功能色彩。实践证明,在中央放权、行政主导、经济发展是第一要务的背景下,如果地方政府占有的行政区划要素和资源(主要是行政等级和地域空间)越多,那么它发展经济的有利条件就越多,在区域发展中就越处于有利的地位。

2010 年 7 月 1 日,国务院正式批复北京市调整首都功能核心区行政区划的请示,同意撤销东城区、崇文区,设立新的东城区,撤销西城区、宣武区,设立新的西城区。北京是中国多个城市行政区划调整的一个缩影。此前,上海、沈阳、深圳、重庆和厦门都相继进行了城市行政区划调整。笔者注意到,多数学者认为行政区划的调整都是跟经济发展水平相关联的,经济发展到一定程度就要突破传统行政区划的界限;至于行政区划调整如何适应主体功能区规划、如何适应流域水环境的自然生态规律,那是鲜有见闻的了。原因很简单,以行政方式推动区划调整相对容易,要照顾到自然水环境的规律和流域总体要求却很艰难。

(二) 水资源管理机构

水资源管理机构作为流域水资源管理的行为主体,在地方行政分割体制下,按照功能和水域划分为两类,通常也被分为水行政管理机构和流域管理机构。按照功能划分的,主要分为防污控污以及污染事故处理、编制功能区划、防洪与水土保持、城市和工业用水、城市给排水、农业用水和渔业水环境、河流航运以及船舶排污控制、涵养水源、饮用水及医院废水排放、节水管理、污染执法与执法监督等。其对应的监督管理机构为地方人大以及地方对口设置的行政部门。在我国当前体制下,承担水污染管理的主要是环保部门、各区域的水利部门、建设部门、农业部门、交通部门、林业部门和卫生部门。承担水污染防治执法以及执法检查与监督的则为人大、环保部门、发改委、财政部门以及各个水行政主管部门。

我国目前按水域而设置的水资源管理机构则是按水系的划分而设立的。中华人民共和国成立后,我国按水系相继成立七大流域机构,即长江水

---

① 陈瑞莲、张紧跟:《当代中国的区域行政研究:缘起与发展》,载《广州大学学报》2002 年第 4 期。

利委员会、黄河水利委员会、淮河水利委员会、海河水利委员会、松花江辽河水利委员会、珠江水利委员会、太湖管理局。在1994年国务院批准的水利部的“三定”方案中，都明确规定七大流域机构是水利部的派出机构。这些流域机构也在自己的职能规划中，赋予本机构污染治理的职责。

（三）权力体系与府际关系

在流域水污染治理中，实际存在两种权力体系，一种是以行政区划为中心的权力体系，另一种是以流域为中心的权力体系。从设置初衷来讲，这两种权力体系都应该围绕水污染治理所追求的共同利益来运转。不同权力体系的作用和运行的领域、范围和事务，都具有专属性特点。地方政府掌握的权力有两种：一是由地区公共利益所决定的地区性权力，二是有地区特点和专门特长的功能性权力。就区域性而言，在许多具有多重目的重叠的区域或地方政府间分配管理地方公共事务的权力，落实到流域水污染的治理上，就是对该区域内的水污染进行源头、过程和结果的管理。就功能性而言，则是在许多专业部门和相关代理人之间分配管理地方公共事物的权力。相对于流域水污染治理来说，则是水质水量实际控制部门和其他社会组织之间各自承担的专业管理、行政控制、行政决策等不同事务。

但是，在属地管理原则下，以行政区划为中心的权力体系对以流域为中心的权力体系具有核心制约作用，而且这些权力之间呈现重叠与线性链条控制的特征。具体表现在以下两个方面：其一，地方政府块块权力体系对流域管理机构的制约。以流域为中心的权力体系本质上是利益关系结构化的表现，是流域水污染自然属性和社会属性双重作用的产物。地方政府是流域内一个地区（地方行政区）利益的代表，而设置流域管理机构则是流域整体利益客观要求的产物。因此，在属地管理原则下，非常容易形成地方政府的块块权力体系对流域管理机构的制约。其二，地方政府与基层政府之间的权力的线性链条控制。权力主体内部具有一定的层次性。地方权力是特定政治权力主体体系内部次级层次上的权力，它是按照政治地域的划分而形成的权力。一般说来，地方权力是以特定政治地域的共同利益为基础的。而更加次级层次的权力关系，如省级权力与市县级权力之间的权力关系，通常与中央和地方的权力关系具有同构性。这就构成了地方行政分割体制的一个最大特点，即层级控制与权力重叠。在这样的体制中，虽然每一级政府在自己的事务领域里有自己的权力，但这些权力交叠在一起，大圈子套小圈子，既呈现等级权力之间的金字塔形状，也呈现出职能部门之间的职能重叠。

政治权力体系是府际关系的前提。谢庆奎认为，府际关系包括中央与地方的关系，还有地方政府之间的关系（包括地方上不同层级政府的纵向关系与横向部门之间的关系），以及各地区政府之间的关系。因此，府际关系简单说来就是指政府间关系，其中主要包含两方面内容，一是两者之间的关系形式，二是两者之间的权力配置或者说分割。① 在地方行政分割体制中，地方政府间关系也包含纵向和横向两个方面。纵向政府间关系其实是两个体系的综合，即法律/条例体系，体现为一种命令/服从的关系。横向政府间关系可以被看做是由地位对等的地方行政当局形成的分散体系，而且这些地方行政当局被经济发展竞争与片面 GDP 政绩的动力所驱动。就流域水污染治理的地方行政分割体制来说，则主要是从地方政府间的横向关系这一维度来考量的。从现有的横向政府关系来看，已经有一些具体的表现形式，如地方政府间的排斥或联合。排斥意味着人为的孤立状态，由此形成地方保护。联合则意味着互动，由此形成协商合作。林尚立认为，横向的地方政府的联合互动有三种方式：一是城市政府联合体；二是经济区内各地方政府的联合；三是跨经济区的地方政府联合。②

（四）财税制度

“财政是庶政之母”。财税是流域水污染治理的必要物质基础，是地方行政区、水资源管理机构、权力体系与府际关系得以正常运行的物质前提。财税制度包括分税制、企业财务会计制度、政府预算制度、预算外资金管理制度。每一级政府与社会公众都形成了特定的公共服务关系，每一级政府根据自己的事务有各自的财政基础，有各自的治理结构。因此，税收是政府存在的前提，③也是政府用来影响私人经济活动的三种主要的工具之一。④

我国财税体制改革从来都没有停止。按照隶属关系组织财政收入的制

① 谢庆奎：《中国政府的府际关系研究》，载《北京大学学报》2000 年第 1 期。
② 林尚立：《国内政府间关系》，浙江人民出版社 1998 年版。
③ 奥尔森：《国家兴衰探源》，商务印书馆 1993 年版。
④ 保罗·萨缪尔森：《经济学》，华夏出版社 1999 年版。

度安排不可能使具体企业都是在某个政府辖区之内,分税制是在整个中国经济改革里对政府和企业之间关系的突破。1994 年中央政府下定决心把原来的行政性分权改成经济性分权,走上分税制改革的道路。分税制把组织财政收入纳入依法分别由中央和地方政府征收国税和地方税的框架,所有企业一视同仁,税后利润由企业自主分配。分税制划出了让不同类型企业公平竞争的起跑线。分税制通过划分税权进行税收管理,实质是为了有效地处理中央政府和地方政府之间的事权和财权关系。其主要内容包括:一是重新确定中央和地方政府的财政支出范围;二是按税种划分中央财政与地方财政收入,相应地分设中央和地方税务机构;三是在收入划分上,建立中央税、地方税和共享税,实行中央对地方的税收返还制度。在防控污染经费预算上,则是把环保排污收费纳入财政预算管理,实行"收支两条线",专款专用。

分税制在一定时期内发挥了积极的制度效用,但同样需要与时俱进的制度变迁。分税制强化了流域水污染的属地管理原则,使得流域水污染治理进一步呈现地方政府行政分割的状态。因此,分税制的改革既是地方行政分割体制形成的原因之一,也是地方行政分割体制的基本要素。在这其中,导致地方分割和保护的基本原因是税收基础、地方就业率和地方政府在当地企业中的"私人"利益。地方政府的自利化行为使得各区域间垄断市场得以建立,从而扭曲了相对价格体系,压低了资本的相对价格,压低了自然资源特别是重工业发展需要的那些能源和初级矿产品的价格。这种扭曲的价格体系,又进一步成为诱发地方保护和市场分割的"租金"的源泉。[①]

与此同时,尽管地方保护具有边际收益递减性,但没有哪个单个地方政府有积极性和动力在现有体制范围内偏离这一均衡,这需要中央政府来打破这一困境。产权明晰是确定利润分配比例的先决原则。在地方保护与市场竞争达成均衡的状态下,流域内地方经济体自然取得比较优势。无论是产业选择还是准入标准,也无论是地理布局还是市场开发,地方纳税大户都会得到地方政府的更多关照。一些企业集团例如国家大型企业尽管拥有资金和技术等方面的优势,由于过于庞大的产业集群分布在不同的地方行政

---

① 林毅夫等:《中国的奇迹:发展战略与经济改革》,上海三联书店 1994 年版,第 26—78 页。

区域,利税却经常不能让当地政府共享,因此不能得到地方政府的更多支持,市场经济体制配置资源的基础性作用难以充分发挥。由是观之,由于中央政府和地方政府之间分税制的存在,也影响了中央政府对地方政府的谈判能力,其结果反过来强化了地方行政分割体制状态。

(五) 职能划分

我国现行的《水污染防治法》和1998年国务院"三定"方案,赋予国家环保总局权能,对水污染防治工作实施统一监督管理、组织拟定和监督实施国家确定的重点流域防治规划和生态保护规划、组织编制水环境功能区划、组织和协调国家重点流域水污染防治工作、拟定并组织实施水污染物排放总量控制计划、组织水环境质量监测和污染源监督性监测以及定期发布重点流域污染治理工作和深入开展全国水环境保护工作。[①]

国务院相关部门水环境管理和保护职能则区分很大。水利部门主管的领域是水资源统一管理以及防洪、水土保持,负责水资源利用与保护规划、防洪、水土保持,水功能区划以及水资源统一管理和协调;建设部门负责城市供水、排水与污水处理等规划、建设与管理;农业部门负责面源污染控制、保护渔业水域环境;交通部门负责内陆航运与污染控制管理;林业部门负责水源涵养林保护管理;卫生部门负责监督与保护饮用水和医用污水处理;另外还有水域文物保护等等。

各流域机构的职责主要包括:在国家授权的范围内统一管理本流域的水资源和河道;负责流域的综合治理,开发管理本流域的重点水利工程;搞好流域的规划、管理协调、服务和监督;促进流域治理和流域水资源的综合开发、利用和保护。流域机构不仅能行使本流域的综合治理权,还行使部分取水权及河道管理范围内的建设项目审查权、依据防洪法取得相应的行政处罚权。

这种职能划分带来的直接效应是:一方面由于层级链条的线性控制,地方政府与中央政府、地方政府与基层政府的职能机构设置呈现一一对应关系,并且必须接受上级职能部门业务上的指导,从而产生出不同职能部门之间的分立格局;二是地方政府由于流域水污染治理属地管理原则的确立,客

---

① 《中华人民共和国水污染防治法》,法律出版社1984年版。

观上需要有一个权限统一且有权威强制力的职能部门去承担流域水污染治理的职责,但政府间职能机构的设置是层级对应的。因此,形成地方政府之间的块块分治下的部门分割。这从客观上强化了地方行政分割体制;三是在属地管理原则下,地方政府间的块块治理所形成利益矛盾和共同利益,对于流域管理机构而言都具有排他性。因此,地方块块治理体制天然地会排斥流域管理机构更多权限的获得和作用的发挥。

（六）地方分利集团

美国经济学家奥尔森在《国家兴衰的探源》等书中指出,“分利联盟”是指在社会总利益中为本集团争取更多更大利益份额而采取集体行动的利益集团。它有两个特点,一是组成集团的人数足够少,集体行动形成影响力,并使得由个人行动向集体行动过渡的成本降低;二是存在着某种迫使或诱使个人努力为集体行动作出贡献的激励机制,即所谓“选择性刺激”。奥尔森认为,一些曾经在历史上非常强大的国家和民族之所以衰落,根源就在于大量分利集团、分利联盟的存在。对一个国家来说,分利联盟的存在会降低社会效率或总收入,加剧政治生活的分歧;分利集团的增多还会提高管制的复杂性、政府作用和惯性的复杂性,并且会改变社会演进的方向。

地方分利集团一般形成于制度的变革和完善过程之中。在我国市场经济体制不够成熟,政府的制度建设不够完善,法律、舆论监督不够到位,政府治理改革尚未使政府和市场形成良性互动关系的背景下,地方政府权力的行政性分割在利益驱动下往往延伸为市场的行政性分割,进而形成地方分利集团。流域作为多种属性的集合体,是各种利益实现的载体。由于地方行政分割造成对流域水污染的分割治理,流域内不同利益组织和集团生长并壮大后,除展开激烈的不平等竞争外,还达成维持分利集团赖以生存条件的默契。在淮河流域的一些地方,污染十分严重的小造纸之所以屡禁不绝,在于分利机制和利益链条非常坚实。大量民间资本进入小造纸后发现利润丰厚,通过迅速扩大规模,很快成为当地政府税收和就业的重要途径。数量繁多的小造纸企业,如同附着于流域之上的分利集团,话语权渗透于当地政府诸多部门,将环境外部性尽可能转嫁给整个流域和社会。景华纸业网2002年3月18日刊发文章《河南长葛小造纸顶风生产严重》,分析了其中的原因。文章说,近段时间以来,位于小召乡上游的长葛市老城镇一带有不少小造纸厂仍在顶风生产，给群众生产生活用水造成严重污染。根据许昌市政府文件精神，长葛市的造纸企业关闭后，今后不得再发展造纸行业。为什么这些小造纸厂不但没有关闭，反而敢顶风生产呢？一位曾搞过小造纸的老板透露，按最小的造纸厂计算，一台小蒸球机若每天生产1吨成品纸，利润就在千元以上，年获利就是三四十万元。除去当地政府及工商、税务、环保等各方面的"应酬"，一年最少也能赚20多万元。但就是这样一台小蒸球机，需要3台3千瓦的电机带着排污泵昼夜不停地排水，纸厂的用水量之大、污水排放量之多可想而知。据了解，小召乡尤里村的群众为减少污染之苦，多次自发组织起来 在与长葛市交界处堵截污染源，可他们白天堵，上游的人晚上扒，为此两村群众多次发生纠纷械斗。2010年7月27日中国纸业网刊发文章《小造纸存亡录：利益与生态的角力》称，在小造纸的发展存亡史上，短期经济利益与长久生态效益一直在进行博弈。有人统计过，淮河流域的小造纸厂20年累计产值不过500亿元，但要治理其带来的污染，即使是干流达到起码的灌溉用水标准也需要投入3000亿元。要让水体恢复到20世纪70年代的三类水质，不仅花费是个可怕的数字，时间也至少需要一百年。文章还分析了洞庭湖污染治理出现反复的原因。洞庭湖盛产芦苇，小造纸企业蜂拥而上。为整治小造纸，1996年与2000年，湖南省曾对洞庭湖区造纸企业实施过两次关停，结果不但没有一次能真正关停下来，几年之内还新冒出190多家造纸厂，由2000年的40多家增加到2010年236家。据湖南省环保局有关报告，洞庭湖区岳阳、益阳、常德三市15个县市区共有101家造纸企业，2005年这些企业上缴税收3.8亿元。对于这些湖区县市区，三四个亿是重要税收来源。单纯着眼于短期的经济效益，地方政府"保驾护航"，执法机关包庇纵容，关停整治屡屡失效。

同时，地方分利集团的生存也与目前我国的财税制度相关，与上级和下级、不同地方之间政府的府际关系相关。我国现行的流域水污染治理体制也是压力型体制，各级政府是通过指标管理来达到流域水污染管理的目的，也把主要指标的完成状况当作评估工作乃至地方领导升迁的依据，所以一旦涉及地区、部门和个人利益，宁可造假也不愿触动坚实的利益链条，这种格局经常变得难以调整。在我国，地方分利集团中有一个独特的现象，那就是主管行业的职能部门容易陷入自利化或成为行业利益的代理人。国家授予某行业对流域水资源的管理权，实质上就授予了支配权，该行业通过支配权的独占与分享可以获得直接利益和间接利益。这种支配权是行业的利益底线，它是通过刚性政策形成行业间不可协调状态来进行保护的。行业管理与行业经营仍然存在千丝万缕的关系，主管部门自觉不自觉地被本行业利益所驱动，从而保护了地方分利集团的利益。丁学良认为，任何一个国家，只要有足够长时间的政治稳定，就会出现特殊利益集团，而且它们会变得越来越明白、成熟、有技巧……要想使得国家的发展政策、公共政策不至于在太多的时候被特殊利益集团"绑架"得太过分，只有坚决稳步地推动国家进入更多方面的国际竞争。这才是比较实事求是的思路，比较现实的选择。①

总的看来，就流域水污染治理的地方行政分割体制来说，这六个基本体制元素是相辅相成的。既有客观条件的存在，又有主观因素的制约；既有基本框架的构建，又有具体内容的构成；既有无形的内在联系的机制，又有有形的实体的分界。这六个基本元素的组合以及互动，构成地方行政分割体制的基本特点和运行方式，形成地方行政分割体制的独特治理结构，并繁殖出有悖于流域共同利益的地方分利集团。

二、地方行政分割体制的制度结构

作为流域水污染治理的地方行政分割体制，其属地管理下的块块分割以及块块分割下的部门分割、单一行政方式和层级控制的权力运作方式，使得该制度本身具有独特的制度结构。这种制度结构的基本特征主要体现在单边控制、二维划分和分散管理三个方面：

（一）单边控制

首先，单边控制表现为地方政府对流域水污染治理的单一行政控制，即块块分割与块块治理。其具体体现在：其一，区域内水污染治理事务的决策权由地方政府垄断。由于水污染治理的利益相关者没有机会或者缺乏能力参与决策，因此这种决策就成为一种单边决策，成为政府或区域单方面利益诉求的表达，公众听政流于形式。其二，区域内水污染治理的主体为单一的

① 丁学良：《利益政策绑架国家政策》，转引自英国《金融时报》2008年10月17日。

行政力量。由于行政分割的存在,区域内发生的污染事故单纯由本地区负责,因此区域内水污染治理的主体实际仅仅是各级水事行政部门以及行政组织的授权单位。其三,对防控污染的单一行政监督。从目前来看,防控污染的监督是由环保部门负责,由环保部门决定污染的排放量以及排放标准。这种单一行政监督的方式由于行政编制和手段的限制,常常出现缺位和失位的现象,在现实社会和治理中往往导致污染失控。

其次,单边控制还表现为法律起不到应有的监督和保护作用。从实际情况来看,我国目前的行政法律体系,在行政程序、抽象行政行为的行政诉讼、行政违法行为的法律责任、行政法与污染导致的刑法制裁、污染的民法补救措施等方面还不够完整。这就使得管制政策的制定缺乏足够透明的谈判过程,管制者的行政行为、尤其是规章制定行为无法得到有效的规制,同时,无论是行政机构还是行政相对人的违法行为,都因部门法协调性差,法律责任过轻,违法成本过低而得不到有力制裁。

在我国流域水污染治理的地方行政分割体制中,和单边控制联系在一起的是比例配额管理机制。如上所述,比例配额管理机制的运作机理是各个行政区必须独立完成流域管理机构确定的污染物削减配额,不得允许污染物的跨区转移。这样就会导致两个大的问题:首先,由于流域各地区不同的产业结构、自然资源禀赋、区域污染治理技术与水平等因素对污染物削减费用都产生重要影响,各地区的污染物削减成本函数差异很大。比例配额管理机制按固定比例确定各地区的污染物削减配额,不考虑各地区削减成本函数的差异,导致流域总削减成本增加,无法达到环境容量资源的优化配置;其次,经济欠发达地区缺乏足够的资金进行流域水污染治理,同时因为污染物处理工艺落后,污染物处理能力不足,可能导致这些地区无法完成污染物削减任务而只能向下游地区转移污染物。[①] 而经济发达地区虽然有足够的资金支持,先进的污染物处理技术,很强的污染物处理能力,但是,由于缺乏污染物转移削减的利益协调机制,这些地区也没有责任和动力去承担削减其他地区的污染物的成本,结果是只能坐视严重的跨界水污染问题发生。

① 赵来军、李怀祖等:《流域跨界水污染纠纷合作平调模型研究》,载《系统工程》2004 年第 3 期。

（二）二维划分

在行政权力的单一控制下，流域水污染治理被人为地按照不同行政板块和行政板块内部不同部门划分为两大部分，也就是通常所说的行政性“块块分割”和“部门分割”。

首先，流域水污染治理强调的是属地管理“块块分割”。各个行政区成为流域水污染治理的并列板块，各施其政。在分税制下，各行政区实际上成为相对独立的经济利益主体，各区域政府存在着自利化的倾向，从而形成所谓的“行政区经济”。[①] 在水资源产权制度建设刚刚起步的情况下，由于缺乏完善的水资源使用权转让机制，实际情形中，对水资源的有效占用决定着水资源的使用权的获得。因此，各地方政府为追求 GDP 的增长，未经规划、协商和批准就擅自动手先干或多干损害下游或毗邻地区利益的“擦边球”工程，引发了各种争水利、让水害的行政区际矛盾；有的地方政府对辖区内污染企业未采取有效管制措施，甚至放任排污，[②]区域内发生的污染则刻意隐瞒实际情况，或虚报谎报污染结果。对行政区域外发生的污染则以行政区界线为由置之不理，结果是导致下游地区污染严重，生产生活用水受到严重污染，经济损失重大，社会影响恶劣。而下游如果不给予上游以利益补偿，就不会产生上游为下游需求慎重考虑的激励机制。但如果下游获得了利益补偿，包括国家对下游重点流域水污染治理的政策倾斜，则会让上游地区对自己的排污行为漠不关心。

在属地管理造成的块块分割中，流域机构没有明确的法律地位，权威难以建立。在处理省区之间的流域跨界污染问题上，只能调查研究和协调而不能仲裁。由于流域管理机构缺乏类似政府职能的严格规定性，也没有经济的手段作保证，因此甚至对边界地区上的一条小河沟或一个小引水口发生污染的处理，都不能作最后决策。[③] 在地方水行政主管部门影响下，流域机构的权威受损，协调能力降低，工作更加困难。由于缺乏流域的统一规划，流域水污染纠纷和矛盾增多。由于地区之间发展的不平衡，对水资源开

---

① 刘君德：《中国行政区划的理论与实践》，华东师范大学出版社 1996 年版。

② 黎元生、胡熠：《论水资源管理中的行政分割及其对策》，载《福建师范大学学报》2004 年第 4 期，第 55 页。

③ 黎元生、胡熠：《论水资源管理中的行政分割及其对策》，载《福建师范大学学报》2004 年第 4 期。

发利用的程度不一致，在缺乏流域统一规划的情况下，有关水资源开发利用的矛盾呈现出加剧的态势。而且，随着水资源的管理从单一目标向多目标综合方向转变，地区间、行业间关系更趋复杂，矛盾增多，管理难度加大。比如，整个黄河流域从水资源保护到污染防治管理体制和运行机制，都缺乏一套行之有效的办法。1991年成立的黄河流域水资源保护局由水利部和国家环保局联合领导，负责黄河水质检测。该局人财物归水利部管辖，业务上又和国家环保局密不可分。监测水质，却又无执法权。黄河流域水资源局只能将监测数据上报国家环保局，由国家环保局再转递各地方环保局，然后由地方环保局具体执法处理。地方环保局属于地方各级政府节制，往往要顾虑地方经济发展，优先考虑到局长的"乌纱帽"，很少考虑环境和生态保护的全局利益。

其次，二维划分中的另一维是"部门分割"。在地方行政分割体制中，"部门分割"是指特定地方行政区内部针对流域水污染治理的部门分类管理。我国流域水污染治理的职权都是各个部门制定后报国务院批准。各个部门难免从自身利益出发考虑问题，造成权力设置重复或空白，只有分工少有合作，从而形成地方属地管理原则下多部门、多层次的部门分割管理方式。在水污染治理方面，"部门分割"主要表现为水利部门负责水资源管理，往往也包含水污染防治，而环保部门主要管理水污染监督控制。管理的各项具体内容由多个部门负责，从而导致将城市与农村、地表水和地下水、水量与水质等方面分割管理。部门分割从理论上要求专业分工，在客观上因为部门利益的存在而难以形成互动协作和协同性治理的政府行为。这就引发了"多龙管水""政出多门"等问题，导致一个城市和地区出现"管水源的不管供水、管供水的不管治污、管治污的不管回用"的局面，没有一个统一的机构对水污染问题全盘负责。① 而部门分类管理的制度刚性在体制内无法得以消除，因此，体制协调性差。这种部门分割的水资源管理体制，"使水资源的自然完整性被人为地破坏，地表水、地下水、空中水难以优化配置，生活用水、生产用水、生态用水无法实现统筹规划，合理的水价机制无法形成，水质管理与水量管理相分离，河道管理和水资源的保护无法衔接，不同管理机构职能交叉，加剧了制度体系内部冲突。"②加之缺乏行之有效的监督机制，

---

① 黎元生、胡熠：《论水资源管理中的行政分割及其对策》，载《福建师范大学学报》2004年第4期。

② 同上。

给各种部门保护主义、机会主义可乘之机，最终导致流域水污染治理的长期低效，加剧了水污染公共治理的整体危机。

（三）分散管理

分散管理源自我国水资源管理的分散化。水资源管理的分散化直接导致了流域水污染的分散化治理。

在地方行政分割体制下，我国水资源分散化管理主要表现为：区域和行业在水资源管理、开发、利用等方面的决策分散化；按照水资源不同物理属性进行管理的分散化，如地下水、地表水的管理分属不同的管理部门；不同用水部门之间管理权划分的分散化，如农业、工业、居民生活用水管理之间的分散；水管理决策执行权在政府领导人、技术分析人员和专职管理人员之间的分散化；不同管理职能的分散化，如水质、水量、供水、防洪等之间的分散。[①] 流域水资源管理的行政权分散在各个不同的行政部门，各行政部门各自在自己的管辖领域内对权力的行使负责。流域管理机构则被限定在分散性的特定区域（如重要河段、边界河段和交叉河段）和特定标准内（如取水许可的限额以上）承担水管理职能，对流域水资源开发利用和管理的调控起不到实质性作用。比如，在《水污染防治法》和《河道管理条例》等法律法规中，曾就流域入河排污口的监督管理作出过一些规定，但也只是原则性的规定，而且多偏重于分散性点源的治理及河道防洪的管理。我国现行《水法》虽然在颁布实施后对污染的防控作出了许多新的规定，但又不能消除地方行政分割的困境，从而导致入河排污口的设置、变更与流域水资源保护规划和水功能区划不相适应，使得规划及区划所确定的水质和污染物总量控制目标无法落实到位，全国各流域一直呈现生产、生活废污水乱排滥放，相关部门无法管理，水污染趋势呈逐年加重的局面。

第二节　地方行政分割体制的结构性矛盾

制度的结构性矛盾内生于制度之中，意味着制度的系统结构存在着根

① 龙爱华、程国栋、樊胜岳、周立华：《我国水资源管理中的行政分割问题与对策》，载《中国软科学》2001 年第 8 期。

本性缺陷,从而使得制度本身无法突破旧的均衡状态去实现制度发展。结构性矛盾的存在和弊端,客观上要求我国流域水污染治理的地方行政分割体制必须进行制度创新,只有如此,才能实现我国流域水污染的有效治理。

我国地方行政分割体制的内在矛盾集中体现为制度结构性集体行动困境,并因此导致了流域水污染治理边际成本上升。

一、制度结构导致集体行动困境

地方行政分割体制作为我国流域水污染治理的基本制度安排,其制度结构本身与物品属性之间存在着不匹配。

如上所述,流域水污染治理本质上是准公共物品,政府、市场和公民都可以参与治理。而地方行政分割体制呈现出单边控制、二维划分和分散管理的结构特点。而且如果单从准公共物品的属性来分析,则得知第一批准公共物品的价格要高于其后的物品价格,这是由供给该准公共物品的规模和技术条件造成的。然而,一旦实行地方行政分割,必然出现两个问题:一是这种制度安排对供给者是否有供给物品的激励;二是如果这种制度安排下的行动者愿意供给集体物品,那又该供给多少。对于这两个问题的答案,取决于边际成本和边际收益之间的关系,而非总成本和总收益的关系。

流域内水体的流动本质上是利益流。以流域共同利益为纽带,才能形成流域内各个利益共同体的集体行动。流域承载的规模经济总量如果很小,则容易达成一致行动,因为小集团愿意提供制度发展所必需的公共物品;一旦流域承载的规模经济总量足够大时,以流域为中心的各个主体如政府、市场、公民以及团体等等就会因为各自利益的理性考虑而陷入集体行动的困境。

(一)地方政府间的行动困境

从我国流域水污染治理的实践来看,由于行政分割体制的存在,地方政府实际上是作为地方经济实体的代表而存在的。因此地方政府的治污态度和实际的行动往往根据地方经济利益的驱动而进行。中央政府与地方政府在对待区域发展上有着不同的目标。为了保证税收基础和确保地方就业率,地方政府势必会构建各种贸易壁垒以保护当地产业免于外部的竞争;而在财税制度分权式改革的条件下,财政分权和地方政府的发展战略是地方政府主导地方经济发展，从而导致地方保护。

而对于流域水污染的治理来说，需要巨大的投资。就大多数地方政府的想法来看，他们倾向于投资到那些价高利大和能够使用更多劳动力的项目，而不愿意考虑那些具有明显的环境效益而缺乏经济效益的项目。在新上项目和处置老的污染企业时，地方政府一般趋向于较多地考虑税收和就业因素。

从我国地方政府的实际管理权力的发展状况看，20 世纪 80 年代中期，我国逐渐推行了区域分权的行政管理体制，使各行政区权力得到增强。随着改革开放政策的贯彻落实，我国也逐渐拓宽了区域分权的行政管理体制改革。具体表现在中央对企业管理权限的下放、财政管理体制由统一管理到包干制到分税制、区域人大和政府包括立法权在内的权力的增大等等改革，使区域权力增强。但是，国家行政管理体制的变化由于没有政府职能全面转变的配合，在中央政府向地方政府的放权过程中，地方政府权力与区域利益紧密结合，从而使得我国各级行政区的经济功能十分突出，社会文化环保等方面职能严重弱化。在地方利益最大化的动机驱使下，政府干预经济的行为十分严重，区域经济运行带有强烈的地方政府行为色彩。行政区划界线如同一堵“看不见的墙”对区域经济的横向联系产生刚性约束，跨区域流动严重受阻。因此，一切以本行政区为核心，着眼于本行政区的利益，自然被该行政区的地方政府看做是合乎逻辑的理性行为。财政分权和地方政府的发展战略是导致地方保护的深层次原因。①

在我国，由于地方政府保护主义形成的“行政区经济”现象的典型表现可以归纳为五个方面：一是企业在竞争中渗透着强烈的地方政府经济行为；二是生产要素在跨行政区的流动过程中受到地方政府的强烈阻滞；三是行政区之间的产业结构同构化现象十分明显，经济结构呈稳定状态；四是经济中心和行政中心表现出高度的一致性；五是行政区边界经济的衰竭性。② 进一步微观看来，行政区经济经常会受到地方政府决策偏好的影响，行业布局和优势产业的突破方向受到主要领导决策知识和情绪好恶的干扰，一旦遭遇大的市场风险后或者因为领导岗位轮换调动，容易出现人无政息的结局，

---

① 陆铭等：《收益递增、发展战略与区域经济的分割》，载《经济研究》2004 年第 1 期。

② 刘君德：《中国行政区划的理论与实践》，华东师范大学出版社 1996 年版。

给地方经济带来很大的风险。

地方行政分割体制造成的危害，具体到水污染治理方面，造成污染治理行动和效果差、成本高，水资源基础设施投资的不足或者是重复建设，比如城市边缘地界无人治理或拖延治理时间以期污染进入下游，农村水利设施的建设、城市排污设备和废水处理设备滞后等，以至于可能引起流域水污染治理制度安排的有效性和公正性失控。关于有效性失控，是指因地方行政分割造成的流域整体服务活动范围缩小，缺少各地区各机构间的协调，进而造成治理的有效性降低，比如流域各层级政府机构因为行政分割的存在而各谋其政。又如在西部地区，许多基层干部对中央的宏观调控出现了矛盾心理：一方面要执行中央方针政策，对相关严重污染产业和企业进行关停并转，进一步调整结构来减少污染发生；另一方面又认为本地属于西部落后地区，担心落实调控政策会使地方经济发展受到影响，尤其是要考虑到政绩考核的问题。关于公正性失控，则不仅是指因地方行政分割而造成的生产要素不流通，统一大市场无法形成的问题，也涉及区域政府因为地方行政分割体制的存在而无法运用权威效力有效地保证公正契约的执行，比如不同层级政府间或区域规模、经济规模大小不一样的行政区之间的协商合作往往容易流于被动合作等。由于个体理性的存在，向集体提供公共物品的激励往往是欠缺的。分散的互不制约的权力无益于经济繁荣和社会发展。①

各行政区划的结点区域的存在，使得流域被人为地划分为不同的功能区。从水利常识的角度看，水功能区是根据水资源的自然条件、功能要求、开发利用状况和经济社会发展需要，将水域按其主导功能划分为不同的区域，确定其质量标准，作为水资源合理开发和有效保护及科学管理的依据。在充分尊重水域自然属性和社会属性以及分级和分类相结合的基础上，应该强调以流域为单元的水质水量并重。但是，流域承载着各个地方行政区的经济发展，因此功能区的划分过分强调了流域水资源的地方行政区经济发展的需求，而破坏了流域水资源的自然属性，从而使得流域水资源在开发利用和保护中无法实现自然属性和社会属性的匹配。因此，这种理想化的功能区划由于地方行政分割体制的存在而在本质上很难达到功能要求，而

① 奥尔森：《权力与繁荣》，上海人民出版社 2005 年版。

一旦得到执行往往形成功能被局部地区因为区域利益而放大的危险，从而进一步损害了流域功能，使流域水污染失去有效的控制。

从表3-1可以看出，地方经济相对发达的流域水功能的划分越完备，开发利用的程度也就越高。而由于地方经济发展的要求，对流域的保护、保留和建立缓冲区，则显得尤为困难，许多流域甚至是零的状态，流域水资源为地方高强度的经济开发预留的空间越来越小。在地方经济相对落后的流域区内，经济开发强度较低，为经济开发中承接产业转移预留了发展空间。

在地方行政分割体制下，流域水污染治理被人为地按照地域划分为城市与农村、城市中心区和边缘区。其一，由于我国社会长期存在城乡二元分割，这种划分方式使得农村地区的防污控污几乎成为真空地带。农村大量的水资源遭到破坏和浪费，反过来则加剧了城市水资源的紧张局面，也给城市的防污控污带来压力。其二，由于进行人为的行政区划，使得行政区域内存在着城市中心与边缘的区分，因此，城市中心区往往比城市边缘区能够获得足够的物质资源条件，在制度安排上享受到人为的倾斜。在地方行政分割体制下，行政区经济呈稳定结构，行政中心与经济中心具有高度一致性；由于这种一致性，中心城市的经济能量对边界地区的辐射力相对较弱，出现了行政区边界经济的衰竭现象。[①] 经济实力强的地方政府相对于经济实力弱的政府谈判能力强，公共服务的需求高。当然，还有一个重要原因就是，一些地区的政府自身建设不到位，治理变革还在进行之中，很多事情还是习惯于用行政的力量去推动，而行政力量本身就带有一定的偏好。由于城市经济具有良好的示范效应和积极的政绩成果，因此，各级政府对城市中心都有一定的政策偏好。因此，城市的交界地带则容易变为污染企业的排污场。比如晋陕蒙交界地带沦为污染企业排污场。污水直接排入河道，严重污染使得当地居民怨声载道。[②] 因此，在流域水污染治理中，同级政府之间和上下级政府之间由此形成集体行动的困境。

（二）政府部门之间的行动困境

从流域水污染治理实践来看，由于属地管理地方分治的存在，地方政府内多个职能部门分别承担着不同污染源的控制和处理，但却存在着严重的

① 刘君德：《中国行政区划的理论与实践》，华东师范大学出版社1996年版。

② 《晋陕蒙交界地带沦为污染企业排污场》，新华社报道，2004年8月4日。

表 3-1　全国重要江河水功能一级区划河长统计表

长度单位:km　　　　面积单位 km²

河系分区	一级水功能区			保护区			缓冲区			开发利用区			保留区		
	个数	河长	面积	个数	河长	面积	个数	河长	面积	个数	河长	面积	个数	河长	面积
松花江	331	29520	6766	129	10734	6766	45	1738	0	89	10427	0	68	6621	0
辽河	167	12466	0	57	1992	0	24	614	0	81	9469	0	5	391	0
海河	226	14743	1375	36	1845	959	54	2134	8	119	9573	408	17	1191	0
黄河	321	27861	469	109	7505	448	46	1514	0	124	13953	21	42	4889	0
淮河	185	11909	5264	48	1908	5001	39	1357	0	83	7873	263	15	771	0
长江上游	215	18751	295	38	3618	0	23	1995	0	55	1864	295	99	11274	0
长江中下游	448	21873	8248	85	3309	6714	26	620	42	142	3538	110	195	14406	1382
太湖	205	3894	2776	12	455	1577	61	368	46	127	2990	753	5	81	0
珠江	422	22443	558	93	3431	403	45	1765	0	177	8266	155	107	8981	0
东南诸河	91	4760	0	22	1026	0	12	129	0	46	3014	0	11	591	0
西南诸河	76	11990	153	27	3782	150	3	82	0	15	572	3	31	7554	0
西北诸河	215	24737	10990	89	11008	7608	0	0	0	94	9960	3282	32	3769	100
合计	2902	204947	36894	745	50613	29626	378	12316	496	1152	81499	5290	627	60519	1482

注:此表来源水利部 2005 年 1 月的数据

职能冲突，表现为职能的错位、失位和缺位。这种现象在水利和环保两个部门之间表现尤其明显。自1993年实施取水许可制度以来，水利部领导下的区域水行政主管部门负责管理范围内和限额内的取水许可管理，负责区域水域的保护；区域环保部门负责对区域排污的管理。区域对这部分的水资源和水环境容量配置掌握了实际控制权。在水质方面，流域机构负责对省界断面的监测，与排污的源头隔着地方政府、地方环保部门两个环节，制约能力极其有限，很难实施对区域排污总量的控制。除此之外，水利和环保两个部门之间还存在一些职能上的交叉。具体的交叉职能如表3-2所示：

表3-2　国家环保部门与国家水利部门的职责交叉

职责	国家环保部门	国家水利部门
1. 水质监测	负责环境监测工作；制定环境监测制度和规范；组织建设和管理国家环境环境监测网；组织对全国环境质量监测和污染源监督性监测；组织编报国家环境质量报告书；发布国家环境状况公报；定期发布重点流域环境质量状况	监测江河湖库的水质
2. 流域规划	组织拟定和监督实施国家确定的重点流域污染防治规划和生态保护规划	拟定水资源保护规划
3. 水环境功能区划	组织编制水环境功能区划	组织水功能区划分
4. 污染物排放总量控制	拟定并组织实施全国污染物总量控制计划	审定水域纳污能力
5. 饮用水源保护	组织划定全国饮用水水源保护区；拟定饮用水水源保护区污染防治法规和规章并监督实施	组织向饮水区等水域排污的控制

从表3-2可以看出，在我国流域水污染治理中，环保部门和水利部门存在着严重的部门职能交叉和重叠。这种交叉和重叠，在地方政府层级上形成部门行政分割的放大效应，形成另一层意义上的地方行政分割。在这种状况下，对于涉及全流域整体利益的行政措施或法规政策的实施，在没有中央统一权威和运行组织机制的强制性措施作用下，地方区域往往倾向于采取保护地方产业发展、扩大地方税收和维护本地区利益的态度。所以说，不

同行政区之间或同一行政区内的不同水事务部门之间的职能分割和冲突，使得管辖权无法得到有效行使，甚至产生部门职能错位、失位、缺位的严重后果。这种情况进一步加剧了不同行政区之间的块块矛盾，使得地方行政陷入分散割据、权力重叠、封闭保守、连带责任的恶性循环之中。因此，政府部门之间的协同性集体行动也就无法达成。

除了水事务部门之间职能交叉之外，实际上地方政府的其他不同部门与水事务部门之间也存在非协同性问题。管理的各项具体内容分割各个职能部门负责，从而导致将城市与农村、地表水和地下水、水量与水质等方面分割管理，不同部门承担着具体的管理职能。这就引发了"多龙管水""政出多门"等问题，导致一个城市和地区出现"管水源的不管供水、管供水的不管治污、管治污的不管回用"的分割治理局面。部门分割更多的是强调专业分工，实际上这种分工由于部门利益的存在而难以形成互动协作和协同性治理的政府行为。

（三）政府、市场组织与个人之间的行动困境

按照本项研究对流域水污染治理的基本属性的分析，流域水污染治理是准公共物品，因此，政府、市场和公民都可以进入这一治理领域。就其社会属性来看，流域水资源本质上是多重属性的利益流。流域水资源的跨界流动、污染自然累积的特点，使得其衔接着不同行政区之间的利益分配和利益格局问题。在水资源异常紧张的情况下，即使水资源的产权明晰，任何交易都不会发生，这时，自然意义上的水体流动在社会意义上是一种利益的流动，它会引起社会成员和利益集团之间的利益冲突，从而导致利益格局的重新调整。因此，在流域水污染的治理中，必须建立政府、市场和个人之间的有序的行动逻辑和相互关系。

而在地方行政分割体制下，由于地方政府的行政管制，呈现出单边控制、二维划分和分散管理的结构特点，这就使得市场和公民个人很难发挥其作为公共物品供给者和生产者的作用。

污染经济学认为，污染问题源于以下两个基本因素中的一个或两个：一是没有人拥有产权或没有人强迫他们处于被污染的环境中；二是多数环境

服务是由全体人口共享的。[①] 在这种情况下，很难区分和确定一个人或一个单位使用资源本身的价值。因此，无论是政府还是市场或者是个人，都可能存在着对流域水资源的利益竞取。流域水资源中的利益竞取行为，本质上也是一种利益的博弈。这种博弈也可以用“囚徒的博弈”来说明。缪勒在描绘关于偷窃的囚徒困境时提出，偷窃是两个博弈者的一种超优策略。如果给定另一个博弈者的任一策略选择，那么，偷窃这一策略会给选择此策略者带来超过其他策略的支持。因而，和其他策略比较起来，自然就是最优的了。在无政府的环境下，这种分配会使社会无可挽回地走向霍布斯式的自然状态之中。[②] 因为在无政府的环境中，这两个博弈者的独立选择会导致两者都采取偷窃这一策略。而一旦脱离霍布斯式的无政府状态，则会产生集体选择的问题。如图 3-1：

A B	不偷窃	偷窃
不偷窃	9 10	11 7
偷窃	6 12	8 8

图 3-1　囚徒困境模型

实际上，按照奥尔森的分析，出于理性的计算，集团所需要的集体物品一般不会得到最优水平的供给，原因在于个体缺乏供给集体物品的激励。因为集体物品的特性在于，一旦集团中的任一个体为自己供给了集体物品，就不可能把集团中的其他成员排除在对这种集体物品的享用之外。因此，每个个体在达到对集团整体来说是最优数量之前就会停止购买集体物品。而且，一个集团成员从他人那里免费得到的集体物品会进一步降低他自己支付成本来供给那一物品的动力，由此，产生集体行动的困境。[③]

通过对地方行政分割体制的分析，我们可以看到，公民与团体、市场在

① 安塞尔·M. 夏普：《社会问题经济学》，中国人民大学出版社 1996 年版。
② 丹尼斯·C. 缪勒：《公共选择理论》，中国社会科学出版社 1999 年版。
③ 奥尔森：《集体行动的逻辑》，上海三联书店 1988 年版。

利益关系结构中,由于个体理性的存在,如果不出现囚徒困境,就会出现集体行动的情形,而集体行动也存在困境,这就给政府的单边控制提供了可能。同样的一种行动方式,当某个人与别人协调活动时,可能具有提高其个人福利的最大可能。但当此人一个人活动时,却不一定有利于他个人福利。[①] 地方行政分割体制首先是破坏了区域间政府可能存在的合作交流,二元划分和分散管理的管理模式也导致了地方保护和市场分割的进一步恶化,权利和权力关系因为地方行政分割体制的存在而处于一种模糊的状态。各行政区域根据属地管理的原则对流域水污染实行"分治",由此产生不同行政区划之间的块块分割。因此,地方行政分割体制的制度结构必然导致流域水污染治理的集体行动困境。

二、制度缺陷使得流域水污染无法实现有效治理

作为一种制度安排,必然存在着制度均衡和制度变迁问题。从制度运行的角度来看,需要对地方行政分割体制从时间因素出发进行动态规划。动态规划与极大值原理在对控制变量的选择上本质是一样的。这一观点可以简单表述为,在地方行政分割制度下,为什么各个地区无法治理本地区的污染问题并导致污染整体失控。

(一) 数理分析

一般说来,流域的水资源总量在周期上大致是可以确定的,至少可以有一个范围来予以说明。这就意味着无论是从离散时间还是连续时间来看,可以被污染的水资源总量是有限度的。因此,流域水污染总量可以建构为流域水污染排污量和减污量之间的数学模型。如果把流域水污染排污量看做是数学模型中的"存量"即"状态变量"(state variable),把减污量看做是"流量"即"控制变量"(control variable),就可以构建起流域水污染总量的目标函数。

由于地方行政分割体制的存在,各个时期和地区的目标函数是可以直接叠加的。也就是说地区 3 跟地区 2 的边际替代率跟地区 1 没有关系。这样,目标函数就变成排污量 yt 跟减污量 zt 之间的关系,可以有这样的约束函

① 鲍莫尔:《福利国家及国家理论》,商务印书馆 1982 年版,第 9 页。

数：$y(t+1)-y(t)=Q(yt,zt,t)$，即未来 $t+1$ 时段的排污量取决于当前时段 t 的存量和在 t 变化至 $t+1$ 之间的减污量大小。当然还可以有其他约束函数，我们将这些约束函数概括为：$G(yt,zt,t)\leqslant 0$。

减污需要付出成本，假设成本函数为 $c(w(t))$，其中 $w(t)$ 为 t 阶段的污染水平。成本函数一阶导大于0（$c'(w(t))>0$），即减污成本与污染水平正相关，污染水平越大，减污的单位成本越高。污染水平 $w(t)=y(t)+y(t)^{upstream}$，为本地排污量和上游地区排污量之和。当上游地区排污量增加时，即使本地排污量不变或下降，本地的减污成本也会增加。

假设使最后时间段的排污量 $y(T)$ 保持特定数值不变，那么目标函数值 P 就可以表示成最初时间段存量 $y0$ 的一个函数 $P(y0)$。现在把时间段 $0-T$ 分成两大段：$0-t$ 和 $t-T$。那么在时间 t 时排污量的初始量为 $y(t)$，选择合适的 $z(t)$，使得在时间 t 内目标函数 $F(c(w(t))z(t),y(t),t)$ 发生相应变化，同时根据约束函数 $y(t+1)-y(t)=Q(z,y,t)$，$z(t)$ 又使 $y(t+1)$ 发生了变化，也就是说从 $t+1$ 开始直到 T 是同样的一个函数最大值的优化问题，约束函数不变，最终排污量 $y(T)$ 不变，变的只是排污量初始值由 $y(0)$ 变为 $y(t+1)$，从时间 $t+1$ 开始的最大值为 $P(y(t+1),t+1)$。因此，流域内只要还有水资源可以被继续污染，就存在着流域被全面污染的情形。所以，从时间 t 开始，各个地区实际上会通过控制减污量 $z(t)$ 使：

$$P(y(t),t)=\max\{F(c(w(t))z(t),y(t),t)+P(y(t+1),t+1)\} \quad (1)$$

这个公式对于任意时间段 t 属于 $[0,T]$ 都成立。我们知道，在时间 T，$y(T)=M$（M 为一个固定值）。所以，该公式变为：

$$P(y(T-1),T-1)$$
$$=\max\{F(c(w(T-1))z(T-1),y(T-1),T-1)+P(y(T),T)\} \quad (2)$$

而 $P(y(T),T)=\max\{F(c(w(T))z(T),y(T),T)+P(y(T+1),T+1)\}$。我们知道时间段 T 是终结，所以在 $T+1$ 没有价值 P，所以 $P(y(T),T)=\max F(c(w(T))z(T),y(T),T)$。求得 $P(y(T),T)$ 后我们将之代回（2）式，即可求得 $P(y(T-1),T-1)$。以此类推，我们可以求得 $P(t-2)$，$P(t-3)$……$P(0)$。即各个地区的总的排污量 P1、P2、P3、P4 等

等。实际上,也就是各个地区的最优决策变量。[①] 这时,在各个行政区,流域水污染治理存在着总成本不断上升的趋势。

既然贝尔曼方程表明任意时间段 t 内的最大值 $P(y(t),t)$ 就是对公式(1)右边括号内的项最大化,运用拉格朗日乘数法求之,[②]得:$Fz(c(w(t))z(t),y(t),t)+Pz(y(t+1),t+1)-\lambda Gz(y(t),z(t),t)$。代入约束函数 $y(t+1)=Q(z,y,t),z(t)+y(t)$,就有 $Pz(y(t+1),t+1)=Py(y(t+1),t+1)Qz(y(t),z(t),t)$。我们知道,$Py(y(t+1),t+1)$表述的是存量 $y(t+1)$对最大值方程 P 的边际影响,引入影子价格 $\pi(t+1)$。所以,拉格朗日乘数法的一阶必要条件(对 z)变为:

$Fz(c(w(t))z(t),y(t),t)+\pi(t+1)Qz(y(t),z(t),t)-\lambda Gz(y(t),z(t),t)$。

但是,还有一个现象是,污染物的排放会遇到一个随机变化的问题,即在不同的时间段会有不同的变化。因此,现在排污量 $y(t+1)$再不是由确定的约束方程 $y(t+1)=Q(z,y,t),z(t)+y(t)$确定的了,我们只知道在一定的 $z(t)$和 $y(t)$的情况下,$y(t+1)$有着 $\Phi(y(t+1);y(t),z(t))$的概率分布。采取同样的动态规划思路:在时间 t 内,选取 $z(t)$一方面改变了现在的目标函数值 $F(z(t),y(t),t)$,另一方面 $z(t)$通过概率分布函数 $\Phi(y(t+1);y(t),z(t))$影响了 $y(t+1)$,当在时间 $t+1$ 我们知道了实现了的 $y(t+1)$后,我们面临着同样的 $t+1$—T 的最大化问题,这个问题仍然是不确定的,因为有随机变量 y 的存在。所以我们关心的是自时间 $t+1$ 以后最大值的平均值 $E(P(y(t+1),t+1))=\Sigma P(y(t+1),t+1)\ \Phi(y(t+1);y(t),z(t))$。这样贝尔曼方程变为:

$$P(y(t),t)=\max\{F(y(t),z(t),t)+E(P(y(t+1),t+1))\} \quad (4)$$

---

① 也有学者通过构造环境成本的拉格朗日函数来求得不同地区的最优决策顺序。即给定约束条件,引入拉格朗日乘子 $\lambda=\lambda_{ii}^{T}(i=1,2,3\cdots)$和松弛变量 $w=\left(w\frac{i+1}{i}{}_{i}\right)^{T}(i=1,2,3\cdots)$。构造拉格朗日函数:$Li=\pi i-\sum_{i}^{i+1}\lambda_{i}i(\int_{i}^{i})+w\frac{i+1}{i}{}_{i}$。由最优条件可得到各个地区的决策优化顺序。参看:赵来军等:《流域跨界水污染纠纷对策研究》,载《中国人口 资源与环境》2003 年第 6 期,第 124 页。

② 这里动态规划中的拉格朗日函数只与 z 有关系,所以我们只能对 z 微分求得一阶必要条件;而极大值原理中的拉格朗日函数跟 $y(t),z(t),\lambda(t),\pi(t+1)$都有关系,可以对它们都进行微分求得一阶必要条件。

由此可见，无论是连续时间还是离散时间，地区 1、地区 2、地区 3 都存在着地方政府优化本地区决策变量 P_i 的可能，也就是使得本地区的排污量获得最大，而使本地区的环境治理成本最小。如果处于上游的地区 1 和地区 2 在决定本地区的污染物削减量和污染物转移量时，完全按照本地区成本函数进行决策，则势必造成下游地区污染物在扩散和转移中的累积效应。

以化学需氧量 COD(Chemical Oxygen Demand)为例，假设上游地区 1 的最低排放量为 T1000，如果本地区的纳污能力为⅓T1000，那么也就是有⅔的 COD 无法消除。作为下游地区则只能有两种选择，一个方案是自己承担消除上游地区的 COD 所带来的经济损失，另一个方案是提取更多的净水量来弥补和改善水质，因为同等水量此时的功能与价值是不等的。因此，整个流域的 COD 因为上游地区而单纯从量上得到累计：

$$
\begin{array}{cc}
T1000 & 1\times T1000 \\
+ & + \\
666\cdot 67 & \frac{2}{3}\times T1000 \\
+ & + \\
444\cdot 44 & (\frac{2}{3})^2\times T1000 \\
+ & + \\
296\cdot 30 & (\frac{2}{3})^3\times T1000 \\
+ & + \\
197\cdot 53 & (\frac{2}{3})^4\times T1000 \\
+ & + \\
\vdots & \vdots \\
\text{—} & \text{—} \\
T3000 & \dfrac{1}{1-\frac{2}{3}}\times T1000
\end{array}
$$

一般而言，假设上游地区 1 排污量为 a，如果本地区削减 1/3，即有 2/3 的污染量顺流突破行政区边界。再假设，流域内每个行政区承受的转移污染量构成以公比 $q = 2/3$ 的递减等比数列，对于任何一个地区 n 承受的污染转移量为 $An = a * q^{n-1}$，依次流经各地区的转移污染量之和为 $Sn = a(1 - q^{n-1})/(1-q) = 3a(1-q^{n-1})$。如果大小行政区足够多时，转移污染量之和

Sn 取极限,得到 LimSn = 3a。那么,如果上游地区的排污初始量为 a,削减比例为 1/3,即使其他地区没有新增污染量,那么在流域内产生的污染累积总量是 3 倍初始量即 3a 之多。

同理,地区 2、地区 3 额外增加的排污量也会造成累积效应。不断累积的污染物质使得整个流域的治理成本累积上升,而且治理的边际成本也因为各个地区追求经济利益最大化的决策行为和污染的累积效应而出现递增。如图 3-2 所示。

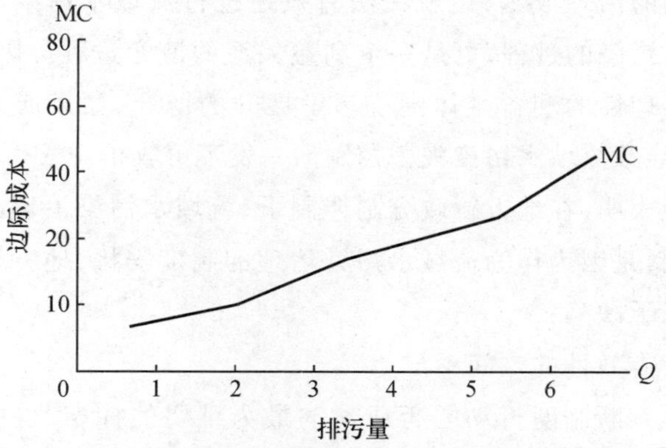

图 3-2　地方行政分割体制下流域水污染治理边际成本曲线

因此,在地方行政分割体制下,流域水污染治理实际上存在着边际成本上升的趋势,集体物品供给的价格会随着流域所处的地理位置越往下游越呈现边际递增。而不会发生集体物品本身所存在的供给第一批集体物品的价格会高于其后所供给的集体物品价格的情形。[①] 这就会间接导致不同于奥尔森所描述的集体行动困境的情形,即行动开始的时候由于成本过高而没有人愿意供给,只要解决了提供的激励问题,则会取得集体物品的最大化效应。而流域水污染治理却不仅是开始的成本较高,而且呈现出边际成本递增的趋势。这样就会出现集体物品越多,各自要付出的成本比所获得的收益成比例增大的困境。因此,如果没有合理的利益补偿机制,没有合理的制度安排,最终的情形是流域内各辖区自行其是,追求单体利益最大化,尽量将污染危害外部化,直接导致流域性污染治理失控。简言之,地方行政分

① 奥尔森:《集体行动的逻辑》,上海三联书店 1988 年版。

割程度越严重,则流域水污染治理失效的后果越严重,其治理的边际成本越大,因此在实践中要特别防止流域水污染全局性失控。

（二）现行地方行政分割制度的缺陷

流域水污染强烈反映出一种向群体强加成本的现实,流域水污染有着严重的负外部性。一种使用模式不仅存在着一种公共物品对另一种使用模式的机会成本,还可能减少一种公共物品对其他使用模式的价值。随着社会边际成本的上升,如果没有良好的经济补偿机制,任何一个地区或单位都无力承担高额的治理成本,也就无法有效地进行流域水污染治理。流域水资源污染和反污染的过程,更是一个利益关系的博弈过程。因此,一旦此时发生流域内各理性的利益主体围绕污染展开的博弈,如果博弈结果是零和博弈,则势必导致流域水污染失去控制而一发不可收拾。[①]

数理分析表明,在地方行政分割体制下,流域水污染治理必然会走向失败。究其原因,是因为作为流域水污染治理的制度安排,地方行政分割体制本身存在着以下缺陷:

（1）制度有效性的空间不足。

有效性是判断制度行动是否成功的最为重要的标准,也就是我们经常说的制度作用力与社会效益。有效性表明一种制度安排作用力所能达到的范围和实际的成果,本质上是指制度理性实现程度。因此,通常需要有明确的制度目的体系和合理的制度工具,从价值和工具两个途径来实现制度理性。

就流域水污染治理来说,制度的有效性就是如何使得流域水污染的自然属性和社会属性走向匹配一致,使得流域水污染治理工具效用能够得到最大限度的实现,从而产生积极的社会效益。制度有效性可以不考虑成本因素,制度对其客体的制约和控制能力必须是第一位的。影响制度有效性的指标通常和制度构建本身有关,也就是制度合理性的因素。不过,判断治理工具是否有效,有时却很困难。一方面由于流域水污染治理中很多项目本身的目的性就非常模糊,我们无法通过某些具体指标来评价治理活动是

---

① 这种情况实质上是指在可以获得的利益总量是固定值时,每一方选择策略时都没有共谋,他们只是选择对自己有利的策略,而不考虑社会福利或任何其他群体的利益。这样一方所获得的利益则是另一方所失去的利益。

成功或失败。另一方面不同的治理工具往往适应不同的环境，不同治理工具对应着不同的制度基础，因此，很难区分不同制度基础上的治理工具效应，而只能结合具体的制度和工具的综合价值加以衡量。

在地方行政分割体制下，我国流域水污染治理的制度有效空间不足。行政权力的单一控制、人为的二元划分和分散管理使得该制度本身在流域水污染治理中存在着结构性矛盾，而制度本身又无法克服制度内在的制约因素。因此，块块分割、地方保护、市场分割、污染反弹、集体行动困境、治理失效等现象逐一暴露出来。地方行政分割体制所能起到的制度正面效用，对流域水污染治理来说微乎其微。上文的数理分析表明，地方行政分割体制既无法克服流域水体容易污染的自然属性，也无法消除流域水污染的社会属性方面的障碍。地方政府单方面的作用力对流域水污染治理的社会效益极其微小，而且控制力差，从而反映出地方行政分割体制的制度有效性空间不足的窘迫境地。

（2）制度效率缺乏新的动力来源。

按照本项研究“导论”部分的分析，计算效率的标准有两种，一是线性组织越完备，科层化的程度越高，则制度越有效；二是完成某一目的所付出的成本越低，则制度效率越高。效率更加关注的是成本，因此，最有效率的制度是治理工具付出成本最少的制度安排。表面看来，就全国范围来说，主要负责管理水量调节的水利部门和监管水质的环保部门组织系统是完备的，但是法律赋予它们的职责是交叉重叠的，直接造成它们在履行职责时经常选择趋利避害，好事争着办，遇到困难绕开跑。特别是在流域治理遭遇地方行政分割后，这两大职能系统在块块分割和分散管理面前经常表现得无能为力。可见，地方行政分割体制的线性组织总体看来是缺乏力量的。那么，要提高地方行政分割体制的有效性的出路，只能依靠注入新的动力以降低制度成本提高效率了。

有效率的制度安排需要尽可能地控制成本，根本出路在于更多地注入制度运行动力以降低成本。在地方行政分割体制下，流域水污染治理制度成本包括系统内组织运行成本即政府行动的直接成本，更多地表现为治理工具所必需的成本即政府进行流域水污染治理需要支付的物质投入和社会动员成本等，其中包括提供相关服务或采取管制措施时需要付出的代价。

有效率的制度安排往往需要一定的动力来源,需要有层级化、多渠道的动力机制的支持。就流域水污染治理来说,需要根据流域水污染治理的物品属性来构建动力支持。准公共物品属性基础的动力机制需要包含政府、市场和公民三个方面的互动参与,还需要在不同国情、社情和政情条件下的这三个方面的不同组合。在这其中,政府是裁判者和制裁者。即使是在市场制度建立之后,政府依然不能袖手旁观。因为流域中经常存在不遵守规则进而破坏市场交易法律基础的理性经济人,因此,在参与治理过程中,不同的理性经济人有串通起来进行不正当竞争,或扭曲流域共同利益的可能。自愿的交易不可能在制度真空中进行,因此必须由政府来维持有效的法律、行政、管理和征税机构。市场作为"看不见的手"是可以避免政府这一"看得见的手"所存在的局限,[①]比如政府失败情形的出现。但若放任市场单独运行,也会存在"市场失灵"。公民和社会组织作为民间自组织力量而存在,则是对付"市场失灵"和"政府失败"的有力的均衡机制。

然而,地方行政分割体制以单一的行政方式作为运行机制,缺乏市场和民间自组织的多方面参与。而地方政府本身由于本位主义和自利性的存在,也缺乏内在的动力去提高制度效率并进行制度创新。在流域水污染治理过程中,地方政府往往只能依靠行政命令进行组织和动员,搞突击行动例如专注单一目标的某某执法大检查,而难以形成经常性和制度化的行动机制,也难以保证好的治理效果。这种单方面的行政控制,往往难以调动地方各个利益主体最终形成集体行动,从而从根本上违背了流域水污染治理的准公共物品的特点,也就无法为治理本身和治理制度革新寻找到新的动力支持。

(3) 制度发展缺失激励。

根据上面的分析,结构性矛盾的存在使得地方行政分割体制有效性空间不足、制度效率缺乏新的动力来源。这就使得地方行政分割体制陷入一种低效的制度均衡之中。地方行政分割体制具有单一行政控制、封闭保守的特点,由此导致该体制在低效的制度均衡中缺乏制度发展的激励。如同"木桶原理"所揭示的那样,决定木桶所能承载的有效水量是该木桶的最短

① 亚当·斯密:《国民财富的性质和原因的研究》,商务印书馆 1996 年版。

的那块木板。[1] 若要打破既有的制度均衡，最好在该制度达到制度均衡时就开始设计相应的制度激励。激励是一系列规则相互作用的结果，这些规则用于鼓励和约束各种活动的收益和成本；激励是相应的行动，可以为人们之间的行为交往提供动力支持和比较，从而产生效率感和公平感。因此，激励力可以为正，也可以为负。当激励符合实际发展和治理需求时，制度发展所产生的实际结果无论对个人、群体还是社会都是有益的。在封闭的条件下，则鲜有可操作的制度能够达到兼顾效率和公平的理想境界，即使有正的激励因素，激励也往往只能达到次优结果。这在流域水污染治理结构中已经得到数理的证明。

由于缺失正的激励力，我国流域水污染独有的治理结构即地方行政分割体制这一制度安排很难通过自身的力量得到发展，从而难以摆脱制度发展在封闭式的怪圈中呈现低层次的自我循环。

总的看来，制度有效性的空间可以为制度进一步发展留下余地，而制度发展也有利于制度在达到均衡点之前就补充新的动力来源，从而深层次地拓展制度有效性的空间。制度效率的提高需要新的动力来源，从而给制度发展提供必要的动力支持。多层次参与主体的互动的直接结果是可能提供不同层次的激励，使得制度能够不断创新并突破均衡状态。作为流域水污染治理的有效的制度安排，不能缺失任何一个方面的动力来源。

通过对我国流域水污染治理制度失效的分析，可以发现，在地方行政分割的制度安排之下，治理制度有效性空间不足，制度效率缺乏动力来源，制度发展缺失激励因素。我国流域水污染的严峻形势，正是这三者之间相互影响和掣肘的结果。在三个因素的共同作用下，地方行政分割体制作为我国流域水污染治理的制度安排，暴露出严重的制度缺陷，而且无法依靠自身的制度发展来获得新的制度空间和制度效率。这表明，要有效进行流域水污染的治理，就必须进行超越现行制度的创新。

综合本章内容，流域水污染治理实际上总是存在边际成本上升的趋势。地方行政分割程度越高，则流域水污染治理失效的后果越严重，其治理的边

---

① 邱冠华、张金隆：《“木桶原理”与企业资源配置的四象限分析方法》，载《武汉理工大学学报（信息与管理工程版）》2003 年第 5 期。

际成本越大,因此,在实践中要特别防止流域水污染全局性失控。流域水污染治理不仅要考虑到流域的自然纳污能力和治理的设备、技术和手段,而且要更多地考虑到其准公共物品属性基础上的制度安排,更多地考虑到如何提高制度的有效性和动力支持以突破地方行政分割体制困境并进行制度创新。

作为我国流域水污染治理的制度安排,地方行政分割体制有着自己的基本元素构成和制度结构。地方行政分割体制呈现出单边控制、二维划分和分散管理等制度结构特点。流域水污染治理本质上是准公共物品,政府、市场和公众都可以参与治理这一领域和活动,因此,地方行政分割体制的制度结构本身和流域水污染治理的物品属性不匹配,必须进行制度重构。

制度的结构性矛盾内生于制度之中,它造成制度的整体结构功能失去平衡,并且使得制度无法突破既有的制度均衡状态去实现制度创新发展。对流域水污染治理的集体行动分析和地方行政分割体制的制度缺陷的数理分析表明,该制度存在着无法克服的结构性矛盾,作为我国流域水污染治理制度安排的地方行政分割体制,在现有制度条件下无法使我国流域水污染得到有效治理。根本出路在于治理制度的创新。

第四章

超越地方行政分割体制的实践

地方行政分割体制的单一行政控制方式、二维划分和分散管理的制度结构,直接导致了流域水污染治理的集体行动困境。地方政府间缺乏协同合作的动力机制、地方政府部门内部只有分工缺少协作、流域内市场和自组织以及公民个体缺乏参与治理的激励,是形成流域水污染治理的制度安排失效的原因。在地方行政分割体制下,流域水污染治理实际上存在着边际成本上升的趋势,集体物品供给的价格会随着流域所处的地理位置而变化,这就是说,流域水围绕治理的成本越往下游越呈现边际递增趋势,而不会像一般情况下那样供给第一批集体物品的价格会高于其后所供给的集体物品价格。所以,这里存在着不同于奥尔森所分析的产生集体行动困境的原因,即流域水污染治理所供给的第一批集体物品的价格会比后来所供给的集体物品的价格低,由此而产生流域水污染治理的集体行动困境。

流域水污染治理需要制度创新,而在流域水污染的治理实践中,我国有些流域的实践已经创造了特定的具有创新意义的制度。在这其中,笔者调查过的三则案例,对于我国流域水污染治理实现制度创新具有借鉴作用。每一则案例都具有制度创新的某些因素。它们的共同特征是突破了地方行政分割体制的固有模式和思维定式,展示了制度创新过程中的原生特征和尚待提升的绩效状态。

第一节　制度创新需要超越地方行政分割体制

地方行政分割体制结构性矛盾的存在,造成制度有效性空间不足、制度效率缺乏新的动力来源和制度发展缺失激励。制度无法依靠自身的内在力量去完善和发展自己。因此，只有超越地方行政分割体制，流域水污染治理才能进行制度创新。不过，在进行这种制度创新以前，必须要分析和厘清以下三个问题。

一、制度创新面临的约束

要超越我国流域水污染治理的地方行政分割这一制度安排，首先必须分析和厘清哪些是影响制度选择的变量。从制度分析的基本理论出发，可以把制度选择的影响变量分为预期收益、预期成本、内在规范和贴现率。[①]从影响变量的分析可以总结出可供选择的基本替代方案为：(1) 继续执行现有规则；(2) 改变一项或多项现行规则。这也就是说，要么是继续不折不扣地执行现有制度，要么是改良或者根本性改革现有制度。制度选择是影响变量的共同结果，其基本的模型如图 4-1 所示。

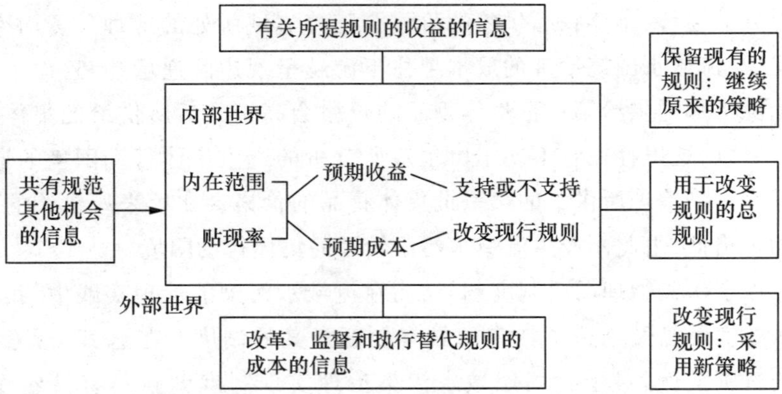

图 4-1　影响制度选择的变量总汇

（来源：埃莉诺·奥斯特罗姆：《公共事物的治理之道》，第 288 页）

西方学者一般性的模型不能完全反映中国问题的实质。从中国既有的治理制度安排上看，地方行政分割体制是作为制度选择的内在规范而存在的。在新的制度产生以前，它是人们行动的规则和权力的运行方式。而且，埃莉诺·奥斯特罗姆所描绘的影响制度选择的变量模型是从个人理性选择

① 埃莉诺·奥斯特罗姆：《制度激励与可持续发展》，上海三联书店 2000 年版，第 9 页。

的角度出发的,没有考虑到制度中不同国家的适切性和实际可行性问题,也就是没有考虑到新的制度安排在一个国家需要考虑条件的可行性。事实上,即便是一种新的制度可以依靠理性的计算去实现预期收益和预期成本的均衡,也不意味着该制度本身在这个国家就是适切和可行的。如果完全撇开不同国家的社会内在规范属性,仅仅从单个理性人的立场出发,则收益和成本的比较是可行的。然而因为不同国家的社会内在规范的属性不一样,如果从流域所承载的社会利益关系出发,则必然要考虑到相关制度的安排的兼容性问题。因此,本书对这个一般性的模型进行了修改,以使其更能适切于中国的特有情形。本项研究把相关的变量设置为地方行政分割体制、贴现率、预期收益、预期成本和可行性。在这种情况下,可供选择的制度安排也就演变为:(1) 继续执行原来的地方行政分割体制;(2) 改良地方行政分割的治理结构;(3) 改革流域水污染的治理结构:超越地方行政分割体制(如图 4-2 所示)。

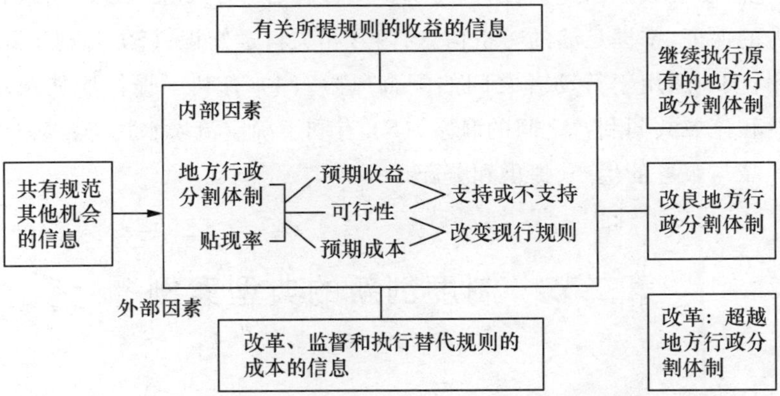

图 4-2 影响中国流域水污染治理制度选择的变量总汇

二、制度设计以超越地方行政分割体制为前提

根据本项研究对影响我国流域水污染治理制度选择的变量总汇的分析,笔者发现,在既有的变量分析下,可以选择的制度路径为:(1) 继续执行原来的地方行政分割体制;(2) 改良地方行政分割的治理结构;(3) 改革流域水污染的治理结构:超越地方行政分割体制。

然而,地方行政分割体制从根本上违背了流域水污染治理的准公共物品的属性，而且由于结构性矛盾的存在使得该制度本身有效性空间不足、制度效率缺乏新的动力以及制度发展缺失激励，因此，继续执行既有的地方行政分割体制已经对我国流域水污染治理困境于事无补。地方行政分割体制的内在矛盾集中体现为制度结构性集体行动困境，制度改良不可能消除制度困局的内在原因。因此，我国流域水污染治理的制度选择出路在于，建立超越地方行政分割体制的制度安排。

三、制度设计需要满足的条件

超越地方行政分割体制，必须考虑到流域水污染跨界流动、自然累积且呈现低功能耗散的特征，其治理具有边际成本上升规律，任何治理方案既要遵循重建流域生态平衡的原则，又要考虑更好地调动多方主体力量的参与。超越地方行政分割体制，必须从流域水污染治理的准公共物品属性出发，从解决地方行政分割体制存在的结构性矛盾入手，才能使得制度创新落到实处，避免制度失效。因此，新的制度选择应该符合如下标准：(1) 制度有权威强制力的保证，掌握足够的时空信息，内含相关科学知识；(2) 有利于降低交易费用；(3) 适用于行动者之间的配合风险；(4) 有利于提供职能组织、个人利益和流域共同利益之间的联系；(5) 有利于确定流域水污染治理这一准公共产品与服务的生产、提供和分配。

第二节 制度创新的典型案例[①]

一、案例 4-1：山东、江苏两省地方政府协商治理龙王河

龙王河源自山东省莒南县五莲山南麓，流经江苏省赣榆县北部由海头镇入海。该水系全长 75 公里，在赣榆县境内长 27.5 公里，是当地金山、石桥、海头等 6 个乡镇 20 余万群众生产生活的主要水源。在莒南县境内 47.5

---

① 本章所设计的三个案例系笔者于 2005 年 6 月至 7 月赴实地调研所得。所引用的数据和文件均为当地政府部门提供。尽管各个地方政府都只能根据属地管理的原则提供本地区的资料，但笔者对这些资料和数据进行了综合整理。在这些调研过程中，江苏省环保厅宣教中心副主任、《中国环境报》资深记者高杰给予了大量帮助和智力支持。

公里，也是山东6个乡镇的主要水源。龙王河因河道蜿蜒曲折得名。其上游源高流急，沙多洪大。下游因海潮顶托，宣泄不畅。

按照江苏省水质功能区划分，龙王河为Ⅲ类水。但由于上游排污严重，每天通过一个1米多宽的排污口向下游排泄5至6万吨污水，大量未经处理的工业生活污水排入，一度使这条河流水体从Ⅲ类降为Ⅴ类。河面泛有大量泡沫，散发着令人恶心的臭味，河道里的黄沙变成了黑沙，沿岸树木大量死亡，当地农民则无法取水饮用。一些渔民的网箱养鱼因为污染而走向破产。在苏鲁两省交界地带，常会发生两岸农民为水质污染争执的事件，甚至影响到当地政治稳定和社会秩序的良性运转。

面对处于下游的客观地理区位劣势，面对承担着上游污水下泄带来严重经济损失的客观事实，赣榆县环保局先是采取了向上级主管部门反映情况的做法，刻录制作了光盘《以邻为壑何时休?》，分别报送到国家环保总局、江苏省环保厅等，要求山东莒南县消除污染并赔偿经济损失，承担起“谁污染谁治理”的应尽责任，并准备拿起法律武器维护环境权益。

江苏省环保厅提供的材料显示，经过江苏省、连云港市环保部门和社会各界长期不断的努力，2002年国家环保总局派员协调，形成关于《解决龙王河流域（山东莒南和江苏赣榆）跨界水污染纠纷的几点意见》（环办函（2003）11号文），明确了分阶段水质改善目标，提出了跨界断面水质分期达到相应的水质标准，即：2003年底前COD浓度达到90mg/L以内，2004年底前达到Ⅴ类水质目标，2005年底前达到Ⅳ类水质目标。为此要加大污染源治理力度，确保工业企业稳定达标排放。山东省莒南县与江苏省赣榆县应于2003年3月31日前制定进一步减少污染物排放总量的方案，提出龙王河流域产业结构调整方案和淘汰或限制发展的企业名录。两县的环保部门对向龙王河流域排污的企业要逐家核查，建立排污企业档案，公布各企业排污状况。对采取措施仍不能达标的重点污染企业要逐家落实限产整改方案。阜丰发酵有限公司水质在线自动监控设施应于2003年12月31日前建成并投入使用。莒南县污水处理厂要达到二级处理水平，规模符合需要，应于2003年12月31日前建成并投入使用。要将莒南县污水处理厂列入《淮河流域水污染防治“十五”计划》重点支持的项目，给予资金支持。环保总局要求莒南县和赣榆县政府建立龙王河流域跨界水污染防治联席会议制度，做好水质动态检测和企业污染防治信息传递工作。原则上每季度召开一次会议,由两县分管环保的副县长轮流主持会议。若一旦发生跨界水质恶化或污染事故,双方应立即主动磋商,并采取必要的应急措施。两地各级环境监测站要按照国家环保总局颁布的统一监测技术规范对跨界区域水质进行监测和报告,及时、准确地反映跨界断面的水质情况。在出现污染事故时,两县环保局应按照检测计划,在规定的时间内,在同一监测断面共同采样监测,若一方不到或不按规定监测的,以另一方的监测数据为准。

面对龙王河污染严重的情况,山东莒南县政府实际上也面临多方面的压力:一方面是上级政府部门和城镇居民以及农村村民们施加的压力,另一方面是当地企业出于经济理性的考虑不愿意为水污染防治付出过大的成本,否则成本太高必然导致企业破产,结果势必会给地方经济带来灾难性的打击。因此,对于国家环保总局和赣榆县提出的一些要求和建议,莒南县最初感到落实起来困难重重。莒南县提出减免 2000 万元税收的请求,同时推广沼气进行废物利用,建设污水处理厂。

尽管如此,在社会发展对于流域水污染治理的客观要求下,昔日的"冤家"还是坐到了一起。据江苏省赣榆县政府提供的材料,截止到笔者前来调研前,山东省莒南县和江苏省赣榆县为共同治理龙王河先后召开了六次联席会议,并有详细的《会议纪要》将每次会议情况记录在案。

2002 年 4 月 1 日,山东省莒南县政府与江苏省赣榆县政府在莒南县县政府招待所北三楼会议室召开了龙王河跨界水污染防治第一次联席会议。莒南县副县长、环保局局长、副局长,赣榆县副县长、环保局局长、副局长、纪检组长及两县环保局环境监理大队长、环境监测站站长、生态股长等有关人员参加了会议。会议首先听取了莒南县副县长关于落实国家环保总局"协调意见"工作开展情况的通报,然后与会人员实地察看了阜丰发酵有限公司、春园食品有限公司、制药厂、同立丝业有限公司等向龙王河重点排污企业的污水治理情况和城市综合污水处理厂建设现场。看来,莒南县针对龙王河水污染的实际情况,对龙王河综合整治工作制定了近期、中期和远期目标和工作任务。近期目标是对重点排污企业进行限期治理。县政府发文《关于对龙王河排放污水重点企业实行限期治理的决定》,并及时召开了紧急会议,要求阜丰发酵有限公司的低浓度废水处理二期工程、春园食品有限公司的废水处理、同立丝业有限公司的废水处理“再提高”工程、赵家庄子卫生纸厂的废水处理设施技术改造工程、三毛纺织有限公司的漂洗废水治理等,限期于2002年5月底前全部完成治理任务。中期的目标是完成城市综合污水处理厂的建设。该工程总投资2000多万元,由北京某科技有限公司设计流动床生物膜法技术,日处理废水2万吨。该工程于2002年9月28日开工。远期的目标是要完成整个龙王河的综合治理,并已委托山东大学编制龙王河综合治理规划,整个治理方案将从2003年下半年分期组织实施,以经济结构调整为核心,把过去的山芋地改造为葡萄、苹果和茶园等经济林带。

在这次会议上,赣榆县政府根据当前的污水治理形势提出了具有针对性的建议,建议山东方面尽快采取措施,排污企业污水处理厂要达标排放,未建污水处理厂的企业尽量在年底全部建成并投入使用,综合污水处理厂要尽早投入使用,保证龙王河夏季水质明显好转,年底根本好转并达到规定Ⅴ类标准。

会议经过座谈交流,山东省莒南县和江苏省赣榆县达成如下共识:(1)莒南县政府及环保局进一步督促向龙王河排污重点企业,进行限期综合治理达标。在规定时间内仍不能达标的,将责令其进行停产或限产。(2)莒南县环保局对向龙王河排污的企业逐家核查,建立排污档案,并督促企业现有治污设施正常运转。(3)莒南县综合污水处理厂在现已开工的基础上,将千方百计加快进度,力争早日投入运行,努力降低龙王河污染程度。(4)两县环保部门对河流出段面水体同时进行监测,互通信息,共同治污,尽快给下游创造一个良好的水环境质量。(5)莒南县加快龙王河综合治理的规划编制,争取尽早组织实施。(6)共同向沿岸居民做好思想工作,取得同情和理解。

2003年10月16日,莒南县和赣榆县在莒南县召开了龙王河跨界水污染治理第二次联席会议。

2003年12月24日,赣榆县政府与莒南县政府在赣榆县政府宾馆召开龙王河流域跨界水污染防治第三次联席会议。互相通报了龙王河水质的监测数据,决定以富民桥为双方水质共同监控断面,每月监测两次,规定每月1日和15日两次为检测时间。同时采样检测,检测结果互相通报并上报上一级环境保护部门和国家环保总局。直到2005年,双方改为每月一次监测,上午9时双方准时到达富民桥。

赣榆县和莒南县经过协商和探讨,根据实际的经济发展现状,赣榆县成为莒南县的互帮对口县。从2003年开始,赣榆县和莒南县开始运用经济杠杆控制污染。通过提高工业用水和居民生活用水价格的办法来筹集资金,兴建污水处理厂,以望达到控制水污染的目的。水价在原来的基础上每吨增加0.8元的污水处理费,按水量多少直接向企业和居民收费。

在赣榆县和莒南县地方政府之间协商治理这一创新性制度作用下,龙王河水质得到明显好转。笔者2005年夏天前往调查,实地勘察龙王河赣榆县和莒南县交界水域,并取样验证了水质好转的结论。听赣榆县环保局官员介绍说,近期监测显示,龙王河水质目前基本达到国家地表水Ⅴ类标准,局部地区接近Ⅳ类水标准,水体部分恢复了农业灌溉和养殖功能。赣榆县环保局和莒南县环保局关系融洽,互通信息,来往也多。群众间昔日因水污染造成的紧张状态已经不再发生。

《扬子晚报》2007年3月22日文章《联手治污碧波重现龙王河》,引用当地农民的话说,龙王河里有了小鱼,但还是担心上游把污水放下来,能否种水稻心里还是没底。2010年6月,多位环保行记者披露了赣榆县金山镇化工污染对龙王河造成的严重危害。这表明治理跨行政区流域水污染中,下游地区也是责无旁贷,不可以上游排污为由简单推诿责任。2011年7月,江苏赣榆县在网上发布《龙王河整治工程勘察设计招标》,这也利于该河流域水污染的防治和生态系统的修复。综上所述,龙王河跨界流域水污染的治理可谓任重道远。

二、案例4-2:江苏、浙江两省三级政府参与共治澜溪塘

澜溪塘流域位于江苏省苏州市吴江市(县级)盛泽镇和浙江省嘉兴市秀洲区的王江泾镇之间。盛泽镇位于江苏省吴江市东南部,2003年12月,由原来的盛泽镇、南麻镇建制,以原两镇行政区域设立新的盛泽镇,行政区总面积149.5平方公里,其中市镇面积30平方公里。辖2个街道办事处、11个社区居委会、35个行政村;全镇在册人口12.9万、外来人口10万多。盛泽镇素有“日出万匹、衣被天下”之称,是一个纺织印染业十分发达的工业重

镇。镇区有规模较大的印染企业 27 家,日排放印染废水超过 10 万吨。王江泾镇的经济以水产养殖、航运和农业为主,由于和盛泽镇接壤,因此该镇也有少量的印染企业。

吴江市环保局局长和盛泽镇政府负责人谈到,澜溪塘流域有一个非常特别而有趣的自然现象,那就是在每年农历的 4 月至 10 月的 14—19 日,上午水体由西向东流,下午则由东向西流。这种现象可能是特定时期内月地作用的结果,也与澜溪塘流域和大运河的水体交换互动有关。因此,一旦水体发生污染,在这个时间段内造成的污染是非常严重的,对浙江省境内王江泾镇的水产养殖业造成的损害更是巨大。澜溪塘流域如图 4-3 所示。

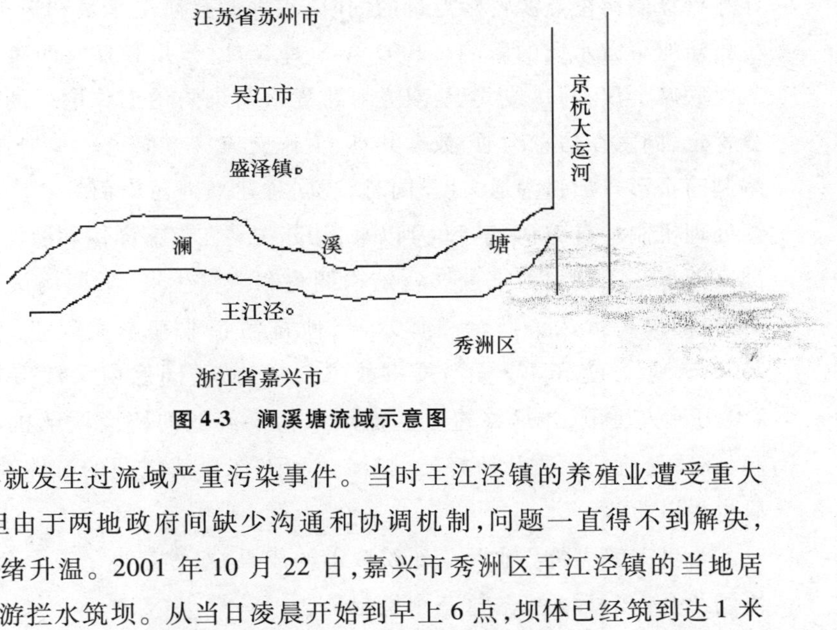

图 4-3　澜溪塘流域示意图

2001 年就发生过流域严重污染事件。当时王江泾镇的养殖业遭受重大经济损失,但由于两地政府间缺少沟通和协调机制,问题一直得不到解决,双方对抗情绪升温。2001 年 10 月 22 日,嘉兴市秀洲区王江泾镇的当地居民开始在上游拦水筑坝。从当日凌晨开始到早上 6 点,坝体已经筑到达 1 米多高。盛泽镇居民发现后试图阻止,群体冲突几乎一触即发。当时两镇群众情绪激愤,并且在各自地界挂起了大幅标语。王江泾镇的标语是“为了子孙后代坚决堵住污水”,盛泽镇挂出的标语则是“公然违法断水堵航天下奇闻”。在紧急情势下,国家环保总局和水利部分别派出专员前来协调此事,才使此事逐步得以平息。2005 年 6 月 27 日,澜溪塘流域再次发生饮用水源被污染事件,两省边界 3 万余人饮用水源告急。事后,虽然处理了相关责任人和单位,但是,流域经常遭到污染的局面没有得到根本的改善。污染治理困局需要实践的深化和制度变革。两地政府逐步认识到，要从根本上解决污染问题，江浙两省地方各级政府之间还得建立起合作机制，采用共同参与、协作沟通的方式，才能巩固该流域的治理成效。

事实上，筑坝事故以后，江浙两地政府和环保部门开始本着团结治污的目的，密切协作，采取了一系列果断措施，逐步消除了跨界水污染纠纷的负面影响。2002年6月中下旬，两省交界地区进入梅雨季节，降雨量猛增。6月18—20日，吴江市盛泽镇由于水量过大而致使镇区在排涝时把生活污水带出，引起江浙跨界水域水质波动。江浙两省立即派出监测人员对该水域进行联合监测，当地双方环保部门派员赶赴现场查看水质情况，联合办公；在严格控制污染点源排污总量的同时，积极调整泄洪水量和泄洪走向，以减少排涝对下游水质的影响。2002年8月5日，苏州和嘉兴两市政府举行第二次联席会议，并达成共识：双方对跨界水污染防治工作取得的成绩给予充分肯定；同意在信息沟通、数据共享、工作交流等方面进一步加强合作，并以编制简报形式加强沟通力度；同时，还同意建立因污染而导致渔业损失的协调处理机制。自2004年11月以来，江苏省吴江市盛泽镇和浙江省嘉兴市秀洲区的王江泾镇大力推进产业结构调整和清洁生产，限期淘汰落后印染装备，全面提高水污染防治整体水平，使排污企业基本实现稳定达标排放；2005年，双方就“6·27”污染事故进行了协调，同意由吴江市补偿秀洲区210万元人民币，并最终建立起流域水污染问题的协商调解机制。从7月起，澜溪塘流域水质开始好转，盛泽镇和王江泾镇之间的群体冲突、干群矛盾也得以化解。

为巩固解决跨界水污染纠纷取得的成果，双方建立了三个机制，以加强协调及合作治污力度。这三个机制是：

一是信息互通机制。为切实解决跨界水污染纠纷，达到相互理解和相互沟通的目的，江浙两省政府和环保部门通过协商，分别加强了同级政府和环保部门的相互沟通。通过联席会议制度，互通水污染治理进程、水质变化情况，并实行污染点源达标排放和交界断面水质监测数据共享。到笔者前往调查前为止，两省已经正式召开不同层次的联席会议5次。同时，两省政府和环保部门之间始终保持热线联系，诚心诚意邀请对方经常实地查看治污情况，相互借鉴，共同提高。

二是环保联合督察机制。为达到双方沟通信息、相互监督、相互信任的目的,两省交界处同级政府与环保部门之间建立了联合督察制度,由双方共同派出环境监督人员组成联合督察组,两次对引发水污染纠纷的吴江市盛泽镇和秀洲区江泾镇排污企业进行突击检查,查找超标排污的漏洞,有时还开展对口互查。通过实地督察,双方都能看到实实在在的治理污染的进程,及时消除误解。对督察中发现的问题,双方共同查找原因,分析问题症结,拿出对策。通过坚持联合督察制度,彼此深切感受到对方的决心、手段和取得的成效,也有效约束了排污企业的行为。

三是联合办公机制。为现场解决两镇水污染纠纷中的一些具体问题,防止纠纷重新抬头,两地共同成立了由环保、水利、农经、渔政等相关部门负责人组成的联合办公小组,发现重大污染事故苗头,及时赶赴现场分析问题,追查污染源头;并通过现场办公形式及时采取措施,消除污染隐患。同时,双方还决定建立污染防治预警预报机制,共同排除各种污染事故隐患和不确定因素,及时把污染事故消灭在萌芽状态。

吴江市在防污控污上还采取一系列的有效办法:一是强制治理。由盛泽镇把 27 家印染厂 17 万多吨的排污厂买断,强制治理排污,采取财政补贴和强制收费的方式来保证排污厂的正常运行。二是公众参与。积极进行产业结构调整,关闭一些污染大而经济效益差的企业,同时采取乡镇污染企业公开化管理,让老百姓都知道其污染成分和程度;新上项目的审批要经过当地居民的同意,环评项目时给当地居民发一个意见征询表,50% 以上的居民不同意则不能批准这个项目,环保局现在有两个人专门负责此事。三是机构保障。由环保局专门在盛泽镇设立一个环保分局,7 人编制,由一名副科级专员负总责,同时,盛泽镇也派一名副镇长专门协同办理;四是信息联动。建立 110 联动,发生污染问题时,当地居民打 110 电话时,则被直接转接到环保局,同时,环保局也专门开通 12369 专线来受理环境问题投诉等。

为了改善省界断面的水质,盛泽镇还实施了镇区水利工程建设。工程分三期完成,总投资近亿元。目前,已投入 2000 多万元,建成镇西、北泵站,用于区域调水。投入 4000 多万元用于河道清淤工程,清理河道 60 多公里、河荡 50 多公里,清淤土方 100 多万立方米。目前,澜溪塘流域水体水质总体保持基本稳定,处在Ⅲ—Ⅳ类水之间,基本符合国务院批准的《太湖水污染防治“十五”计划》的规定。

似乎很多环保工作的重大进展都是特大污染事故帮了忙。直到2007年底,《南风窗》有文章《浙江富水区困境》追溯“6·27”事故时写道:嘉兴澜溪塘附近的人说起他们的一位副省长都很感激,因为他在调解浙苏两地跨界污染引起的混乱一线处置工作中受了伤。此后至今,浙苏两省的跨界水污染困局逐步化解,在两省各级政府的协同合作下取得很多进展。

三、案例4-3:太湖流域水污染治理中的参与机制

太湖,中国第三大淡水湖。京杭大运河、钱塘江和太湖水域被人们誉为中国的长三角,有名的“鱼米之乡”。太湖面积2338平方公里,平均年水资源量为162亿立方米,是上海市、江苏南部和浙江北部生产与生活用水的主要来源。环湖人口约4000余万。太湖流域地跨江苏、浙江、上海和安徽三省一市,其中江苏省占52.5%,浙江省占33.4%,上海市占13.5%,安徽省约占0.1%。流域内有37个大中城市及县级市。

太湖流域的主要污染源为工业污染、生活污染和农业污染。20世纪80年代初,太湖以较清洁的Ⅱ类水为主。而到90年代中期,水质级别下降了一个等级,全湖平均由原来以Ⅱ类水为主体变到以Ⅲ类水为主;水体营养状态上升了两个等级,由80年代初以中营养—中富营养为主,上升到90年代中期以富营养为主。[①] 在这一区域内,2000年排放COD 49.15万吨、TP 1.44万吨、NH3-N 13万吨,单位面积的污染负荷产生量和排污量也是全国较高的区域之一。[②]

江苏省环保局提供的资料表明:太湖地区工业污染源的污水排放量只占污水排放总量的三分之一,而造成太湖富营养化的主要污染物质——总氮和总磷,来自工业的只占33%和12%。污染太湖的总氮有29%和21%来自农田和生活污水,而总磷来自城镇的生活污水竟高达62%。主要表现为富营养化,1998年蓝藻曾大面积爆发,引起各级政府部门的高度重视。蓝藻是一种浮游生物。受污染的湖泊水库底部的淤泥中,丰富的有机氮和有机磷通过光照经过生化反应,就会生成蓝藻。遇无风高温晴好的天气,蓝藻就

① 《整治太湖污染刻不容缓》,载《江南时报》2005年5月10日第21版。

② 《太湖水污染防治“十五”计划》,国家环保总局。

会疯狂暴长，每升水中可达1亿个。蓝藻的残骸在水中会迅速腐烂，发出腥臭，严重污染水质，会造成水中严重缺氧及水生生物的大量死亡。[①] 根据国家环保总局1999年3月的水质检测报告：太湖流域重点水质监测断面中，属Ⅴ类和劣Ⅴ类水质类别的断面比例高达75%，符合Ⅱ—Ⅲ类水质类别的比例仅为7.1%，湖体、环湖主要河流和环湖交界水体污染程度较上月均明显加重。流域内主要污染指标为总氮、总磷和高锰酸盐指数。环湖主要河流符合Ⅱ—Ⅲ类水质要求的断面比例为19%，属劣Ⅴ类水质的比例高达62%。环湖交界水体水质很差，Ⅴ类—劣Ⅴ类水质的断面比例高达94%。全湖已达富营养化状态。[②]

从20世纪90年代中期开始，国务院有关部委会同苏浙沪两省一市发动过一场声势浩大的太湖水污染治理运动。制定了“2000年太湖水变清”的目标，实施“零点行动”，即在1998年底，太湖地区1035家重点污染企业必须全部实现达标排放。这1035家企业中，江苏省占770家，浙江省占257家，上海市占18家；2000年出入太湖河流的水质都要达到太湖流域水污染防治计划和规划要求，实现太湖水体变清。但是，2000年太湖流域污水排放量多达53.3亿立方米，其中工业污水32.4亿立方米，城市生活污水20.9亿立方米。2001年，在太湖100个水质监测点位中，湖体20个，环湖主要河流28个，环湖交界水体52个。太湖湖体高锰酸盐指数属于Ⅲ类水质，总磷属于Ⅴ类水质，总氮劣于Ⅴ类标准。由于氮、磷污染严重，20个湖体水质监测断面中，Ⅴ类和劣Ⅴ类水质的断面比例分别为15%和85%。湖体处于中度富营养状态。环湖主要河流及环湖交界水体污染严重，80个水质监测断面中，属Ⅴ类和劣Ⅴ类水质的断面比例为62.5%。主要污染物为氨氮、总磷。高锰酸盐指数符合Ⅰ至Ⅲ类水质要求的断面占86.3%，属Ⅳ和Ⅴ类水质的断面比例分别为7.5%和6.2%。[③] 自2003年以来，浙江省邻湖地区在短时期内陷入因污染而造成的大规模水资源紧缺危机。因为缺水，浙江企业成本飙升，出口订单无法完成，外商考虑撤资，一些企业开始被迫外迁；因为缺水，

① 《太湖水系网围养殖的发展与思考》，自然之友绿色论坛。http://www.fon.org.cn/forum/showthread.php? postid=4388。

② 《太湖流域水质月报》，载《中国环境报》1999年4月13日第2版。

③ 《2001年中国环境状况》。

太湖沿岸的城市每年不得不拿出数亿元资金治理污染，但难于统一协调，效果不佳。

在太湖水资源被污染的同时，人们也开始总结经验教训，逐步认识到经济发展过程中人口、资源、环境与治理制度安排之间的关系。太湖流域是我国工业门类齐全、配套能力强的综合性工业基地，加工工业较发达。作为我国经济发展最快的地区之一，1980—1998 年太湖流域国内生产总值增加了 17 倍。按经济社会发达程度测算，太湖流域是全球第 19 大经济区域。按国内生产总值计算，当时的太湖流域人均近 5000 美元，相当于中国平均水平的近 5 倍。尽管太湖流域土地面积只占全国总面积的 0.4%，但是国内生产总值（GDP）占全国的 10%（1997 年底），达 7496 亿元；人均 GDP 为全国人均的 3 倍多；农业总产值占全国的 3.1%；工业总产值占全国的 12.2%；财政收入占全国的 15.7%。[①] 改革开放以来，该地区乡镇企业得到空前发展，但由于技术含量低、生产工艺简单、缺乏先进技术和治理污染的能力，易使水环境发生汞、酚及其他重金属污染以及水体酸化现象，从而导致流域水污染事故的发生。

太湖有 400 公里的岸线，附近从事餐饮旅游业的约有 3 万人，再加上附近的城市、城镇和乡村大多无污水处理厂，约有 90% 的生活污水直接排入了太湖。另有含磷洗涤剂和畜禽养殖场的污物，以及农田里所施的化肥和农药约 30% 被农作物利用外，70% 进入太湖水体。1987—1988 年间太湖沿岸 324.9 万亩农田向太湖排放的氮为 4701.6 吨/年，磷为 84.3 吨/年。[②]此外，还有湖上来往船只的油污染。无锡的生活污水本应排往他处，但由于种种原因生活污水流入太湖。工业污染源则主要是宜兴、吴泾、常州一带的小化工。然而，这里的水资源人均仅为全国的 1/5，环境承载力十分有限。同时，这个流域污水排量每年达 53 亿吨，流域每个人可以分摊至少 100 多吨污水。[③]

由于环太湖大堤的修建，入湖河道受到人为控制，实际上太湖已接近封闭湖泊。由于太湖地势边高中低，水体流量小、流速慢，每 310 天才能交换一

---

① 《中国统计年鉴 1997 年卷》。

② 《湖泊染上“富贵病”》，载《北京青年报》2001 年 8 月 5 日。

③ 《“吴越争水”：长三角之痛》，载《浙江日报（电子版）》2005 年 1 月 5 日。

次。太湖主要补给水量来自西南部的苕溪和西部的南溪水系，约占总入湖水量的70%。出湖水量主要通过东太湖进入太浦河经黄浦江入海，约占总出湖水量的60%—70%。太湖水体交换的活跃区在东南部，而太湖污染物主要来自流域的西北部（常州市）与北部地区（无锡市）。约占全太湖三分之一的污染物通过西北部的直湖港、北部的梁溪河进入梅梁湖与五里湖，使交换能力本来就差的西、北部太湖水质严重恶化。太湖是浅水湖，淤泥沉积，加之马山岛等地的不合理围垦和水资源不合理开发利用，使太湖西北部水体交换能力更差，水体滞留时间长达300天之久。①

环湖部分企业由于经济利益驱动，管理不善、地方保护主义以及执法不严等诸多原因，造成污染反弹。太湖流域有10%的企业在实现达标排放后，仍有超标排放甚至偷排废水的现象发生，部分区域水质发黑发臭，造成上下游污染纠纷。而且这一地区即使废水达标排放，但其排放的污染物总量加上大量直排的生活污水已远远超过当地水环境容量，水体经常仍处于较高污染水平，致使很多水质断面不能达到规划的要求。与此同时，治污投入不足，资金不能按时到位，影响了治污工程进度。这其中，首先是投入不足。以城镇污水处理厂为例，“九五”期间需建设的污水处理厂总投资69亿元，实际完成投资约40亿元，缺口近30亿元，约占总投资的45%。其次是地方配套资金到位率低。在“三河三湖”国债项目专项中，1998年—2000年国家共批准26项太湖污水处理厂建设项目，其中中央预算内专项资金是4.608亿元，地方转贷资金6.144亿元，目前已基本落实到位，但地方配套资金落实不理想，据建设部统计，到2000年底，地方配套资金到位率只有计划的41.3%，而且大部分是1999年和2000年才陆续投入的。再次是银行贷款不足。因为项目资本金不到位，担保等不符合银行评审要求，致使前期工作不充分，很多项目不能得到银行贷款。最后是城市污水处理收费标准低。如江苏省2000年污水处理费才收到0.6元/吨。而且，多年来，环保治理项目没有固定资金投入渠道，治理进度、治理效果要依赖于治理资金到位时间、到位程度，严重制约了太湖治理进程，加上污水处理厂从立项到竣工至少要3年时间，太湖治理显效时间将滞后于处理厂投产运行时间。②

---

① 《太湖水污染防治“十五”计划》，国家环保总局。

② 同上。

太湖流域经济飞速增长的背后，却是太湖流域各个利益主体对水资源的掠夺式开发和利用。工业废水和城市生活污水大量增加，加上农业规模化生产中农药化肥的大量使用，使太湖地区水污染问题一度严重失控。而水污染治理采取的是属地管理原则，各行政区分别对本地区流域水污染事故自主治理，缺乏统一的执行部门，结果是不同利益主体相互推卸治理责任。由于各地方和各职能部门的自利化倾向，导致管理失调，引起太湖水污染问题的频繁发生。比如，对于污染源的处理，在实际工作中强调的是专业分工监管，而少有部门之间的合作。各地农业部门只管农药、化肥所产生的污染，渔业部门只处理围网养鱼所造成的污染，建设部门管生活污水的处理与排放，等等。这种过细的分工容易导致地方政府不同行政部门之间的利益争夺和转嫁治理成本，容易出现行政主体之间的推诿、扯皮现象。

在污染危机和制度运行失灵的紧急情况下，太湖流域各利益主体开始寻求各种途径以实行综合治理，改变单一的行政治理污染方式，并且结合水利工程，创新治理制度，其主要表现在以下几个方面：

（1）水利工程建设。

太湖局和两省一市水利部门，自1996年5月起布设了220个断面（点），进行全流域水质监测。为了解水质达标情况，多次组织流域水文部门对重点排污企业和200多条河流进行水质监测。为了加速太湖水污染的治理，经过大量调查论证，国务院决定实施“引江济太”工程，即通过太湖主要的泄洪道望虞河从长江向太湖调水，一方面给太湖补给较清洁的长江水，另一方面加速太湖水的交换速度，通过“输液”的方式治理太湖流域水污染。①

（2）整合政府部门力量形成合力。

首先，国家环保总局联合监察部建立了太湖水系行政监察制度。江苏省、浙江省、上海市人民政府对本辖区水环境质量负责，制定了太湖水污染防治总量削减总体计划和年度实施计划，制定所辖太湖流域产业结构和布局调整计划，采取措施确保本省（市）太湖污染物总量削减和省界断面水质达标。每年对各地市政府水污染防治工作（项目进展、总量削减、防治目标及水质情况等）进行考核，并将考核结果报国家环保总局备案。② 在科技部

① 《引江济太简报》（第二期），太湖流域引江济太办公室，2003年9月。

② 《太湖水污染防治“十五”计划》。

的支持下,江苏省把太湖治污列入国家“863”计划,组织全国20多所科研单位,投入资金两亿多元,实施“太湖水污染控制与水体修复工程示范项目”。目前,各个项目已在太湖流域陆续展开。为重建太湖良好的生态系统,有关科研单位正在太湖近湖实施水生植物净化水质项目。

其次,地方政府的环保和水利部门进行沟通与合作。对于水污染引起的水事矛盾,水利、环保部门建立合作机制,各司其职,互通情况,通力治污。[①] 尤其是在太湖面临严重面源污染,且农业农村污染防治工作牵涉到地方党委和政府的多个部门、多个分管领导的情况下,需要有农业部门和水利环保部门的整合,从而形成合力。比如,海宁市在畜禽养殖污染防治上取得突破性进展的一条重要经验,就是其环保和农业部门通力合作,党委、政府支持。在养殖污染防治上,海宁市采取财政、环保、农民各拿一点的方法,为养殖重点户建沼气池,2001年完成了200多户的治理。[②]

最后,太湖流域管理局和地方行政部门之间的合作。太湖流域管理局自2003年起,每年运用卫星遥感技术确认水事违法行为。通过巡查和遥感分析,及时发现了太湖新天地侵占水面、五里湖违法筑岛、太浦河汾湖船菜馆擅自兴建、湖州非法围垦太湖湖面、南浔富强村电镀厂违法排污和吴江大西洋纺织丝光纱线厂超标排污等水事违法行为,及时通报了地方水利和环保部门,后来被分别予以查处和督办。太湖新天地是一起公益项目侵占湖面的水事违法案件,2005年被太湖水政巡查时发现。太湖局和地方水行政主管部门现场会商查处有关事宜,并以正式文件予以督办。要求到2005年底,补救措施方案经水利部门组织审查并批准实施后,占用的太湖水面全部退还。[③]

(3) 建立联席会议制度。

在两省一市当地政府的努力沟通协调后,建立了太湖水污染治理的联席会议制度。例行会议由各地政府派出专员出席,而专业会议则有当地的环保部门进行沟通协调与合作。

---

① 《有关负责人谈江浙边界水污染和水事矛盾启示》,太湖流域管理局,2001年12月26日。http://2004.chinawater.com.cn/newscenter/slyw/20011226/200112260049.htm

② 《加强农业面源污染防治刻不容缓》,载《嘉兴日报》2002年12月1日。

③ 《依法行政 开拓创新 为维护河湖健康生命提供法制保障》,中国水利网,2006年3月1日。

国家环保总局会同三省市人民政府及国务院有关部门在认真总结前一阶段工作经验的基础上，编制了《太湖水污染防治“十五”计划》（以下简称《计划》）。《计划》体现了从工业点源污染控制为主向工业点源与农业面源污染控制相结合的转变；从城市污染控制为主向城市与农村污染控制相结合的转变；从陆上污染控制为主向陆上与水上污染控制相结合的转变。提出了加强农业面源污染控制，加快污水处理厂建设和湖滨带建设，增加生态环境用水量，继续开展污染底泥疏浚和小流域综合治理，加大产业结构调整和执法监督力度等措施。

（4）建立信息公开透明制度。

太湖局负责的省界水体水质监测每月1次，并以通报形式报送国务院有关部门和两省一市人民政府及其水利、环保等职能部门，为领导决策提供了第一手信息。实施了太湖信息专报制度，不定期向太湖水污染联席会议成员单位发布太湖治污进展情况。

（5）鼓励公众参与。

1998年“零点达标行动”后的太湖治污问题，一直是社会公众关注的焦点。首先是专家学者的参与。2004年12月2日至4日，太湖高级论坛在上海举行。国内众多院士、专家莅会，水利部高层领导和沪苏浙三省市的副省级官员出席，使论坛不局限于圈内人坐而论道。论坛重在回顾、总结流域管理机构成立20年来太湖的治理、管理经验，探讨太湖水的问题及对策。“今天要强烈呼吁，尽管目前长江、钱塘江的水比太湖好，但千万不要忽视这样的事实，就是这样的‘好’也是相对的，而且这些河流也在不断地被污染，污染量不断地在增加。‘引江济太’，首先要‘保江’、‘保湖’，然后是节水，根本出路在于治污。如果还是按现在的城乡分割的思路和现在的所谓的达标排放的要求来治理，就难以解决太湖的问题。”华东师范大学教授、中国工程院院士陈吉余提出了建议。[①] 据新华网2001年10月31日消息，中日两国的湖泊专家在无锡召开了《中国太湖水环境修复示范项目》现场研讨会，对太湖生态恢复和开发进行了广泛的学术交流。中日两国的专家就如何修复闭塞性水域、湖泊富营养化控制理论与技术、湖泊生态工程、太湖水污染防治

① 《江苏太湖水污染八年未除 水质持续恶化》，载《华东新闻》2004年12月8日。

工作概况与生活排水对策等问题进行了研讨交流，并对太湖的水环境修复提出了意见。

其次是非政府组织的参与。2004 年江苏湿地使者行动中心根据世界自然基金会（WWF）要求，由南京信息工程大学环保协会联合江苏省高校组成江苏省湿地使者行动中心筹委会，策划一年的湿地保护行动。针对太湖问题，做了对太湖考察的计划，并努力对当地人做环保宣传。2002 年 1 月 11 日，浙江省首家环保志愿者组织——浙江省青年志愿者协会绿色环保分会成立，同时创办了浙江省公益环保宣传网站“绿色浙江”，积极开展保护母亲河系列活动。提出“保护太湖流域”口号，安排“生态环境教育基地讨论交流会”“长三角青年环保志愿者论坛”“天天环保、从我做起”绿岛广场环保主题活动等一系列的活动。中国水利学会则创办了中国水利学会“水利科技工作者建议”“太湖高级论坛建议”，与会代表围绕太湖流域日益突出的水污染问题，结合流域经济社会的长远发展进行了深入的探讨，形成了“太湖高级论坛”建议。一些非政府组织联合行动，比如参与环太湖生态建设联合行动的青年绿色志愿者组织，长三角城市科学研究联系中心与相关企业和部门共同发起举办了“长三角清洁发展机制项目信息交流会”。同时，我国境内积极参与太湖流域水污染治理的非政府组织还有“游牧人户外活动俱乐部”“自然之友”等等。国际上一些非政府组织也参与到太湖流域的水污染治理中来，如 JICA（国际协力机构：原国际协力事业团），提出了太湖水环境修复模范计划（技术合作）。

再次是众多媒体的参与合作。2005 年 4 月底，受国家环保总局宣教办委托，中国环境记协组织中央媒体赴江苏等地采访报道太湖流域污染治理情况。在 2005 年 5 月 9 日国务院召开全国重点流域水污染防治现场会当天，新华社、《人民日报》、《经济日报》、中央人民广播电台、中央电视台、《法制日报》等媒体在重要版面/栏目大篇幅报道了太湖流域水污染防治情况，其中《人民日报》、《经济日报》、《法制日报》均以头版头条的位置报道了太湖治理经验，与会议形成有力的配合呼应。在中国环境记协的努力沟通下，《科技日报》、中新社、《工人日报》、《中国青年报》等 40 多家报纸及网站在同一天转载了新华社新华视点长篇通稿《治污“重点战役”缘何进展缓慢》。文章分析了太湖流域水环境状况并向环湖地区的政府提供了宝贵的建议。

最后是广大市民的参与。作为一名普通市民,吴立红在太湖地区却是一个出了名的“爱管闲事”的人,绰号“环保卫士”。只要是当地或邻近县、市发生了污染环境的违法行为,他总爱第一个冲上前去调查取证第一手材料,然后向有关部门投诉、举报。十多年来他为保护家乡太湖的水环境耗费家财,吃尽苦头。人民网—《江南时报》2005 年 12 月 11 日报道,以“太湖卫士”称号知名的江苏无锡农民吴立红日前被中央电视台列为“2005 感动中国年度人物”候选人。好的梦想需要坚持和努力才可能实现。78 岁高龄的杨国新,仍在日日忙于太湖流域的水资源保护。五六年来,他经常是白天四处奔走,晚上挑灯写计划,将自己埋头于这项看似不可能完成的任务。1987 年退休后,他创建了中国首家以生态良性循环为理念的民间非营利研究所——无锡市生态良性循环科学研究所,依靠自己每月 2000 元的退休金开展长江太湖流域水资源的保护、综合利用技术的研究试验,并因地制宜推广综合利用太湖流域水资源的系列技术,以达到净化太湖流域水资源、保护生态的最终目标。自 1997 年至今,杨国新先后将抢救太湖的方案、计划、报告、汇报共计 187 件寄给中央及省、市相关部门,推动了太湖全面治污。他还通过建立绿化带、截污、清淤、引清调活、水草生态、沉淀等全面重建生态体系技术的实施,将恶臭熏人的蠡湖水变成了可见鱼虾的清水,并被评选为全国整治水污染的样板工程。[①] 2002 年 1 月 11 日,阮俊华发起组建浙江省内绿色环保志愿者组织——浙江省青年志愿者协会绿色环保分会,填补了浙江省内民间环保组织的空白,并通过这个组织动员了更多的社会公众参与生态环保工作。2005 年 8 月 19 日新华网以《阮俊华的环保激情》为题,介绍了这位浙江大学环境与资源学院讲师的事迹。

2005 年 4 月,国家环保总局启动了“淮河太湖水污染防治问计于百姓活动”,在淮河、太湖流域代表性强、影响面大的 44 个市(县)同时展开。调查显示,公众对水污染治理工程的总体评价持肯定态度,但同时认为地方保护主义减缓了治污工作的进程,由于水污染防治监管力量不足,水污染事件增加的潜在因素依然存在。调查结果显示,虽然部分企业参与了工业污染源综合治理工程、城市污水处理工程、工业结构调整等国家水污染防治重点工

① 《78 岁老人的环保梦想》,载《新民周刊》2006 年 1 月 18 日。

程，但总体上看，参与水污染综合治理工程的企业比例偏低，没有充分发挥参与污染防治的重要作用。公众认为工业点源污染是造成淮河、太湖流域水环境污染的首要因素，民意赞同比例高达71.5%；而农村面源污染、污水处理设备不足是第二、三位的因素，比例分别为58.6%和43.8%。近80%的公众认为水环境污染对当地造成的主要影响是损害居民身体健康。此外，农业经济发展受到限制、水环境纠纷和矛盾增多也是水环境污染造成的不良后果。这两者的比例也高达50.3%和44.5%。问卷调查表明，公众普遍认为改进淮河、太湖流域水污染防治工作，实现"淮河、太湖还清"目标，尚需加强以下几方面的工作：严控污染源（69.0%）、改进治污工程（62.7%）、发展环保型产业（57.8%）、加强政策保障体系建设（54.3%）。公众访谈调查和专家咨询结果也显示，今后淮河、太湖流域水污染防治工作应加大资金投入、管理体制建设、法制建设和环保宣传等方面的活动，促进治污工作的持续、稳定、高效开展。调查结果显示，总体上，淮河、太湖流域水污染防治监控的立法、执法体系已经建立，初步形成了水污染防治的有效监控机制。随着淮河、太湖水污染防治工作的不断深入，公众的环保监管行为和意识逐步增强。排污收费制度、排污许可制度、总量控制制度等等措施对企业的排污行为起到了制约作用。①

（6）引进市场机制和企业参与机制。

江苏省在治理太湖中进行了制度创新，建立了排污指标有偿分配和排污权交易的机制。该制度于2003年10月启动，到2004年底完成试点工作，并从2005年开始在全省推广。张家港、太仓、昆山和无锡市惠山区3市1区在完成一系列试点基础工作的情况下，首先确定了试点行业排放总量控制指标，重点是COD指标。以2000年为基准年，并结合2003年的实际排污总量，核定出每个重点企业的排污总量指标，由当地环保局以排污许可证形式让各个企业来"购买"被分配的总量排污指标。此外，他们还按照"好环境多付费"的原则，在环保设施投融资、资本运作等方面引入市场机制。

同时，一些企业则积极参与到太湖流域水污染治理过程中来。湖州市的砖瓦企业很早就把目光投向了太湖底的淤泥。1999年，湖州下辖的德清

① 《公众认为地方保护主义减缓淮河太湖治污工作进程》，中新网，2005年12月7日。

县徐家庄镇禹轮砖瓦有限公司率先投入15万元购置了挖泥船,在附近的百亩水漾里挖取淤泥,按30%—40%的掺泥率实施制砖试验,通过国家质量监督部门的检验,产品质量符合国家标准,试验获得了成功。目前,仅德清县就有禹轮砖瓦有限公司等6家规模较大的淤泥制砖企业。这6家企业2004年共清理淤泥总量241662.56立方米,淤泥制砖总量8356万块,节约土地176.61亩,疏浚河道与修复塘堤50.45公里。① 还有一些企业则通过建立项目业主制参与了太湖的重大环保科技专项治理,如无锡市太湖湖泊治理有限公司选出3个研发范围,分别位于太湖的五里湖、太湖宜兴水域、充山取水口,三者的面积依次为20平方公里、24平方公里、2.78平方公里。② 再就是突出工业污染防治,突出产业结构调整和污水达标再提高工程;生活污染治理突出污水处理厂和垃圾处理场及配套管网建设;农业农村污染防治突出规模化畜禽养殖场污染治理。实现环境基础设施的投资主体多元化、经营主体企业化、运营管理市场化。

总的来说,太湖流域两省一市成立了政府首长挂帅的领导机构,加强水污染防治工作的领导和组织协调;建立了水质目标考核制度、奖惩制度、边界水质月公示制度,接受公众监督。形成了"政府领导、部门负责、环保监督、地区协调、企业治理、舆论监督、公众参与"的工作机制。从太湖周围的上海、苏州、无锡、常州等市环保局在各地的水质实地检测结果上看:太湖流域内工业污染源已全面实现达标排放;主要污染物COD排放总量削减了80%;已建成污水处理厂30座,日处理能力84万吨,在建污水处理厂15座,竣工后可形成日处理能力46万吨。③ 调长江水和改善治理制度安排之后对改善太湖流域水环境效果明显,太湖的大部分地区水质已经达到可饮用水的Ⅱ、Ⅲ类水标准,水中主要污染物磷、氮和高锰酸盐的含量比4年前的同期指标分别下降了56%、25%和9%。湖区水质透明度已由过去的30厘米左右,提高到了60—70厘米。太湖水作为城市水源的上海、苏州、无锡、常州等城市的自来水质也有了明显改善,受益人口近千万。

---

① 《江南水乡淤泥的利益博弈》,四川新闻网,2005年4月22日。

② 《企业参与政府太湖治污工程——项目业主制首次应用于重大环保科技专项治理》,载《江南时报》2002年12月23日第4版。项目业主制就是指通过企业组织协调技术的研发活动与示范工程的建设,使科技资源、政策资源和工程资源真正得到优化配置。

③ 《太湖水污染防治取得明显进展》,中国环保网。

四、案例4-4:松花江流域水污染后续治理

2005年11月24日,国家环保总局召开新闻发布会通报,哈尔滨市饮用水源已受到污染。同时,国务院派出的专家组抵达哈尔滨,并决定成立由安监总局局长李毅中任组长的国务院工作组,统一协调、组织、指导做好有关善后工作。吉林省共出动了4万多人次及9000多台次的车辆,10万多人次走上街头对防治工作进行宣传,全省投入的资金达到7000多万元。

11月26日17时,中国常驻联合国环境署副代表张世钢奉命紧急约见了联合国环境署副执行主任卡卡海尔,就中国东北地区松花江水污染事故向联合国环境署作了详细介绍,并递交了松花江污染最新情况通报。28日晚,中国环保总局副局长张力军从北京赶赴哈尔滨,会见了由俄罗斯联邦自然资源部哈巴罗夫斯克边区环境保护局局长巴尔秋克率领的俄罗斯代表团,再一次就有关情况向俄方进行了详细通报,并向俄方赠送了一套快速监测苯类污染物的设备。

国务院松花江流域水污染事件处置工作协调小组监测防控组副组长、环保总局副局长祝光耀12月13日宣布,松花江水污染事件生态环境影响评估与对策项目正式启动。同日,在佳木斯市环境监测站实验室内,国家环保总局化学品生态效应与风险评估重点实验室的刘征清博士迅速做了松花江水污染对水中鱼类环境影响的实验。松花江水污染事件生态环境影响评估与对策项目协调组和技术组会议同日在京召开。来自科技部、水利部、建设部、农业部、中科院、大专院校、黑龙江和吉林两省的相关管理人员及专家参加了会议。受监测防控组组长、环保总局局长周生贤委托,祝光耀到会看望了参会人员并指出,各有关部门和地方政府要努力做好松花江重大污染事件的生态环境影响评估工作,提出科学可行的防控对策,为国家和地方政府决策提供科学依据。

开展松花江污染环境影响评估工作,针对污染物的迁移转化、冰冻后污染物吸附、滞留以及对环境影响和饮用水、渔业安全等问题提出预案,是国务院松花江流域水污染事件处置工作协调小组监测防控组的一项重要任务。环保总局作为监测防控组的牵头单位,组织中国环境科学研究院和清华大学等20余家单位经过多轮讨论和专家论证、现场调研、前期实验,编制

了“松花江重大污染事件的生态环境影响评估与对策技术方案”。该方案征求了建设部、水利部、农业部和吉林、黑龙江两省建设、水利、农业、环保等地方部门领导以及有关专家的意见。经过反复修改，技术方案为政府决策提供了重要科技依据。环保总局专家组、水利部专家组和建设部专家组作出了卓有成效的工作。武警战士奋战在污染防治一线。

松花江水污染事件发生以后，党中央国务院高度重视水污染的控制和治理工作，特别是中央政府工作组成立后，国务院相关部门以及吉林、黑龙江两省政府密切配合，做了大量卓有成效的工作，力争最大限度地降低污染物浓度，确保流域内群众的饮水安全。在事件处理过程中，没有因误饮受污染的松花江水而发生人畜中毒事件。

事件发生初始阶段，当地媒体没有能够履行应有的信息沟通职能，只是被动地传递政府需要传播的信息，对各自地方政府不希望传播的信息则讳莫如深。与之相比，《第一财经》对危机事件的关注程度和角度，远远超过与当地市民休戚相关的当地媒体，并且大胆地对政府的处理手段和发布的信息真实性提出质疑。这可能与《第一财经》为异地媒体，几乎所有稿件都是由该报派驻吉林市和哈尔滨的记者采写而成有很大关联。其他异地的报纸也发表了相当尖锐的批评。《中国经济时报》认为，如果个别领导人不负责地掩盖真相，是对社会的严重犯罪，因为任何流言都可能引发一场社会灾难。上海《东方早报》说，由于没有向公众通报实情而导致的恐慌和连锁反应将极大地损害政府的信誉，拖延并掩盖真相和疏忽大意，都会导致灾难迅速恶化。

一些民间组织、专家学者也积极应对松花江污染。“绿家园”组织记者沙龙活动——深入探讨松花江污染。12 月 15 日，绿家园志愿者和《青年绿岛报》组织了一次关注松花江水污染事件的记者沙龙。国家环保总局政策研究中心专家就跨国界污染损害赔偿和建立环境强制责任保险制度两个问题向大家作了详细介绍，建议建立和完善国内的环境污染损害集团诉讼制度，并对环境污染受害者实施法律援助制度。北京大学法学院教授试图以自然物为诉讼主体进行诉讼，遭到拒绝。他向在座各位详细介绍了这次诉讼的策划过程，并剖析了以自然物为诉讼主体在他国的部分案例。北京理工大学教授分析了松花江水污染事件的公共影响，就整个事件中的政府行为、公众知情等问题发表了自己的看法。“清水同盟”对松花江污染带移动展开了观察。《石油与环境网络》组织了反映污染事件的文章。《草根之声》热点关注栏目专题讨论松花江污染问题。世界自然基金会发表文告，对中国化工厂剧毒物质泄露可能对整个地区造成的生态危害表示严重关注。太平洋环境组织（http://www.pacificenvironment.org）也发表了声明 *Harbin Crisis Was Years in the Making*。

松花江污染事件的行政处罚由国家环保总局执行。根据《中华人民共和国环境保护法》第 38 条、《中华人民共和国水污染防治法》第 53 条以及《中华人民共和国水污染防治法实施细则》第 43 条的规定，环保部门可对造成重大水污染事故的单位处以最高 100 万元的罚款。根据《环境保护行政处罚办法》第 15 条第 2 款的规定，环保总局在分别通知吉林石化分公司、吉林省环保局和吉林市环保局后，直接对造成松花江水污染事件的吉林石化分公司实施了处罚。新华社北京 2006 年 11 月 24 日电，国务院对中国石油吉林石化分公司双苯厂“11・13”爆炸事故及松花江水污染事件做出处理，对中国石油天然气集团公司、吉林石化分公司责任人员及吉林省环保局有关方面责任人员给予相应的党纪、行政处分。国务院要求各级党政领导干部和企业负责人要进一步增强安全生产意识和环境保护意识。要求有关部门尽快组织研究并修订石油和化工企业设计规范，限期落实事故状态下不得排放超标污水的措施，防止和减少事故状态下的环境污染。要结合实际情况，不断改进本地区、本部门和本单位《重大突发事件应急救援预案》中控制、消除环境污染的应急措施，坚决防范和遏制重特大生产安全事故和环境污染事件的发生。

2006 年，国务院批准实施《松花江流域水污染防治规划》。2008 年，环境保护部认为松花江流域水污染防治取得了突破性进展，流域水质总体呈改善趋势，规划项目顺利推进，环境监管进一步加强。环境保护部要求流域三省区要继续落实“让松花江休养生息”的政策措施。在工业废水减排方面，吉林省采取治理超标污染源、取缔污染严重企业、淘汰落后生产工艺和设备等措施，同时积极推行清洁生产，提高环境监管能力，建设城市污水处理厂，表现出作为上游区位的省份对维护松花江流域共同利益的大局观。松花江吉林流域最大的化工企业中石油吉化公司采取回收冷却水作为循环水利用，每天节水超过10万吨，相当于吉林市城区居民的用水总量。

第三节　案例蕴含的制度创新思路

一、龙王河流域水污染治理的特点

从制度角度看，龙王河跨界水污染长时间得不到解决的原因在于流域水污染治理的地方行政分割体制。这种体制的特点在于，一旦发生水污染事故，最终的处理决定权并不由事故发生当地的环保部门掌握，而是要请示当地政府部门；而实际执行权在当地政府的不同部门之间也遭到行政分割，由此使得不同行政部门的沟通和协调变得极其困难。

龙王河治理过程中取得较好效果的实践表明，超越地方行政分割体制的制度创新，是超越流域水污染治理的重要出路。从江苏赣榆县和山东莒南县联合治理龙王河的机制来看，其主要呈现四个特点：

第一，建立联席会议制度。在上级行政部门的权威性干预下，由地方政府的领导牵头，职能部门参加具体的技术工作，形成联席会议制度。固定周期召开会议，互相通报治理情况、水质监测情况，研讨和交流水污染防治技术和措施等。每次会议都刊出会议纪要，双方就会议需要解决的有关问题达成共识，并分别报上一级主管部门和职能机构。

第二，建立联合督察机制。由两地环境监察人员组成联合督察组，对上下游两地废水排放进行相互督察，督察排污企业是否建有废水处理设施和处理设施是否正常运转，对突发性事件立即采取措施，现场处理，协商解决。

第三，建立联合检测和污染事故监测预案机制。规定监测周期和具体采样时间，同时进行采样检测，检测结果互报、上报上一级环境保护部门直至国家环境保护总局。一旦发生污染事故，上下游两地环境保护部门应立即启动事故监测预案，在规定第一时间内，在同一断面共同采样监测，若一方无故不到或不按规定检测的，则以另一方监测数据为准。

第四，建立信息互通机制。相互通报联席会议内容、污水处理厂建设进度、跨界断面监测数据、重点企业治理情况、治理设施运转等。

二、澜溪塘流域水污染治理的特点

从澜溪塘流域水污染治理案例可以看出，澜溪塘流域水污染由于受地方行政分割体制的禁锢，长期处于治理失效的状态，给当地群众带来巨大的生态灾难，影响了当地群众的生活质量，由此实际造成了环太湖流域甚至是长三角地区经济发展的阻力。在这种背景下，两省的当地政府之间为解决流域水污染的纠纷，充分利用对于当地科学技术和信息的了解，超越地方行政分割体制，构建定期的联系机制，形成政府间协商并主导的参与合作。在这个案例中，流域水污染治理取得良好效果的原因主要在于：

第一，多级政府之间建立起跨层级的互动机制。两地政府主要建立了市县镇三级互动，发挥了政府间合作的优势。地方政府既是中央政府的授权机关，又是地方公共权力的代表，具有高度的权威性和充足的可支配资源，因此，不同地区和层级的政府在运用公共权力的过程中，积极利用自己对当地信息和科学技术的掌握，发挥了主导和主体性的作用。

第二，社会各利益主体参与合作。从案例可见，水污染治理过程中努力扩大了企业和公民对流域水污染治理的参与，让企业参与公共基础设施的建设等。与此同时，努力保护公民参与水资源管理和污染治理的积极性。此外，通过建立公民利益的保护机制，促使整个流域的水资源开发和利用可持续发展。

第三，水利工程建设对水污染的治理起到了技术支持的作用。技术工程的引入和新制度的建立，共同促进了澜溪塘流域的水污染治理。该流域处在我国经济相对发达地区，特色经济明显，实力较强，信息畅通，避免了“先污染后治理”的恶性循环。

三、太湖流域水污染治理的特点

从太湖流域治理的案例可以看出，属地管理下的流域水污染治理由于受到地方保护主义的影响，暴露出块块分割的弊端。“零点行动”所采用的治理水污染的单一行政方式，实际上无法突破地方行政分割的限制。因此，太湖流域水污染治理实际上是在制度创新的过程中取得明显成效的。从制度创新来看，太湖流域水污染治理的特点可以归纳如下：

第一，建立了多级政府之间的信息披露制度、行政监察制度和联席会议制度。多级政府之间能够统一协调行动，尤其是在地方之间能够形成集体行动。这表明，建立跨流域的政府间权威性机制是参与共治的首要条件。

第二，建立了政府、市场和公众之间的参与共治机制。大量的非政府组织、公民团体和个人都参与太湖的流域水污染治理，由此既形成了流域内各个利益主体的集体行动，也充分利用了各方力量特长和资源条件的优势。在这其中，尤其是民间智慧和专家的指导，为太湖流域水污染治理注入了新的活力。

第三，实现了不同职能部门之间的联动合作机制。地方水利、环保、财政、农业等部门在协商合作的基础上，各司其职，通力合作，由此建立了流域水污染治理的长效机制。尤其太湖流域管理局和地方行政职能部门的合作，从根本上打破了流域水污染治理行政区域与流域的分野，为多部门联合参与治理流域水污染提供了良好的合作平台。

第四，水利工程建设和高新技术的推广应用对制度创新起到了支持作用。“引江济太”虽然不是治理太湖的根本之策，但如果没有工程技术的支持，如此规模的流域要在短时间之内得到有效治理是相当困难的。此外，环湖地区产业结构的调整和进步以及生物技术对湖泊水体质量本身的改进，在很大程度上有赖于环境高新技术的推广应用。从治理的实践来看，正是在技术创新和推广的基础上，制度创新得以发挥高效能，实现了太湖治理的有效性。

第五，排污权交易市场建设存在多重制约因素，市场机制需要进一步培育。中国人民银行 2011 年 2 月的调查指出，江苏太湖流域 2008 年启动排污权有偿使用和交易试点工作，2010 年 10 月 1 日江阴市正式建立排污权交易市场，主要制约因素如下：一是地方政府缺乏积极性。在江苏全省境内，有些地方政府担心排污权交易市场影响当地投资，缺乏扶植积极性，目前只有经济相对发达的江阴市建立了排污权交易市场。二是排污权交易指标供应渠道单一，品种较少。交易指标根据地方政府每年关停企业释放出的排污指标而非市场交易情况确定，造成指标逐年下降，而且氮磷等指标未被纳入，加之无法实现跨地区交易，导致交易量较小。三是企业购进排污权指标成本远远高于有偿使用价格。目前江阴市排污权交易中心规定二氧化硫首次基本收购价为每吨1.5万元，是有偿使用价格的5.77倍。

四、松花江流域水污染治理的特点

第一，跨区域权威强制力作用效果明显。

从最初事故发生时的地方政府掩盖事情真相，到中央成立专门小组联合并协调地方政府之间共同治理水污染，突出地体现了跨区域权威强制力的行政主导作用。流域水污染的自然属性和社会属性，都需要有统一的流域管理，从常态管理到危机事件、从事故预警机制的建立到危机处理，都需要公共权力能从流域整体性出发，充分认识到流域水污染的自然累积过程所具有的危害，认识到流域水污染治理的准公共物品属性，进而认识到流域中的利益链条应该是统一的。这也就是说，流域应该在它的自然属性的基础上，建立统一的利益共同体。这种利益共同体的有效构建，必须具有跨区域的权威强制力。只有这样，才能防止地方保护主义，彻底解决地方行政分割所带来的块块矛盾、条块矛盾以及社会不和谐。

第二，国与国之间的参与治理。

松花江出境后成为国际河流，其流域水污染治理面临着国际利益的平衡。因此，国与国之间的信息沟通、监督与合作，甚至是国际舆论的压力与监督，对于流域水污染的治理是必要的。从一开始发生污染事件起，俄罗斯政府就和中国政府保持着沟通、谈判和妥协，并最终就流域水污染补偿措施达成一致，对保持流域地两国居民生活与社会稳定起到了积极作用。国际之间的参与治理，也反映出了一个基本的逻辑，这就是必须要有一种可以被认可的外在权威力量来使得不同利益主体达成一致并共同努力，否则，治理主体必然是块块分割，就国家之间治理协调来讲，所不同的是，这样的块块分割是相对于不同地理意义上的国家而已。

第三，多层次的跳板合作。

松花江流域水污染的治理，反映了行政机构之间的多层次合作。这种合作，跨越了行政官僚层次的制约。中央成立的专门工作小组作为一种主导力量，既可以直接和地方政府首脑就水污染处理达成一致，也可以直接和基层政府工作人员接洽与合作，而且，这种工作小组本身也有不同层次的行政工作人员的参与。因此，无需按照科层的原则来逐级上报就可以直接把相关的信息以及政策建议送往决策高层，同样，高层的决策也可以直接传达到一线的工作人员，而不需要经过繁杂的公文手续，从而提高了工作效率。

第四，多种力量的联合参与。

松花江流域水污染事件，引起了世界舆论的关注。不仅是国外媒体、国际组织表示了关注并进行调查，国内媒体也及时进行了报道，并有媒体从一开始就对事件中一些地方保护主义的做法进行了曝光，从而对地方行政分割的现实形成了一种外在的压力。在污染治理过程中，不仅有行政机构的主导，还有各种力量的配合与合作，比如人民军队、环保志愿者、水污染治理的专家、民间团体以及人民群众等等。这种联合形成治理污染的强大力量，在行政机构的主导下，使得松花江流域水污染事件避免了对当地社会以及国际关系产生恶劣影响，并最终使相关问题得到妥善解决。

五、案例体现的制度创新：参与共治

实际案例中发生的情形，是以地方行政分割体制所带来的治理困境为背景的。分析这些相对成功案例的目的，是探讨解决地方行政分割体制给流域水污染治理带来的困境的途径。因此，新的制度安排是在既有的地方行政分割体制不予以消除，但却以超越既有的地方行政分割体制为制度创新特色进行的。因此，这种创新是在既有制度安排的基础上进行的创新。笔者通过对四个流域的治理过程的分析发现，新的制度安排对流域水污染治理的多个利益主体具有相当的权威约束力，地方政府充分利用对当地时空信息和科学知识的优势才能够积极提供社会公共产品如环境信息资料、解决污染纠纷等。由于各方利益主体的参与合作，有利于降低交易费用，也有利于生产要素所有者之间的配合风险的降低，还有利于提供职能组织与个人收入者之间的联系，增加了公民福利和社会财富，所以具备制度创新所必须满足的基本条件。从实际的效果来看，该制度安排具有积极的制度绩效。

通过对龙王河、澜溪塘流域、太湖流域以及松花江流域水污染治理特点的分析和总结，可以发现以上案例共有的基本内核在于：同级政府之间协商合作，有健全的信息沟通交流机制，允许政府、市场和自治组织等多种力量共同参与。因此，可以在此基础上构建超越地方行政分割体制的流域水污

染治理的新模式。这种新模式，笔者称之为超越地方行政分割体制的参与共治模式。

在参与共治的模式下，参与共治的制度安排和水利工程技术的双管齐下，能够超越地方行政分割体制给流域水污染治理带来的制度困境。结合本书第二章我国流域水污染治理困境原因指向图的分析，现在可以把该图演化为图 4-4：

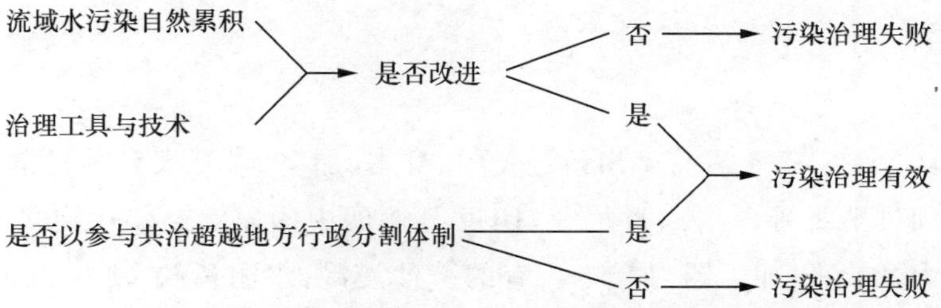

图 4-4　对图 2-4“我国流域水污染治理困境原因指向”的演化

因此，本书从制度创新这一层面出发，把参与共治界定为由地方政府间的合作形成一个跨区域的强制力，从而通过地方政府间的合力来确保和引导社会多层次利益主体共同参与合作的流域水污染治理模式。

本章通过以上的案例分析，帮助我们找到了全新的思路，拓宽对流域水污染治理研究的视野。这四个典型案例表明：在既有的地方行政分割体制基础上，进行必要的制度创新是可行的。这些案例以超越地方行政分割为指向，以构建不同的地方政府之间、地方政府内部的不同部门之间、政府与市场、自治组织等多种不同机制和利益主体之间的协同和协商合作治理机制。

由此可见，制度创新和水利工程技术及资源的结合，是摆脱我国流域水污染治理困境的关键所在。单纯的治理技术手段改进和治理资源投入，并不能挽救流域水污染治理失败的命运。要解决地方行政分割体制下不同行政区流域水污染治理的块块分割状态以及块块矛盾，就必须进行制度创新。根据我国流域水污染治理的实践的典型案例，可以把这种制度创新归纳为参与共治机制建构。

第五章

国外流域水污染治理的制度借鉴

近二十年来，笔者有幸出访过美国、日本、加拿大、意大利等经济发达国家，也到过墨西哥、秘鲁、肯尼亚、印度等发展中国家。它们中有的江河滔滔，博大豪放，例如美国、加拿大；有的黄沙漫漫，水源稀缺，例如以色列、科威特、阿曼。总的说来，异彩纷呈。我没有见到异国他乡山河涂炭被污染得面目全非的情况，如同人家也没有见过有河流在我的祖国被污染得面目可憎。至于历史的真实却是，许多国家也有过江河肮脏的昨天。像英国的泰晤士河、美国的田纳西河，它们曾趟过"先污染后治理"的老路，正是我们的前车之鉴。文明因河流而流淌，河流因野蛮而呜咽。流域性污染的悲剧，不是中国特有的故事。出于对地球家园的热爱，出于对呵护大地的眼睛——江河湖泊大海的情感，笔者对到访过的十多个国家在治理流域性水污染方面的做法，总是要多一份的关注和思考。近来又通过向同行们请教，遍览互联网有关资料，初步勾勒出国外流域水污染治理的轮廓，试图为我国流域水污染治理的制度创新提供借鉴。

第一节　国外局部水污染治理对策分析

水污染一般呈现流域性特征，包括污水处理厂在内的局部治理当属于预防流域水污染的前沿阵地，因此笔者将国外局部水污染治理纳入流域水污染治理研究的范畴。水污染防治不是中国特有的任务，而是一个全球性的重大问题。在国外一些发达国家，水污染肇始于工业革命以后，其治理初始阶段以工程技术措施为主,尔后逐步演化为依靠经济政策和依法治理等制度来进行。

一、技术手段

技术治理源于人们对水体自然属性如流动性强、溶解性好等特征的认识。人类关注水体水质源于对生命的关切。早在1972年美国通过的《清洁水法》(Clean Water Act)成为所有联邦水法中最严格的法律,规定所有地表水体水质要达到的国家目标是“可以养鱼与游泳”。这种说法在很多国家从此成为人们对水质良好的通俗表达。2011年3月日本福岛第一核电站在特大地震海啸中严重受损,相关地区的水体质量报告受到世界关注。可以说,自从人类遭遇水体污染以来,技术监测就是人们认知局部水体污染的手段,监测也就成为治理水污染的前提。

在一些发达国家,水体监测技术成为科学攻关的高地。2010年,英国《每日邮报》的一则报道引起了全球环境科学家的兴趣:英国埃塞克斯大学的研究人员称,他们最近准备向泰晤士河投放专门设计的仿生机器鱼,以用于探测水中的污染物,并绘制河水的3D污染图。这种机器鱼形似鲤鱼,身上装备有探测传感器,可以发现水中的多种污染物,如轮船泄漏的燃油或其他化学物等。

生物学监测早已成为掌握水体质量的常规方法。浮游生物种群和数量变动反映天然水域类型的水污染及其程度,底栖动物、水生植物也能反映局部水生态系统的水质情况。“2010水质生物监测国际研讨会”通知中指出,生物监测信息已成为美国和欧盟等西方发达国家水环境和水资源管理工作中的重要内容;我国目前的水环境和水资源管理尚以水化学指标为主,生物监测的技术水平与发达国家甚至少数发展中国家相比有很大差距。

生物监测技术应用于水污染治理,具备融入自然生态系统的天然属性,因而成就了全球水产业的迅速发展。在一些发达国家,恢复水体自净功能成为治理水体污染的优选方案。水体的自净功能通过水体的自净过程实现,即经过物理作用、化学作用或者生物作用,使水体恢复到受污染前的状态。其中,生物作用依靠生物活动特别是微生物对水体中有机物的氧化分解作用使污染物得到降解。

以技术监测和技术产品为两翼的全球水产业正在壮大。水体自净消毒依靠化学作用达到水体自净，是目前世界上污水处理的重要技术手段。国外使用的助净剂种类繁多，其中80%以上属于缩合烯酰胺类有机化合物，能在水中快速吸附不易沉淀的悬浮物、有机碎屑包括细菌、病毒等微细物质，生成絮状的凝集物然后沉淀。应用非氯消毒剂则已经成为国际卫生学的趋势，在于它具有较之二氧化氯更为高效广谱的灭菌灭病毒作用，在使用中不产生含毒气体；特别是它对鱼虾类非常安全，适宜在特种水产养殖中使用。

二、工程措施

工程措施源于人们对水污染自然累积、多呈流域性等特征的认识。它在国外水污染治理中充当重要角色。任何流域水污染都是肇始于点源失控，然后才逐步演变为全局性的失控，工程措施因循这个逻辑由局部防御走向区域治理。

首先，城市污水集中处理在国外许多国家被视为优选方案。城市都面临生活污水和工业污水的两面夹击。在许多发达国家，政府通过发行债券等途径为治理污水提供资金，为社区提供污水截流、处理和处置的一整套服务。由公用事业管理部门将污水服务集中于一个城市内部，由市政局来建设和运行污水处理系统。由于现代企业的产品和工艺复杂，排放的水体污染成分也很复杂，客观上要求企业自身组织绿色生产，做到水体无害化出门。企业污水治理的趋势，是集中治理还是分散治理，取决于技术条件和成本核算，但都要考虑到尽可能避免将工业污水和生活污水放在一起混合治理。

其次，工程措施在应对农业污染方面感到困难。这是因为农业污染一般呈现点源和面源交叉污染的特征，要监管生产过程中的污染排放特别困难。就目前国外发达国家在农业非点源污染防治中的积极做法看来，工程措施中主要有人工湿地、植被缓冲区和水陆交错带，再辅以有测土施肥、变量施肥、免耕少耕法和生物篱等，取得了显著成果。大多数农业污染属于面源污染，化肥农药残余物并非从很多并不固定的排污口流出农田并进入流域水体。这种污染排放的分散性决定了在现有技术条件下监测污染源的成本高昂。优化作物品种选择、更多的生物防治以及提高农药化肥效率等方面，降低农业污染存在很大的改善空间，发达国家在税收政策方面给予了有利于农业面源污染控制的制度激励。在我国农业生产方面，1978—1995 年全国化肥用量增长了 97%，而粮食仅增长了 36%，即粮食产量每增长 1%，化肥施用量增长近 3%。[①] 低效率的资源投入造成了严重的农业面源污染，激励制度的改善空间很大。

第三，作为大规模工程措施的拦河大坝在防洪、发电、航运等方面带来了效益，而当流域生态环境价值进入人们视野后大坝的弊端受到诟病。王正旭 2002 年文章《美国水电站退役与大坝拆除》指出，出于对拦河大坝经济效益和环境保护的考虑，国外一些发电效益不佳的拦河大坝被相继拆除。截止到 2002 年美国前十年中，进行退役评价和被拆除的大坝数量一直在稳步增长。《科学生活》2005 年第 3 期文章《大坝威胁全球河流生态》指出，据世界自然基金会（WWF）与世界资源研究所的研究报告显示，由于水坝建设威胁淡水生态系统，全球有 21 条河流及其流域生态严重退化，其中中国的长江、南美的拉普拉塔河和中东地区的底格里斯河与幼发拉底河是受害最严重的河流。方崇在《安徽农业科学》上撰文谈到大坝的影响时说，在水库蓄水过程中浮游生物发生改变，随着时间的推移上游污染物在库区累积，水库容易成为污染物质的“储藏室”，在我国对不符合生态效益原则或效益差的大坝工程应该提前退役、报废或拆除。

对水资源长期过度的工程开发措施已经引起高层管理者的反思。曾长期担任国家水利部长的钱正英在接受《共和国部长访谈录》作者马国川采访时，更多地反思了新中国成立以来水利工作的失误和问题。“进入上世纪 90 年代，黄河开始断流，引起了国人的关注和焦虑。我也在思考……我们多年来一直强调治河用水，没想到居然使黄河断流了。后来问题越来越严重了，塔里木河、黑河等内陆河流也出现了断流。我逐渐认识到过去的水利工作存在着一个问题：粗放管理，过度开发。”“我过去主持水利部工作，犯了一个错误，只注重社会经济用水，没认识到首先需保证河流的生态与环境用水；只研究开发水源，而不注意提高用水的效率与效益。这个错误的源头

---

① 孟伟、苏一兵、郑丙辉：《中国流域水污染现状与控制策略的探讨》，载《中国水利水电科学研究院学报》2004 年第 4 期。

在我。”①

第四,目标基于局部提高河流自净能力的生态工程措施受到重视。为了防止河流在局部地区污染物自然累积,一些国家在河流生态功能修复、增大水环境容量、改善水动力条件等方面作出努力,例如,通过工程措施将人工河道近似还原成天然河流,充分保护和利用河流两岸滩地、洼地增大水环境容量,提高调节枯水期河水流速。这些措施的综合利用,有利于流域水环境功能改善,防止大规模的流域水污染发生。从1930年到1980年,美国政府先后投资85亿美元用于密西西比河的综合治理,实施裁弯取直,加强筑堤护岸和河道整治,有选择地开辟分洪道,适当利用支流水库,科学的工程措施取得了好的效果。

三、严格的环境税费制度

环境税费制度是局部水污染治理的经济制度安排。其根据是国家有关法律或法规,其目的是依靠建立在有法可依基础上的环境经济制度起到保护水环境的作用。发达国家实行严格的环境税费制度,以确保局部地区或行业污染处置的运行资金来源。它涉及环境税和环境费两方面的内容,起到行为激励和筹集资金作用。总体评估看来,环境税费制度是行之有效的,值得我国在相关制度建设时予以借鉴。我国已将排污收费纳入税收轨道,并将开征实施环境税,这和发达国家的制度建设思路是一致的。

西方发达国家对污染水质的行为进行课税,这些国家中征税制度比较完善的是德国。德国自从1981年起开始征收水污染税,以废水的“污染单位”为基准,在全国实行统一税率,税金全部作为地方收入用于改善水质,社会效益十分明显。荷兰政府对向地表水及净化工厂直接或间接排放废弃物、污染物和有毒物质的任何单位和个人征收水污染税,并对不同的水资源保护区实行不同的税率。欧共体关于处置废油的指令规定,成员国对作出服务的从事收集和处置废油的企业给予补偿。美国《联邦水污染控制法》规定:凡修建经环保局长批准的污水处理工程,可从联邦政府得到相当于总投资额75%的联邦补助金。德国规定,业主自己修建污水净化装置,经批准可

---

① 《钱正英认错的启示》,载《山西日报》2010年6月4日。

得到政府的援助资金，资助额一般为建设费用的20%—50%。各国政府还以优惠利率向企业或个人发放污染防治贷款。

四、政府与市场结合的治理机制

政府与市场结合的治理机制，源于人们认识到一般水污染治理具有准公共物品属性。按照准公共物品的要求，政府必须基本保障供水服务并行使水体监管职责；按照市场效率的要求，引入市场机制的动力才能改善服务质量。发达国家对城市污水处理厂的投资运行机制因国家体制、财政实力不同而有多种形式，都属于政府与市场结合的治理机制的范畴。

具体而言，有的国家政府拥有充裕的财政实力，由政府负担城市污水处理厂的建设投资和运行费用，将运行管理承包给企业经营；有的国家将供水与排水捆绑起来作为国有企业对待，供水和污水处理的费用从自来水中提取，政府照章收税，如澳大利亚的堪培拉市，水厂已经由国有企业改造为国有控股企业；有的国家城市污水处理厂的建设费用由联邦政府与州政府按比例承担，运行费用由消费者承担，从自来水中收取，如美国多数城市；还有的国家政府拥有城市污水处理厂的所有权，通过招标将建设、经营权承包给企业，承包商由此可获得二三十年的经营权，处理费用从自来水中加收，由消费者承担，如法国的一些城市就是如此。在多数发达国家，污水处理费都通过自来水费一并收取，而且污水处理费要高于自来水费，如在丹麦城市污水处理费为自来水费的1.6倍。由于按产业化运作要求向消费者收费，保证了城市污水处理厂的投资、运行费用，实现了城市污水的有效治理，改善了供水水质，创造了优美环境，形成了良性循环机制。

五、局部对策效果有限

综合本节所述，局部地区的水污染治理是容易见到成效的。监测可以了解水体质量，技术产品可以净化局部水体，环境经济制度可以提高污水处理厂的运行动力，政府与市场结合的机制能够提供制度激励，工业污水和农业面源污染能够得到一些控制。局部水污染治理制度的绩效如何，具体对策的效果大小，取决于资金是否充分到位，工程技术是否先进有效，激励制度是否科学。从全流域水污染趋势的角度看，局部政策或技术只能缓解流域水污染形成的速度。

第二节 国外流域水污染治理制度安排

当局部地区的水污染失去控制，就会逐步演变为流域性水污染。而当流域水污染发生时，局部性的治理制度就很难取得明显成效，所以国外先进的流域水污染治理理念强调依靠建立严格的制度体制，来预防全流域发生水污染事故。防患于未然，成为制度设计的优先原则。

一、流域污染排放控制制度

国外总量控制的概念和方法是，在特定污染物、特定区域、有限时间范围内实施污染物总量控制，如日本的“闭合水域总量控制”、美国的流域水质规划；强调污染物排放量的严格监控制度和技术体系；部分国家实施了排污权市场交易和排污许可制度。

流域水污染的直接原因在于污染物排放的控制制度失控，表现为流域水体质量大面积恶化。流域水污染总量控制是根据水体使用功能要求及自净能力，对污染源排放的污染物总量实行控制的管理方法，基本出发点是保证水体使用功能的水质限制要求。当污水排入量与河流径流量匹配均衡的时候，水体自净功能正常发挥，河流水质比较清洁。在流域发生水污染情况下，由于流域涉及的范围太大，水体质量在地区之间存在不均衡，水环境功能遭到整体破坏并且恢复困难。流域受到污染的程度取决于流域承接污染水体总量多少和污染物浓度的高低，所以，在多数发达国家环境立法都强调水污染控制以浓度控制为中心、以总量控制为辅助、以排放标准为依据，实施全面而严格的环境监督和行政管理。

日本《水质污染防治法》规定，只有在河流中的水超过河流正常流量时才可取水，正常流量优先满足航运、渔业、景观、流水保洁、盐害防治、河口阻塞防治、河川管理设施保护、地下水位维持、动植物保护等各方面的规定。日本政府依法实施总量控制制度，在人口和产业集中的区域以及大范围向封闭性水域（湖泊、内湾、内海）排放大量生活污水或产业污水的地区，引入排水总量控制制度，执行更严格的标准即追加标准。1990年6月日本修改水污染防治法，建立了扩大总量控制地区的制度。实施区域总量控制制度，首先由政令指定总量控制的项目、水域和地域，其次由内阁总理大臣制定关于削减污染负荷总量的基本方针，再次由都道府县知事确定削减目标量的计划并实施。明确排放标准的法律性质，逻辑上也就得出超标排放就是违法的结论。

美国国家环境保护署承担落实国家减排目标的责任。该署组织制定主要污染物排放总量控制和排污许可制度并监督实施，提出实施总量控制的污染物名称和控制指标，督查、督办、核查各地污染物减排任务完成情况，实施环境保护目标责任制、总量减排考核制度并公布考核结果。向水体超标排放污染物，属于违法行为。美国流域水污染治理成效显著，与相关法律效力提升和机构强化密不可分。《联邦清洁水法》是美国水污染控制及水环境保护法律体系的核心。环境署成为依法行使水资源治理所需要的高度统一行政权力的联邦机构。

在我国由于长期以来对流域内超标排放在法理上定性模糊，在技术手段上对排放污染缺乏检测依据，致使排污标准沦为针对某一种主要污染物的排污收费标准，流域污染物排放浓度失控，总量控制流于形式。监管部门热衷于收费，没有严格履行法律赋予的使命和职责。特别是当流域水污染治理遭遇地方行政分割以后，各地片面执行总量控制指标，疏于监管浓度指标控制，造成行政区内企业高浓度污水偷排严重，危害群众生产生活和身体健康。一旦发生污染上诉案件，因为缺乏举证责任倒置的法律支持，群众有理打不起官司。

二、控制型的环境管理制度

要成功实现流域水污染治理，就必须超越地方行政分割体制，构建法律规范、政府协调、司法保障、公众参与的制度模式。美国的控制型环境管理制度基本具备这个制度模式的元素。根据美国国家环保署的估计，“现在全国约60%的河流、湖泊和港湾都适合钓鱼与游泳……点源污染排放减少了大约90%”；“25年前污水处理厂只为8500万人提供服务，今天有17300万人享有充足的废水处理设施。”[1]美国治理流域水污染取得成就，得益于现行《联邦水污染控制法》有效的法律控制机制和命令控制型环境管理模式，这种制度模式适应了流域水污染的基本规律：

其一，由联邦机构制定水污染控制的基本政策和污水排放标准，由各州实施强制性的管理制度，各州的立法和标准至少达到或高于联邦立法的水平；各州如需改变联邦立法在各州的执行，必须得到联邦环保局的同意；各州无法达到联邦立法的规定时，由联邦环保署直接替代各州的水污染控制机构执行联邦标准。

其二，行政权力集中于联邦政府和环保署，避免政府各部门在控制水污染时仅从自身利益出发而忽视整体利益，能加强分工合作减少利益冲突，实现了流域水污染的统一监管。例如，根据《联邦水污染控制法》第 309 条(a)(1)规定，当联邦环保局长发现违反该法的行为时，可直接对违法者采取执行行为。根据《联邦水污染控制法》第 309 条(a)(2)规定，当联邦环保局长发现某州未能有效地实施许可证计划和排放限制标准时必须通知州政府，如果在发出通知 30 天以后该州仍然普遍存在违法现象，联邦局取代州政府执行许可证计划和排放限制。

其三，这种机制的确立适应水污染的流域性特点，能从全流域水资源保护的高度摒弃地方保护主义，实施对水资源的统一管理；关键在于中央政府形成了权威力量，立法的最高效力也防止了地方政府各自为政。

其四，辅以财政支持和经济刺激，增加控制型环境管理模式的动力。为了控制水污染，联邦和地方政府自 1972 年以来投资近 1000 亿美元，建设了近 1.4 万个市政污染处理设施。经济刺激政策方面，一般由政府对治理污染的企业给予无偿财政援助或扣除其上缴的税收，将污染防治边际成本内化为必要的生产成本以刺激企业的水污染控制，排污权交易也常常被保守派当作减少流域水污染的经济手段。

其五，公众参与对机制的制衡和监督，有利于消除流域水污染控制的困境。在美国任何一个公民，只要他觉得自己的利益受到或可能受到不利的影响，都可以提起环境损害诉讼，而且诉讼对象既可以是环保部门，也可以

---

① 陈海宏：《水污染——美国的法律控制机制及对我国的启示》，http://www.studa.net/jingji-fa/101026/11381757.html。

是公民认为的其他有责任的相关部门。一些环境诉讼在我们看来似乎是求全责备,但是在美国相关部门必须认真对待。

美国众多的环保团体发挥着巨大的影响力,他们或组织公民诉讼,或自发组织起来对政府和污染者施加压力,或举行演讲会、展览会来进行环保宣传教育,或进行游说来影响国会或州议会的环境立法和选举,等等。1972 年的《联邦清洁水法》也正是由于圣·芭芭拉海峡的油污泄漏事件造成极严重的水污染后,在环保团体和公众的强烈要求下对《联邦水污染控制法》进行了重大修改,该法开篇就明确了公众参与机制在水污染控制中的地位。

《欧盟共同体条约》提出了环境立法的一般原则。委员会向理事提出了"环境行动计划",该计划就把水资源的耗尽和污染列为优先解决的问题之一。在欧盟成员国西班牙,《水资源法》规定:中央政府在管理国有水源产业方面,对那些范围超过一个自治区领域的流域,授给水源特许权即用水许可权和保护权;各自治区对完全位于它们界限范围内的水源享有有关水权,它们应根据原则使用好这些权力把水管好;在任何情况下,一项不符合水文规划原则的法案和决议被认为违背公众利益;国家水资询委员会是全国水事务的最高咨询机构,由国家水行政部门和各自治区、流域机构,许多重要的国家专业水机构和一些涉及不同形式用水的商业性单位的代表组成,提供的咨询包括在水资源开发方面涉及两个以上流域机构的共同事务。流域水污染事件处理做到有法可依。

在降雨量不足、气候干旱的墨西哥,政府给予解决国家水资源问题以最高的优先权,制定的新政策要求发展基础设施,提高水的利用效率,优先考虑减轻和控制水污染。新政策强调:对水资源质和量进行统一规划和管理;通过独立的水资源管理权力加强政府的控制能力;充分做好各级政府机构法规协调工作;扩大用水户和社会团体在整体中的参与作用。1989 年 2 月执行新政策的第一步,就是以总统令的形式宣布国家水资源委员会作为自治机构,隶属于国家农业和水资源部;该机构是国家处理水务方面唯一的联邦权力机构。

在日本,1967 年就通过《公害对策基本法》,将水质污染列为六大公害之一。1970 年,制订了《水质污染防治法》,然后补充以附属法和关系法从而形成法律体系。2000 年,环境厅升格为环境省,下设水质保护局统一领导和协调水环境管理。日本水法制定了严厉的排放标准，在一定水域流量比从企业排出的废水量少的自然社会条件下，该水域在适用国家统一标准难以改善污染状况时，都道府县条例制定比统一标准更为严格的标准。严厉的污染排放标准，预防了流域水体变坏。

在加拿大，政府提出了处理水事务利益冲突的机制。2008 年 8 月 8 日水信息网刘曼明译文《加拿大的联邦水政策》介绍说，为了尽最大努力使水资源利益引起的冲突最小，需要有一个恰当的机制来处理各管辖区内可能的和实际的冲突。联邦政府准备与各省合作来研究制定这样的一个机制。联邦政府建议：各行政管辖区间的水资源由于污染或河道整治而引起的问题，只要可能，由所涉及的管辖区通过协议来解决；当冲突所涉及的管辖区试图达成协议但没有成功，而对于一个或多个管辖区来说该问题已经很突出的情况下，就要采取步骤来制定适当的程序，以便将这些纠纷送交给法院裁决。在笔者看来，这种协调机制强调了地方政府在流域水污染治理中的协调职能，还引入了司法解决途径，具备流域水污染协商治理的一些合理要素。

三、水权理论与市场实践的借鉴

水资源是一种特殊的战略资源，大部分国家依法明确其国有性质，因而水权转让一般指水资源的使用权及相关的转让、收入享用等权利。水权理论的兴起与全球性水资源紧缺有关，它肇始于市场经济追求效率的全球背景，伴随着人们对水资源的利用和管理实践的深化而发展。笔者在梳理全球水权理论的发展和一些国家的实践经验过程中，发现水权理论尤其是比例水权理念具有引导流域内不同行政区之间开展水权交易的牵引力，有助于超越地方行政分割体制保持全流域水量均衡分配，在相当程度上缓解流域水污染程度，进而可以为我国流域水污染治理制度创新提供借鉴。

水权理论基本体现了从初始水权直接占有优先，到兼顾市场效率和公平原则的轨迹。1991 年，Singh 从初始水权的确定来划分水权，分为滨岸水权、优先占用水权和混合水权。1994 年 Rosegrant and Scheleyer 提出比例水权理论，主张按照认可的比例和体现公平的原则，将河道或渠道里的水分配给所有相关的用水户。在墨西哥，灌区和用水者协会不是根据河流或渠道水流的比例来分配，而是建立相应的程序，在他们的管辖范围内分配多余的或短缺的水资源。如果流量比正常水平低，那么所有水权拥有者得到的水资源也降低一样多的量。该程序有效地将计量水权转变成了按比例的流量权利。在智利，水权也是可变的流量或水量的比例。执行比例水权的好处是水权拥有者感到公平，都能拥有一定数量的水权份额。如果水资源充足，以单位时间内的流量（每秒升）表示；如果水资源不充足，就严格按比例计量。1994 年 Easter and Hearne 提出社会水权理论，关注到除了将水用于消耗性用途外的公共水权，包括航运、渔业以及其他地表水使用权等。[①]

Rosegrant and Scheleyer 认为，在明确水权基础上，水权交易是水资源使用权的部分或全部转让，水权转让不应该是永久的。水权交易应该具备三个基本前提：第一，可交易的水权：意味着水资源使用者同意再分配水权，并且他们可以从水权交易中得到补偿；第二，定义明晰的水权：对于农民来讲，它有利于提高个人或群体对于公共灌溉管理部门讨价还价的能力；第三，安全的水权：用水者在考虑了全部机会成本之后，可以在卖水和用水之间做出合理选择，从而促进了投资和节约用水。Rosegrant and Scheleyer 还强调，水权交易既可以是正规的，也可以是非正规的。水权交易对社会经济和环境影响程度不同，有些水权交易是不需要向政府申报的，如灌区之间或灌区内部农民之间的水权交易，前后并不改变水资源用途，就不必申报；而有的水权交易是必须向政府有关部门申报的，特别是部门之间（如农业和工业部门之间），地区之间或流域内部较大范围内的水权交易等。水权交易申报是政府干预水权市场、防止水权交易造成对第三者和环境等潜在负面影响的有效办法。

就笔者综合来看，作为发展中国家的智利和墨西哥水权改革取得突破的原因在于，改革得到了大多数参与者的支持。其一，水资源改革和水市场的建立，保障了水资源分配的公平原则，促进了水资源利用效率的提高和资源管理的公众参与。其二，用水者特别是众多的农民认识到了水资源潜在的经济价值，投资高效和节水农业的愿望获得激励。其三，城市供水部门认识到它们再也不可能无偿地得到水资源，只能积极通过改进管理和服务水

---

① 以上参阅墨非 2010 年 7 月 1 日强国论文网的文章《国外水权交易的经验及对我国的启示》。

平来增进效益。其四,因为机会成本的存在,市场对水的分配显示了基础性配置资源的作用,不同行业之间、地区之间的用水者懂得成本—收益比较,在市场交易中追求利润最大化。例如,他们可以将上游地区的农业用水给予调整压缩,更多地放流到下游工业发达地区,依靠资源的紧缺就能获得更好的交易收益;这么做间接带来了巨大的环境效益,对一条水量紧缺的河流来说,流量得到比较合理公平的地区分配后,流域水污染发生的概率要低得多。其五,上述两国的综合改革也得到了农业、财政和经济计划等政府部门的支持,国家可以将更多的资金投向贫困的农民或城市居民,从而也得到了全社会的广泛认可。限制水资源政策改革的阻力主要来自直接控制水资源管理的政府机构,而部门利益只能服从全局改革。

从智利和墨西哥的水权改革实践来看,理论探索滞留和操作困难也是明显的。例如,如何界定初始水权,给产权明晰带来了困难;如何定义可交易部分的水权,对公平和效率原则的兼顾构成挑战;水权交易谈判和交易成本大小判断,若在同一流域的不同地方政府之间进行,可能导致结果不合理,流域水量分配不均,仍然难以避免全流域的水污染事件;水权交易的发展促进了水资源供给、运行和管理中的私有化,强大的用水者协会取代了政府的部分职能,是否有悖于水资源准公共物品属性的特征?他们拥有并管理水利设施,监督水资源的分配,批准水权的转让,提供协商的场所并解决水事冲突,等等,操作过程中是否滋生腐败尚待考察。

在笔者到访过的以色列,1948 年建国后不久就把水列为最优先考虑的问题,至今形成了非常严格的水务制度:水污染是被严格禁止并会受到罚款和监禁的惩罚;全国大部分的地区被确定为定量配给区;水配置的优先次序是居民使用、商业、工业和农业,农民即使有自己的水井也不能超过使用定量分配的水,井口的水表由水委员会办公室的官员读数和控制;更为重要的是,政府批准拥有水配额的单位和个人出售配额给其他人。这个市场概念在中东地区得到认可并形成国家内部各地区、各行业以及用水户之间水的交易市场。舆论普遍认为,国家在输水系统方面必须保持控制,私人部门参与水权交易可以降低行政配置的低效率,市场被认为是在城市工业和农业用水中最好的配置工具。

立足于为构建我国流域水污染治理制度寻求理论借鉴之目的,笔者认为国际水权理论和市场实践经验能够提供如下启示：

第一，在水权界定上，我国地域广阔，地理水文和社会经济条件差异显著，水权界定必须遵循因地制宜、民主协商的原则，承认优先水权、比例水权和公共水权并存的总体格局。其一，在水资源极度短缺地区必须承认优先占用水权，例如在一个绿洲，水权等同于生存，优先占用约定俗成为分配水源的第一原则。其二，在相对短缺地区可以考虑确认比例水权，例如，在淮河流域，水量相对丰富，如能在全流域科学合理按比例分配好有限的水资源，则下游地区用水不至于极度紧张，许多流域性水污染事故也可避免。在这条平原性河流上拦河建坝最多，显然不是为了发电，而是上游地区为了实现对水资源优先占用，不顾下游地区对水资源的合理需求。作为中央部委派出机构的淮委，因为缺乏法律相应的授权，目前根本无法承担协调分配全流域水资源的重任，只能坐视乱局而不能有更大的作为。其三，公共水权涉及公共利益，例如航运、消防和公园的用水，必须依法得到优先保障。

第二，充分发挥比例水权在水市场中的基础性配置功能，提高流域水资源利用效率，防治流域水污染。

其一，在城市污水处理厂运行中，发挥民间资本参与市政基础设施的政策激励动力，由政府实施统一规划和产能布局，按照设施建设市场化、成本加微利运营的原则思路推进；政府将已建城市污水处理厂拍卖给企业经营，其收入可转用于城市排水管网建设。

其二，在流域同一地方行政区（市县级）内，实施比例水权的改革实践。比例水权的关键，在于产权明晰可以交易。例如，随着土地流转和农业集约化规模化生产方式的变革，推进灌区农业水权体制改革，将水权赋予用水者，承认农民用水者协会的合法地位，鼓励协会在水利工程的维修、水费的收取、水资源的分配和水事冲突的解决中发挥作用。又如，工业用水和服务业用水之间可以交易，顺应国家“同水同价”政策，促进地方服务业的发展。工业用水和农业用水还可以通过转换，实现双赢。2009 年 1 月 12 日清华大学国情研究中心王亚华在黄河网发表文章《黄河水权转换实践的意义和前景》指出，2003 年开始黄河水利委员会与宁夏、内蒙古两自治区共同开展水权转换试点，在不增加黄河分水指标的前提下，通过企业投资农业节水灌溉工程促进农业节约用水，为新建工业项目提供水源。截至 2008 年 10 月，黄河水利委员会已审批26个水权转换项目,其中内蒙古20个,宁夏6个,合计转换水量2.28亿立方米,节水工程总投资12.26亿元。在鄂尔多斯市14个受让水量的工业项目,由于水权转换每年新增的工业产值达266亿元。实践证明,市场机制能够成为水资源优化配置的有效途径。

其三,在统一流域不同省际行政区之间开展水权交易,可以起到科学利用水资源、防治流域性水污染的重大作用。1999年笔者曾发表过《黄河大断流》的文章,提出用经济手段利用黄河水资源的设想:"对上游灌区面积的扩大,有多少过去的荒漠成了米粮川。我们心中要有全流域的观念,同样的用水量,在下游地区的效益就要比上游高得多。但是,黄河中上游贫困地区多,这些地区的经济和社会发展也要靠黄河。"2008年,刘冠凤撰文《黄河中下游地区水污染所致经济损失研究》指出,由于经济的高速发展,黄河中下游地区的污染也越来越严重,对当地今后的经济发展以及自然生态平衡都产生了严重的影响。① 黄河水利委员会李东指出,"黄河流域是水资源匮乏的流域,同时还承担流域外供水的重任,包括向天津供水,河北白洋淀生态修复供水。黄河下游引黄干流水向流域外的引水在90%以上,全河向流域外的供水占全部的流域耗水量的31%。"②根据澳大利亚发展援助署资助的2006年研究成果,中国黄河流域仅农业部门内部进行跨省区的水资源再分配,每年就可以产生15亿元的净收益。此项目测算是基于不同省区的农业部门之间的水资源再配置,实际上黄河流域的水权转移主要发生在工农业部门之间,而工业用水效益一般是农业用水效益的几倍。因此,笔者有理由相信:若能在宁夏、内蒙古与河南、山东诸省区中建立起跨区域的水市场,工农业水权交易将带来巨大的市场前景;在生态环境效益补偿机制逐步确立条件下,在黄河全流域实施水权交易、形成流域共同市场,也完全符合流域经济大局和流域水污染治理大局。

第三,建立权威高效的水资源管理体制,依法治理水务。其一,当务之急要剔除我国立法过程中相关利益部门牵头的做法,形成具有法律效力的"水资源利用和污染防治法",兼顾质和量两个维度的目标约束动力;其二,中央成立水资源委员会,下设超越地方行政分割体制和水利环保部门利益

① 刘冠凤:《黄河中下游地区水污染所致经济损失研究》,载《环境保护》2008年第10期。

② 李东:《黄河水资源利用有关问题分析》,http://www.docin.com/p93868442.html。

的流域水资源局，全面行使水务协调、水质监管等职能；其三，在水权界定清晰的条件下，推进水权市场化改革，提高资源利用效率。目前我国水资源的分散管理体制不利于水权交易制度的建立和发展，初始水权的确定就是一个难度很大的现实问题。目前宁夏、内蒙古等地区的水权转换实践还是比较初级的市场形式，也是在政府主导下的权利转换。政府既是市场的宏观调控者、监管者，同时也是市场的直接推动者甚至参与者，包括政府、企业、司法和公众等多元主体参与的自主市场交易机制没有形成。

第四，任何涉及水权改革的政策措施，都不能有悖于水的基本属性及其派生出来的基本原则。其一，作为自然物的水，具有自身的物理化学生物等方面的功能，在水源特别匮乏地区应该承认占用权优先，保证人们赖以生存的水权，维护公平与正义。其二，作为生态要素的水，它具有特殊的使用价值，当它呈现为公共水资源的时候，更多意义上表现为准公共物品。利益在市场流动，生命在水里延续。任何水权交易双方都必须保护第三者利益，防止对环境造成负的外部性。其三，当水产品和水服务成为商品的时候，呈现为使用价值和价值的统一体，水权交易过程遵循效率优先的原则，但不可放弃公平的底线。陈庆云认为，“公共政策是政府依据特定时期的目标，对社会公共利益进行选择、综合、分配和落实的过程中所制定的行为准则。”①任何水权改革政策和措施，涉及政府的公共政策，进行的是全社会的、有选择的利益分配。在水权改革实践过程中需要综合平衡各种利益矛盾，才能在实践中兑现各种参与主体的利益。人类的生命起源于水，水的生命长于坚固的城池。文明越灿烂，时间越短暂。在各种利益困扰公共政策的时候，国家政策的良心应该和大多数人的利益站在一起。水权改革的任何举措，都应该严守控制给水系统的底线，要让群众喝上干净的水。

四、关键在于流域治理制度

国外水资源治理的历史经验告诉我们，控制局部水污染的对策有效而且相对成本较低，流域水污染一旦形成则控制困难危害巨大，所以国外先进的流域水污染治理理念都是强调依靠建立并完善严格的制度模式来预防和

---

① 陈庆云：《公共政策的理论界定》，载《中国行政管理》1995 年第 11 期。

治理流域水污染。国外流域治理制度多样,措施各异,但总体思路上归结为三种基本的流域治理模式,即直接管制模式、市场治理模式和协商治理模式。一个国家采用什么样的水资源治理制度和体制不是人们的主观愿望所能决定,而是取决于该国的技术水平、产权结构和政治制度安排以及社会历史文化影响。从目前国外多数国家流域水污染治理的实践看,三种模式兼有但各有偏重的特点明显。

直接管制治理模式是西方最早采用的水污染治理模式,主要采用行政治理和立法治理两种手段。行政治理主要体现在权力关系和流域机构的地位等方面:其一,从中央到地方纵向政府关系看,在联邦制国家,如美国,实行控制型的管理制度,除重要河流由联邦政府开发管理,水污染治理主要由地方负责;在单一制国家,如日本,水权管理相对集中,水污染治理主要由中央政府负责,地方政府、实业财团和第三部门力量参与动力不足。其二,从中央各相关部门关系看,"中央水事管理权力是集中在单部门还是分散在多部门,也与该国的政治文化和政治体制有关。单部门的水事管理能有效避免部门间的交叉和冲突,管理效率较高;缺点是部门权力过大,监督成本大。多部门的水事管理,管理弹性大、运转灵活,但管理部门众多,会出现职权交叉和利益冲突,综合协调困难,容易造成管理低效。目前,各国水事管理仍以多部门分散管理为主,但是有逐步走向集中的趋势。"①其三,从不同流域机构的地位看,有中央政府的派出机构流域管理局,还有非常设机构流域协调委员会和流域委员会。流域管理局负责流域的水事管理,拥有立法赋予的广泛权力,经费由中央财政拨款,直接对总统负责,如美国、墨西哥等。其主要职责是统一规划、开发、利用和保护流域内各种自然资源。这种模式权力集中,但与地方政府协调困难。流域协调委员会协商和调解相关水事问题,如美国的密西西比河流域协调委员会、澳大利亚的墨累河流域协调委员会,由联邦有关机构和流域内各州政府代表共同组成,遵循协调一致或多数同意的原则。流域委员会获得国家立法授权,拥有一定的立法权和执法权,具有广泛的水事管理职责,包括控制流域水污染,统一管理流域内地表水与地下水的水质与水量。代表性的国家是英国、法国,英国有泰晤士河委员

---

① 陈坤:《国外流域水污染治理的三种模式》,《绿色科技》2010 年第 9 期。

会,法国有流域管理委员会等。

国外流域水污染行政治理,包括防治机构的设置、权力安排等,都是通过立法方式来实现的。例如,美国1969年通过《国家环境政策法》强化联邦政府的环境管理权;以英、法为代表的欧洲国家通过制定基本水法和专项水法来完善水法体系,以美国、日本等国为代表的一些国家根据水污染防治的需要制定了专门法规,如美国有《河道和港口法》,日本有《河川法》、《水资源开发促进法》、《水污染防治法》等;国外流域管理强调立法在先,赋予流域管理机构广泛权力,全面规划和管理整个流域。例如美国1933年颁布《特拉华河流域协定》来加强田纳西河流域和特拉华河流域的管理,利用《田纳西流域管理局法》确立田纳西河流域管理局的职能和权力等。

从总体上看,在流域水污染治理制度安排中,直接管制治理模式仍然占据主导地位,包括流域水污染排放总量控制制度当属于直接管制流域水污染的针对性制度;水权市场建设构成市场治理模式的重要内容,市场模式还包括用水者付费和污染者付费、谁开发谁保护谁利用谁补偿的普遍原则,以及流域水污染防治中强调的污染施害者给污染受害者经济补偿的特定规则。协商治理模式吸收了政府模式、市场模式的合理内核,融入了流域内其他利益主体的特定结构和运行逻辑,可能成为国外流域水污染治理模式的变迁方向。

五、流域治理的基本逻辑

通过本节四个问题的叙述可以看到,作为对症下药的流域污染排放总量控制制度对防治流域水污染的形成具有不可替代的制度绩效。作为发达国家流域水污染治理制度的总体构思而言,则必须考虑到政府模式、市场模式以及协商模式的总体结构。水权理论和市场发展还很短暂,市场模式不可能成为准公共物品的主要提供途径。控制型的环境管理制度在法律效力和流域机构的权力运作上具有优势,能够防止治理部门分割造成的权力分散,也能够让流域机构从法律地位和利益格局中摆脱地方行政分割带来的干扰,但要防止制度成本过高。协商治理中的公众参与制度保障、激励动力明显不足,多数情况下还处于自觉的积德行善状态。流域水污染治理制度的设计思路,必须考虑到流域内不同利益参与主体的诉求,尽可能地实现治理制度逻辑和流域生态逻辑的配置优化。

第三节 流域水污染治理国别研究

不同政治、经济制度框架下，各国流域水污染治理制度和运行状态呈现不同特征。本节梳理英国、法国、美国、日本、澳大利亚和加拿大的水资源治理特别是流域水污染治理情况，试图通过典型国家的流域研究提炼有益的借鉴。

一、英国

英国重视依法治理水污染。早在1876年便颁布了第一部水环境保护法规《河流污染防治法》，1945年通过《水法》。用行政和法律的手段强制性地控制污染，保护水环境，收效显著，其中1974年的《污染控制法》的第二部分为《水污染控制》，涉及所有类型的水污染问题，对违反规定者给以重罚、罚款或经法院判处监禁等。英国法律规定，工业废水排入公共下水道，但排放前需向水管局提出申请，领到许可证后才能排放。

英国有着统一的水资源治理机构。在国家环境部下设水务局，水务局下面有西北水务公司和泰晤士河水务公司等10个分公司。水务公司统一管理各流域的给排水、河道、污染控制、渔业等问题。这些水务公司是对河流进行统一规划与管理的权力性机构，有权提出水污染控制政策法令标准，有权控制污染排放，在经济上也有独立性。英国十分重视对水污染控制的监测资料积累与统计工作。在各主要河流上均设有为数众多的监测点，以定期监测水样，向国家提供河流污染资料。此外，国家环境部还设有水数据处理站，用电子计算机进行监测数据的统计和计算，每5年绘制一次全国河流污染图。仅泰晤士水务公司就在流域内设置了57个水质监测站和3000多个采样点，自动采样分析，自动报警，并能预测预报。英国1978年用于水污染防治费用约为1亿美元，全国有污水处理厂6000多座，其中日处理水量在1万吨以上的厂就有193座。首都伦敦有大型污水处理厂3座，中小型厂20余座。欧洲最大的贝克污水处理厂就在伦敦，日处理能力达到160万吨。

英国泰晤士河流域水污染治理模式，是欧洲治理渔业水域的范例。横贯英国的泰晤士河是英国的母亲河，它位于英国伦敦南部，全长338公里。据新华网2007年7月16日文章《英国泰晤士河治理成效显著》：在英国政府的多年努力治理下，泰晤士河如今又焕发了生机。19世纪前，泰晤士河河水清澈，水中鱼虾成群，河面飞鸟翱翔。但随着工业革命的兴起，大量工厂沿河而建，两岸人口激增。大量工业废水和生活污水未经处理流入泰晤士河，水质严重恶化。加之沿岸堆积了大量垃圾污物，该河成为伦敦的一条排污明沟。2008年6月18日江西省信息中心文章《国内外水污染治理的成功典范》追溯了它并不光荣的历史：1878年"爱丽丝公主"号游船不幸沉没，造成640人死亡。事后调查发现，大多数遇难者并非溺水而死，而是因河水严重污染中毒而死亡的。而在20世纪50年代末，泰晤士河的污染进一步恶化，水中的含氧量几乎等于零，1849年到1954年，滨河地区约2.5万人死于霍乱。

直到20世纪60年代初，英国政府痛下决心全面治理泰晤士河。首先是通过立法，对直接向泰晤士河排放工业废水和生活污水作了严格的规定。有关当局还重建和延长了伦敦下水道，建设了450多座污水处理厂。泰晤士河沿岸的生活污水都要先集中到污水处理厂处理后再排入泰晤士河。污水处理费用计入居民的自来水费中。经过20多年的整治，泰晤士河已有115种鱼和350种无脊椎动物重新回归。

从1858—2008年间工程共进行了150年，治理费用高达300至380亿英镑。1850—1949年英国政府开始第一次泰晤士河治理，主要措施是建设城市污水排放系统，建坝筑堤。1950年至今进行了第二次污染治理，建设大型城市污水处理厂，加强工业污染治理，采取对河流直接充氧等措施治理水污染。经过150年的综合治理，特别是20世纪60—70年代的高强度治理，仅1958—1974年间的每年污水处理工程投资就达5000万英镑，2008年前的近10年在伦敦地区的污染治理投资超过38亿英镑。治理资金主要来自供水收费和上市公司股票融资及市场集资等多方面。特别是1974年成立泰晤士河水务管理局后，大大加快了治理步伐，取得了明显的成效。1980年，该河的有机污染负荷已小于100吨/天，某些河段的水质全面达到指标，成为清洁河流；全流域99%以上河段的河水均可作饮用水水源，85%的河段达到优质水质标准。

泰晤士河如今已成为国际上治理效果最显著的河流，也是世界上最干净的城市河系之一。至今全流域建设污水处理厂470余座，日处理能力为360万吨，几乎与给水量相等。1955—1980年间，总污染负荷减少了90%，枯水季节溶解氧最低点依然保持在饱和状态的40%左右。20世纪80年代，河流水质已恢复到17世纪的原貌，达到饮用水水源水质标准。鱼类绝迹百年后，100多种鱼重返泰晤士河。Fulham至Gravesend段的鱼类数量由1967年的34种增加到1978年的97种。1974年鲑鱼在泰晤士河重现，现在年产10万尾以上。海马对水污染十分敏感，因为生长环境受到威胁而陷入濒临灭绝的危机。2008年4月，英国科学家在泰晤士河的多个地方发现了海马的踪迹，这个消息让他们喜出望外。英国环境机构官员尼尔·邓洛普证实说，“我们确实在达根汉姆区发现了海马。而在上世纪50年代，根本找不到任何生物。”

英国对泰晤士河的治理运用了系统工程学的理论与方法，制定出更科学的水质标准，并对各种治理方案作出评价，筛选出最优设计与控制方案，使治理工作花费较少的投资和时间，取得良好的治理效果。建立有效的资金和技术保障机制，以强大的资金保障长期治理需要。当时城市供水由政府监管部门会同水务局协商，订出一个各方都能接受的水价，稳定实行若干年后再酌情调整。泰晤士河水务局有很多的工作人员从事研究工作，随时研究和处置各种应急问题。如遇大雨，科研人员会针对河水水质变化适时将氧气注入河中以改善水质。选择治理技术、确定水环境容量、分配排放量等日常事务，都要通过科研论证提出方案。

泰晤士河的治理成功，除了英国拥有世界上最先进的工艺和技术以外，主要是运用截流排污、生物氧化、曝气充氧及微生物活性污泥等常规措施。英国在管理上却进行了大胆的体制改革，采用了科学管理方法，被国际上称为“水工业管理”的一次大革命，即将全流域200多个管水单位合并建成一个新的水务管理局——泰晤士河水务管理局。统一管理水处理、水产养殖、灌溉、畜牧、航运、防洪等各种业务，并作明确分工，严格执行。这不仅使水资源按自然规律进行合理、有效保护和开发利用，杜绝用水浪费和破坏，还体现了社会职能分工协作，建立污水处理至养鱼、种植、灌溉、航运、防洪及水域生态监测等综合开发，充分调动各部门的积极性。

总的看来，泰晤士河治理采取的主要措施是，成立治理专门委员会和泰晤士河水务局（公司），对流域进行统一规划与管理，制定水污染控制政策法令、标准，有充分的治理资金保障。在泰晤士河的治理中，高度重视科学技术的作用。尤其是在泰晤士河的第二次治理中，重大措施都是在有关科学研究的指导下进行的。科学研究帮助水务局制定合理的、符合生态原理的治理目标，根据水环境容量分配排放指标，及时跟踪监测水质变化，功不可没。

英国流域水污染治理，强调政府宏观决策，实行公司化的治理模式，加强政府与市场之间的互补作用；有完善的法律体系这一基础性平台；流域水污染治理的社会基础设施完备，技术先进，资金充裕；统一的强有力的流域水污染治理机构，为行政实施与政策执行提供组织保障。

二、法国

法国强化对水资源管理的制度建设。管理机构由国家、流域管理委员会、水协会和地方水管理公司共同参与。法国近年来修改了水法和农业法两部法规。水法强调水资源（包括地表水、地下水等）统一性，建立以流域为单位的水资源管理体系。法国 6 个流域有关水政策的决策是由在流域管理委员会的所有用户代表（包括政治家、农民、工业、环境部门、消费协会和国家的代表）共同协商确定。法国为加强流域水资源管理工作，成立了直接隶属国家环境部的塞纳河等 6 个流域管理办事机构即流域水资源管理局，作为“水议会”的执行机构，其主要职责是代表国家环境部进行监管和协调。

法国在各流域建立了良好的灌溉设施，有完善的灌溉服务体系和管理体制。在现有的 238 万公顷灌溉面积中，111 万公顷为现代灌溉面积，占总灌溉面积的 47%。现代灌溉面积以喷灌为主，有喷灌面积 89 万公顷，占现代灌溉面积的 80%。平均灌溉水价为每方 0.15 美元。法国灌溉用水管理模式分为三种，分别为协作管理、区域开发公司管理和单个灌溉工程管理模式。协作管理模式在法国南部得到了大面积推广应用，特点是协会内成员联系紧密，水费收取和管理到位。法国现有 5 个区域开发公司，由农民选派代表参加公司管理委员会。单个灌溉工程管理模式是指农户依靠建立在自己农场内的水库或地下水为灌溉水源，或直接从河流引水灌溉的情形，是法国主要的灌溉管理模式。农业用水紧张季节，法国为了保护水环境质量稳定，制订计划控制对地下水的开采和从河流引水。该模式在法国西南部严重缺水地区遭到挑战。分散管理，农业污染更加困难。

塞纳河是法国著名的河流，对法国的经济发展起到了重要作用。塞纳河流域水管局是法国水资源环境管理体制中的核心机构。其主要职责包括：保护和改善流域的水环境；为流域水资源环境的开发和保护提供技术咨询、调查和研究；向所有水资源的使用者收取用水费和排污费；通过补贴、贷款方式，将一定比例的费用直接用于资助地方政府和工业企业，鼓励和促进污染防治设施的建设和水资源的保护。法国在塞纳河流域的治理过程中，建立了由环境部、农业部、交通部、卫生部等有关部门组成的水资源管理委员会，制定流域综合治理政策，协调部门之间、地方政府之间的利益关系和行动。

塞纳河水开发和管理的总体规划由一个有能力的流域委员会依法制定，并根据地方行政首长协调本流域事务的建议进行起草。流域委员会寻求参加起草工作的国家议会、地方议会和一般性理事会代表的支持，请他们根据各自的职权范围提供有用的信息。流域委员会听取地方议会和一般性理事会对于已经决定提议的规划的意见和建议。水开发和管理的总体规划可根据程序进行修订，并由流域委员会批准、行政机构认可，最后由国家代表建立一个地方水委员会来监督执行。地方水委员会的组成比例如下：50%为地区机构的代表和地方公有公司的代表，委员会的主席在这两家代表中选举产生；25%为不同用户、沿河土地所有者、专业协会和组织的代表，这些协会必须自委员会成立之日起已至少合法存在5年，并且在它们的章程中规定遵守原则；25%为国家代表和国有公有公司的代表。

法国流域水污染治理，强调流域水委员会的重要作用，国家和地方机构代表以及公司代表在该机构中占比四分之三，多种利益主体参与治理的愿望得到充分表达。既有一定强力机构的保障，又有社会主体共同参与以弥补公共权力的不足。法国的水资源治理模式体现了差异性与灵活性原则。水资源的综合利用与规划强调地方权利与义务，以地方水委会的方式进行，有利于从制度上激励地方，破解流域内农业污染治理的困境，更好地在全流域实现水资源的利用和保护。

三、美国

美国流域水污染治理成效显著，与相关法律效力提升和机构强化密不可分。《联邦清洁水法》是美国水污染控制及水环境保护法律体系的核心。环境署是依法行使水资源治理所需要的高度统一行政权力的联邦机构。

1970 年，美国总统尼克松向国会建议，设立了国家环保局。此后国会又陆续通过了大量的环境和资源方面的法律，如《土地和水资源保护法》1977 年通过，《联邦清洁水法》1972 年通过并多次进行修改。《联邦清洁水法》制定了城市污水处理设施建设资助的计划，为湿地的保护建立了一整套法规和实施计划，对向美国水域排污作了严格限制，明确规定公众在政府实施国家污染物排放清除系统(NPDES)各个阶段所拥有的权利：制定有关 NPDES 的规则时，必须通知公众和接受公众审查；在审批 NPDES 许可证时组织公众听证会；被许可人的监测记录、排污报告等文件属于公共文件，公众有权审查。此外，《联邦清洁水法》还规定了公民诉讼条款，规定除了一些法定的限制，任何人均拥有对违反《联邦清洁水法》者向联邦地方法院提起民事诉讼的权利。这些都为流域水污染防治提供了广泛的民众基础。美国《联邦清洁水法》是该国水污染控制及水环境保护法律体系的核心，它确立了实现水质目标的管理体系，主要包括排放控制技术标准、许可制度、联邦拨款等内容，为美国流域水污染防治提供了完备的法律体系。同时，还有其他辅助法律，比如 1979 年《安全饮用水法》通过，对饮用水规定了最低标准，制定了地下水保护计划，对地下注水活动进行了规定。《水资源开发法》对国内水利设施例如水坝、水库建设项目的授权进行了规定，国家环保局有一定的管理权限。《海洋保护、研究和禁捕法》规定了水体保护，被禁止的海洋免受倾倒污染。《禁止海洋倾倒法》，逐步禁止有计划地向海洋水体倾倒废物，开展对海洋废物处理的效果和其他办法的研究。《综合环境反应补偿和责任法》又叫做“超级基金法”。为消除有害废弃物的溢散，并清理存放有害废弃物的场地，该法规定用收费的方式建立基金，用以支付清理场地所需费用。

美国最先制定水生态环境分区，并且形成了水生态环境区划为基础的水环境管理方法与技术体系。美国流域水生态分区由专家在定量和定性综合分析的基础上划定,并建立了专家系统。美国生态分区方案于 1987 年发布,为三级区划体系:北美大陆一级分区 15 个和二级分区 52 个;美国大陆三级分区 84 个。为了加强非点源污染的监测和管理,正在进行第四级区划,目前还只在几个州进行了四级区划分。水生态环境分区可代表流域生态系统的类型,也反映出人类活动与水环境的相互影响和作用。流域水生态管理分区方法成为水环境综合管理的发展趋势,也是流域水环境管理理论基础。①

田纳西河是美国东南部俄亥俄河的最大支流,长约 1450 公里,流域面积 10.5 万平方公里。1933 年罗斯福总统把治理该流域作为他的新政府的一项重点工程。同年,在总统的推动下,美国国会通过了治理田纳西河的法案。该流域于 1933 年 5 月成立了流域管理局。由于该流域开发较早,在早期开发时就考虑到了综合开发治理的各个方面,所以没有造成大规模流域性污染。综合开发的主要内容有:以防洪入手,综合开发水资源,以水利电力带动工农业发展,对环境污染实施排污许可制度,严格控制工厂排污,兴建二级处理厂,保证水域水质等。在俄亥俄河流域治理中,建立了一个由 27 人组成的委员会领导的跨区际治理机构,这个机构是在 8 个州(它们都受俄亥俄河流域污染的影响)之间达成协议的结果,其预算通过各行政区议会的拨款获得。在协定下产生的执行局在实施委员会政策和环境保护规制时充当了协调机构。美国田纳西河流域曾经的开发,也始终以水资源和土地资源的统一为基础,以工业、农业、城镇和生态环境为目标,建立自然、经济和社会协调体系。20 世纪 30 年代田纳西流域曾是水土流失严重、洪涝灾害频繁、交通不便和水污染严重的地区。流域管理局成立后,一方面致力于土地资源的综合整治利用,成立示范农场,教育和引导农民植树造林、改变耕作方法、使用化肥、改良土壤等来防止水土流失,增加农业产量,提高农民生活水平,逐步摆脱贫困;另一方面致力于水资源的综合治理和开发,水利、交通、电力等方面取得发展。美国田纳西流域综合治理开发的成功,离不开国家在经济上的大力扶持。国家以优惠的经济条件和政策扶持田纳西流域管理局,并通过管理局来扶持地方经济发展。

① 参阅孟伟、苏一兵、郑丙辉:《中国流域水污染现状与控制策略的探讨》,载《中国水利水电科学研究院学报》2004 年第 4 期。

流域水资源治理的多主体参与成为经验。美国在开发密西西比河过程中，陆军工程团就注意同有关高等院校、科研机构和企业集团的科研力量进行合作，并建立了科学实验机构。密苏里河后来变成了优良的内河航道，分担着美国中西部地区繁忙的运输任务。该流域成为美国最为重要的农业和工业生产区，但是，来自农业和工业的污染也严重影响着这条河流。何学民撰文指出，为做好密西西比河的保护工作，美国专门成立了密西西比河上游保护委员会和下游保护委员会，实行跨区联合治理。现在上游保护委员会、有关各州和联邦政府开始通过环境管理项目论证，以不同的方式处理泥沙问题。密西西比河上游保护委员会提出，"需要发展全面的生态系统管理战略，来指导上游密西西比河流组织形成真正的伙伴管理。这种生态系统管理很可能需要新的立法以改变一些制度框架"。①

美国流域水污染治理，充分利用国内的法制环境优势完备相关立法工作，为流域水污染的治理提供高效力的法治平台；强调流域管理原则，以流域为基础制定相应的政策，设置统一高效的联邦执行机构环境署。密西西比上游委员会提出的"生态系统战略"和"伙伴管理"模式，"可能需要新的立法以改变一些制度框架"。该模式将流域治理中的不同主体参与定位为"伙伴管理"，准确界定了不同利益主体在流域治理组织架构中的"平等协商"地位，否定了组织管理常态下"实力决定话语权"的传统逻辑，这些举措对我国的水污染治理具有借鉴意义。

四、日本

日本属资源型缺水国家。一百多年前明治维新后，日本明治政府就模仿欧洲先进国家的法律制度，公布实行了河川法，从此开始了依法开发利用水资源的历史。日本于 1958 年颁布了水质保护法，1967 年又颁布《防止公害基本法》制定水质环境标准，1970 年制定《水质污染防止法》，对违反排水标准的单位和个人给予处罚，建立流域监测评价系统。

日本水法体系中最基本的是《河川法》，其立法目的在于以流域为单元对河流进行综合管理，在防止河流受到洪水、海潮灾害影响的同时，维持流

---

①　何学民：《我所看到的美国水电：美国密西西比水系的综合开发及其借鉴意义》，载《四川水力发电》2007 年第 3 期。

水的正常功能,并在国土整治和开发方面发挥应有作用,以利维持公共安全、增进公共福利。《河川法》相当于统一各项分部门法规的大纲。立法的基本精神,一是强调流域水资源统一管理,规定全国水资源由一个部门主管,协调多个分管部门;主管部门负责规划,分管部门负责具体的开发利用项目;二是强调了防洪与水资源利用的协调。

根据《河川法》和其他水法规定,流域水资源管理与行政区水管理的关系以流域为基础,流域管理集中体现在跨行政区河流或河段上。在中央政府以下,日本有东京都、北海道、京都府、大阪府以及43县等47个二级地方政府,相当于我国的省级行政区。中央部门除国土厅外,其他专业部门均有对口下属单位,接受中央部门的业务指导。中央政府对一级河川按流域范围指定管理者,负责有关的保护和整治活动。所需费用,一级河川所在的都道府县最多担负到50%。对兴利活动,在《河川法》之后又制定了《水资源开发促进法》,规定由内阁总理大臣指定"水资源开发水系",以流域为基础制定水资源基本规划,并以此指导协调各方面的利益。在一级河川中从1962年开始已经指定了7个由国土厅直接监督管理的水系,其他暂未指定水系由当地都道府县知事指定管理者。对指定水系的开发,日本实行政企分离的制度。《河川法》以下还制定了《水资源开发公团法》,成立了专门实体从事指定水系的水资源开发活动,以独立法人资格进行工程建设与运行管理。

根据日本环境厅1972年公布的资料,日本47条主要河流中就有23条河流不仅污染严重,而且逐年恶化。作为东京市民饮水水源的多摩川,流入该河的污水接近过去的天然流量,到1970年该河已无法使用了。日本20世纪70年代初开始对严重的流域水污染进行治理,并取得了成效。1975年流域达标率占60%,污水处理率达22.8%。虽然日本对各种废水的排放加强了限制,通过投入配备下水道而使大城市及其近郊的大流域水质有所改善,但是20世纪70年代中期以来部分河流水质仍有恶化趋势。

琵琶湖是日本最大的淡水湖,位于日本本州岛中西部地区,流域面积3848平方千米,湖域面积674平方千米。琵琶湖位于日本的Yodo河系,承纳多条河流的地表径流以及地下径流,出流只有一条即Seta河。她提供的水源供日本东京和大阪等城市的1400多万人使用,最后水流注入大阪海湾,故有"东京水瓶"的美名。随着滋贺县工业的发展和人口增长,城市工业和生活污染物排放量增加,以及农业污染物排放和水土流失等,湖体呈现富营养化,蓝藻繁殖,水体变味。到20世纪70年代初,琵琶湖水质污染逐渐恶化。

日本政府从1972—1997年实施了“琵琶湖综合发展工程”。项目的开展在《琵琶湖区发展特别法》的规定下进行,主要目标是琵琶湖的环境保护和恢复。国家成立了政府特别基金,Yodo河下游地方市政支持资金和管理基金,实际总投资1.9万亿日元,其中投资1.52万亿日元用于水质保护、洪水控制和水利用工程等措施:加强城市污水处理厂建设,处理有机污染物,脱氮脱磷;加强农村生活污水处理厂的建设,要求1000人以上的农村都要建设污水处理厂;没有污水处理厂的地区,每个家庭都要安装污水处理设备;工商企业要限期实现达标排放;开展用肥皂代替合成洗涤剂的公民运动;削减入湖污染负荷。流域治理的特色项目体现在河流和湖岸的恢复方面,过去琵琶湖湖岸主要由湖沙滩和芦苇丛组成,后来湖岸的很多地段修建了混凝土的湖堤,这次治理中对那些环境恶化的湖区进行了特殊的湖泊生态恢复,以重现旧日景观和健康景象。为了促进琵琶湖的综合整治,所有7个子流域的环境维护志愿者都组织了起来,为湖泊的治理而宣传和监督治理者的行为。自愿者组织植树活动,组织中小学参观学习,培养河岸森林带生态系统意识等。通过实施琵琶湖水质保护规划,取得了一定成效,湖泊水质有所改善。但是,规划确定的治理目标没有实现,尚未实现水质的根本好转,如何破解湖泊水流域性污染这个世界难题尚需努力。

日本流域水污染治理,在主导性法律《河川法》基础上建立了完备的流域水污染治理法律体系,强调流域水资源统一管理;在治理体制上实行主管部门负责规划,协调多个分管部门运转,分管部门负责具体的开发利用项目;中央政府对一级河川按流域范围指定管理者,负责有关的保护和整治活动,攻坚任务层层下移。这种体制在政府责任上强化有余,没有很好地调动地方政府、实业财团和第三部门力量的积极性,治理制度总体框架中各种力量的系统性支持显得单薄,治理成效难以稳定和取得突破。

五、澳大利亚

气候炎热干旱的澳大利亚大陆季节性河流多,无流区面积大,河流流程短。

墨累河是澳大利亚主要河流，发源于新南威尔士州东南部，流向西转西北，构成新南威尔士和维多利亚州的大部边界，流过亚历山德里娜湖，注入印度洋的因康特湾。墨累河由数十条支流组成。其中最大的是达令河，水系流贯昆士兰州南部、维多利亚北部和新南威尔士州大部地区。她发源于湿润多雨的东部山地，流向西部半湿润地区，再经半干旱内陆平原南部，奔流入海。在长距离的缓慢流程中，蒸发量渐次增加，河流水量不大，一些河道经常干涸。墨累达令河流域是主要城市阿德莱德和堪培拉的重要水源地。墨累达令河每年的流量变化非常大，它们的生态由非常大的洪泛平原和大洪水所支持。与世界上其他大河系统相比，墨累达令河的长度和集水区面积非常大，但是排水量和地表径流非常小。

澳大利亚在墨累河流域水资源的利用和污染防治上发挥了聪明才智，他们设置的治理制度、工程措施以及公众参与等方面具有特点。累河谷是极其重要的经济区，横跨小麦带和牧羊带，那里饲养牛羊，生产粮食和酒。全国大约40%农产品出自这一地区。1915年成立了由3个州和联邦政府代表组成的墨累河委员会，组织合理利用和开发该河。首先想到的是在墨累河及其支流上建立许多水库，主要有墨累河的休姆水库和维多利亚湖水库，达令河上的梅宁水库和自芒舍迪至文特沃思的一系列水库。更为重要的是，墨累河形成了统一的流域治理战略框架，生态平衡和流域水污染防治被作为重点内容纳入流域治理之中，对水质监管、水量分配、农业土地、生物、河岸维护、旅游文化等事务统一规划管理。流域委员会下设20多个特别工作组，聘请来自政府部门、大学、私营企业及社区组织的擅长自然资源管理及研究的专家，共同研究，将最先进的技术方法和经验运用到流域管理中去。澳大利亚TCM（全流域管理）作为流域管理的目标已深入人心。TCM强调公众与政府一起努力，以协调合作的方法形成自然资源持续利用的最佳管理。居民可以组成团体（如关注水利组织）一起解决共同的地方问题，或派代表参加具有更广泛流域利益的流域管理委员会。其中1987年开始实施的以社区民众的广泛直接参与为根本的土地关爱计划（Land Care Program），成为该国公众参与流域管理的典范。

妥善的流域治理制度并不能消除十年大旱引起的水资源紧缺和流域性污染。地方政府在强烈要求联邦政府动用行政干预权力以实现全流域调水,呼吁上游地区加大水库放流量以稳定全流域的水质,保障下游核心经济谷地的用水安全。有消息说,2008 年 4 月 10 日澳大利亚南部古尔瓦附近五千民众举行集会,痛惜日渐枯竭的澳最大河流默里河。澳大利亚大部分地区过去十年间遭遇大旱,墨累河水位过低,流域水体污染变质,有河水流入的湖泊逐渐变成酸性。澳大利亚联合新闻社援引亚历山德里娜市长金·麦克休的话说:"我们常常谈到河流,谈到科学。大家都清楚问题出在哪里。我们希望政界人士用心治理。"市政府希望联邦政府释放河流上游的水库储水,让更多淡水流至下游继而进入湖泊,为墨累达令河谷地提供不可或缺的农业灌溉用水。

单一行政方式治理流域水资源的办法很难取得明显成效,水权交易的市场机制开始运行。2008 年新华网北京 9 月 17 日援引海外媒体报道,为拯救因气候变暖等问题而面临干涸危险的河流,澳大利亚政府日前以 1900 万美元买下新南威尔士州西部一块面积大于新加坡的灌溉农田。这块名为图拉尔站(Toorale Station)的棉花田占地 910 平方公里,澳大利亚联邦和市政府在农田被拍卖的前一天联合买下。政府购买这块农田后,每年可令 200 亿升(相当于 2 万个奥林匹克游泳池的容量)的水回流达令河。如此可以部分缓解墨累—达令河谷地其他高产出行业的用水紧张。

2009 年 5 月 22 日黄河网发表刘冰的译文《世界十大危险河流》,澳大利亚的墨累达令河名列其中。文章援引墨累达令流域委员会 2006 年资料说,灌溉农业占据墨累河调水的 95%,覆盖墨累达令河流域大约 150 万公顷土地,严重地影响了河流的生态。鲤鱼能够在缺少自然洪水和干旱循环的条件下于混浊的河流中产卵,这比当地鱼种更有生态优势。墨累达令河流域部长级会议 2003 年报告说,当地鱼群数量大约占前欧洲殖民水平的 10%,入侵的欧洲鲤鱼和布拉格鲤鱼现在还很丰富。这可能是水量变化巨大、热(冷水)污染、溪流栖息地退化导致的结果。

澳大利亚流域水污染治理,首先是强化流域管理的地位,全流域管理深入人心,例如墨累河委员会就取得了流域治理的战略规划地位;其二,来自政府部门、大学、私营企业及社区组织的擅长自然资源管理及研究的专家的广泛参与,凸显了流域水资源参与治理的特点;其三,考虑到气候干旱、洪水季节性特征,为调节流域水量时空分布,尽可能改善流域水体质地,工程措施例如上中游水库、下游的人工湖泊是必要的，但必须强化联邦政府统一调度管理水资源的权威效力，平衡流域内各利益主体的关系；其四，经济结构需要调整，如降低大量消耗水资源的棉花种植面积甚至农业种植比例，将资源配置更多地导向高科技产业，在兼顾公平效率原则下运用水权交易的市场机制来解决水资源紧缺和水污染防治问题。

六、加拿大

加拿大素有“森林和水的国家”之称，水资源十分丰富，人均拥有水量位居世界前列。加拿大曾一度存在着水价过低、水资源滥用和水资源污染等严重的问题，并由此造成水处理设施建设费用不断增加，政府财力难以承受等情况。

20 世纪 80 年代，加拿大政府颁布了“加拿大联邦水政策”，重点是运用经济杠杆来调节水资源在全社会的配置。政府分别通过减税和提供信贷等刺激性措施，以及高价、罚款等抑制性措施，有效调节了水资源市场的需求，提高了水资源的质量和利用效率。例如，针对企业实施污水费与水费一起征收的办法，对污染严重的企业征收高额污水费，在市政和居民用水方面通过经济杠杆促进节约用水，重视科技在改善水质节约用水方面的作用。

加拿大政府 1988 年起开展圣劳伦斯河流域综合治理，同时也成为流域治理的制度创新工程。加拿大第一大河圣劳伦斯河，流经安大略和魁北克两省，全长 1600 千米。针对流域严重的环境污染和生态破坏，加拿大政府采取了果断措施：其一，为治理圣劳伦斯河跨省界流域污染，由国家环境部设立圣劳伦斯河流域管理中心，从事技术咨询、环境监测和信息交流等工作，进行直接监管；建立了由环境部牵头负责，农业部、经济发展部、海洋渔业部、交通部等多部门参加，执法部门负责监督检查的立体管理体系；充分调动企业、社区共同参与的积极性。据统计，平均每年有 1.52 万人参加流域治理，参加义务工作时间达 16 万小时。经过 10 年的努力，圣劳伦斯河流域水污染治理取得了明显成效。优先治理的 50 家工厂有毒物质排放量减少了 96%，创建了首座海洋公园，制定了 34 种物种恢复计划。据专家研究表明，在圣劳伦斯河每投资 1 加元用于环境治理，可吸引私营企业投资 3.4 加元；公司完成了 90 个技术开发项目，社区集资完成了 100 个协作项目，政府增加税收 2.08 亿加元。

浙江省水利厅组团 2009 年 2 月 5 日至 14 日对加拿大水资源管理进行考察，认为加拿大的水资源管理经历了水开发—水管理—可持续水管理三个发展阶段，其理念着眼于构筑支撑社会可持续发展的水系统。在加拿大联邦和各省出台的改革措施中，将水与土地、环境、经济等要素结合起来加以综合考虑和对待。在流域管理上，强调区域水资源与水环境综合管理。在联邦政府、省政府及地方政府的水资源管理机构改革中，将省级政府当作承上启下的机构，由专门水资源管理机构将原来分布于政府诸多机构的水资源管理权集中起来。为了科学地进行水管理，联邦政府投入了大量的人力和物力，支持研究机构建设与水科学合作研究计划，组织生态系统知识和专门技术的攻关。

加拿大特别重视对五大湖地区的生态保护，不允许任何人从加拿大的边界水域包括五大湖地区大批量用水。据《中国青年报》2001 年 2 月 14 日第 4 版文章《加拿大立法保护五大湖水资源》：加拿大第 37 届议会 5 日通过"国际边界水资源条约法案"的修正案，将不允许任何人从加拿大的边界水域包括五大湖地区大批量用水。加拿大环境部长安得森说，禁止从加拿大边境水域大批量用水既是保护生态平衡的需要，也是保证航运不受影响的重要措施。根据加拿大和美国过去签署的边界水资源条约，在不影响单方面水位和水流量的情况下，加拿大政府对加美边界水域如五大湖等水域的水资源的处理拥有司法权。根据目前通过的修正案，除人道主义救援以及饮料生产等个别情况外，不允许从这些边界水域大批量用水。此外，修正案规定今后在加美边界水域建水坝等水利工程必须获得加拿大政府的许可证。

加拿大流域水污染治理，依靠政府颁布的"加拿大联邦水政策"，运用经济杠杆来调节水资源在全社会的配置；由国家环境部设立圣劳伦斯河流域管理中心，治理跨省界流域污染；由专门水资源管理机构将水资源管理权集中起来；特别重视对五大湖地区的生态保护，与美国保持良好的跨界流域治理互动关系。

七、国别经验的启示

与西方发达国家相比，我国环保事业起步要晚得多，水污染现状也比许多西方国家严重。发达国家对流域水污染进行了几十年的治理，在付出高成本代价和高科技支持下，逐步从“先污染后治理”的失败路径回到正轨。在20世纪70年代末80年代初西方大部分国家的主要河流流域已无重污染，大约80%以上的流域已经达标。我们包括流域水污染治理在内的流域全面治理方面与发达国家的差距很大。

其一，表现在流域管理方面，我国流域管理机构缺乏法理的权威。国外流域管理机构简捷、有效、权力大，有独特的运行机制。例如，美国田纳西流域管理局之所以能发挥巨大作用，是与其本身所具有的特点分不开的。田纳西河流包括美国7个州，联邦政府采用立法形式，成立田纳西河流域管理局，负责经营管理整个流域地区的有关经济事务，各州不得干涉。这就打破了地方行政区划界限，有利于在该局统一领导下，对整个流域的水利工程和环境治理进行统筹安排。又如，英国环境部下的水务局以及水务局下面的西北水务公司和泰晤士河水务公司等10个分公司，也是统一管理与协调分工合作的基础。而在我国由于地方行政分割体制的存在，用水、管水和治水等工作职能是分散的，各自为政，块块分割，缺乏统一协调，因此，流域水污染治理往往陷入恶性循环之中。我们虽然也建立了一些大的流域管理机构，如黄河水利委员会、长江水源保护局、珠江水利委员会等，但它们都不是权力机构，除了从事一些具体的技术工作外，无权过问行政及经济方面的事务。

其二，表现在环境法制方面，我国缺乏健全的水污染治理法制体系。发达国家工业化早，其各项法律、法规相对健全而严格，比如：英国有水环境保护法规《河流污染防治法》以及1945年通过的《水法》；日本则以《河川法》为基础，为流域水污染治理提供了法制框架；美国则有更为完善的法律体系。我国迟至1979年才颁布《环境保护法》（试行），《水污染防治法》1989年才正式施行，与英国第一部《河流污染防治法》相差100年之久。我国第一部流域性水污染防治法《淮河流域水污染防治暂行条例》是1995年颁布的，第一次以立法的形式明确了治淮目标。另外，我们的环境执法力度也不够，与发达国家相比差得太多。而且，多部门法律之间，由于地方行政分割体制的制约，法律的制定变成了部门争夺话语权的砝码，使得法律之间也存在不同程度的冲突。

其三,我国在流域治理投入方面的差距较大,且缺乏足够的资金保障。许多工业发达国家法律规定废水进入水体之前必须经过机械和生物处理。一级处理的 BOD5 去除率为 20%—30%,二级处理 BOD5 去除率在 80%—90% 以上,三级处理 BOD5 去除率在 95% 以上。一般发达国家二级处理占 90%。因此,尽管有些河流流域附近居住的人口密度很高,但河水中有机物的污染仍在允许的范围之内。例如,莱茵河德国段 1986 年大约有 91% 城市污水和工业废水是通过生物处理厂处理的。该河段从 1980—1986 年每年兴建污水处理厂的建设费用平均为 30 亿德国马克。我国淮河流域在城市污水处理及流域治理方面投入一直较少,城市污水处理厂少、处理能力低,下水管道普及率和管网密度低,污水处理厂的经营管理水平也较低。其他流域也是同样如此。

结合国别研究和对比分析,可以得出一些有益的借鉴。有效实施流域水污染治理,需要社会基础设施完备、技术先进、资金充裕作为前提条件,还需要在如下三个方面进行制度准备。

其一,要构建完善的流域水资源法律体系基础性平台。地方法规和中央法规要具有统一兼灵活的特点。在一部主导性的法律基础上,建立完备的流域水污染治理法律体系。充分利用国内的法制环境,完备相关立法工作,为流域水污染的治理提供法制平台。比较分析我国环境和资源立法特色,梳理我国水资源和水环境保护立法的内容,不难看出国家层面的立法经常夹带部门利益优先的色彩,地方性条例明显带有地方保护主义的倾向。这种状态从法律基础上削弱了全国流域水污染治理的共同行动逻辑,必须通过立法程序予以纠正。

其二,要建立强有力的流域管理机构。只有建立统一的强有力的流域水污染治理机构,才能为行政实施与执行法律制度提供强大的组织保证。我国目前水资源的综合利用与规划突出了地方特点,以地方水委会的方式进行,有利于地方根据自己的特点来合理规划和利用水资源。今后应该更多地强调流域管理原则,以流域为基础,制定相应的政策,设定相应的执行机构。强调政府在流域水污染治理中的主导作用,才能更好地适应技术控制与管理创新的结合。

其三,要形成多种参与主体联合治理的框架。公司化的治理模式使得政府与市场之间的互补作用得到加强，是政府监管和市场主体共同参与治理的需要。这种格局既有一定强力机构的保障，又能引导不同利益主体的共同参与，能够部分地弥补公共权力的不足。运用多种模式来管理水资源，体现了差异性与灵活性原则。在保障流域性的基础作用前提下，发挥社会各种力量的参与作用，能够让不同利益主体参与到流域水污染的治理中来。应该强调流域水资源统一管理，规定全国水资源由一个部门主管，协调多个分管部门联合行动。和其他国家相比，由于缺乏民间机构的参与协同作用，我国流域水污染治理虽取得了一定的成就，但也暴露监督主体缺失和动力不足等问题。需要构建正式统一的机构来制定流域治理的战略规划，实行统一管理，还要有非正式的特别工作小组或临时工作小组来协同管理，二者有机结合才能实现正式组织常态管理与非正式组织灵活管理的结合。公民团体以及其他社会力量的参与，还有助于流域水污染治理强烈的参与治理特点的形成。在发挥公共权力的主导作用前提下，才能更好地调动不同部门和不同经济属性参与者对流域水污染治理的参与能动性。

第四节　跨国流域治理的典型案例和经验

不同规模流域内存在着不同的利益主体，他们往往具有追求经济利益最大化的共同倾向。在一个国家内部发生流域水污染，治理主体的集体行动逻辑难以形成。在流经多个国家的流域内，一旦发生流域水污染其治理更是困难。本节叙述多瑙河污染事件妥善处理、莱茵河国际协商治理和伊利湖治理制度创新案例，试图从跨国流域水污染治理中寻找到一些制度创新元素。

一、多瑙河污染事件妥善处理

多瑙河是欧洲第二大河流，是世界上流经国家最多的著名的国际河流。它发源于德国西南部黑林山东麓海拔679米的地方，自西向东流经奥地利、斯洛伐克、匈牙利、克罗地亚、塞尔维亚（前南斯拉夫境内）、罗马尼亚、保加利亚和乌克兰等国家后，流入黑海。多瑙河全长2850千米，像一条蓝色的飘带蜿蜒在欧洲的大地上，被赞美为“蓝色的多瑙河”。沿途接纳了300多条大小支流，形成的流域面积达81.7万平方千米。多瑙河不仅给沿岸许多城市的人们带来了美丽的家园，还为他们提供了大量的电力和便利的航运，沿岸人们对它充满了感情，世世代代都为她感到自豪。

2000年1月底，罗马尼亚西北部连降大雨，该地区的大小河流和水库水位暴涨。1月30日夜至31日晨，西北部城市奥拉迪亚市附近，一座由罗马尼亚和澳大利亚联合经营的巴亚马雷金矿的污水处理池出现一个大裂口，1万多方含剧毒的氰化物及铅、汞等重金属的污水流入附近的索莫什河，尔后又冲入匈牙利境内多瑙河支流蒂萨河。污水进入匈牙利境内时，多瑙河支流蒂萨河中氰化物含量最高超标七八百倍，从索莫什河到蒂萨河，再到多瑙河，污水流经之处，几乎所有水生生物迅速死亡，河流两岸的鸟类、野猪、狐狸等陆地动物纷纷死亡，植物渐渐枯萎。2月11日剧毒物质随着蒂萨河水又流入前南斯拉夫境内，两天后污水侵入多瑙河。这是自切尔诺贝利核电站事故以来，中欧最严重的环境灾难。尽管氰化物含量很快就下降了，但迅速的稀释并不意味着污染已经过去，因为重金属沉淀到泥沙中，它们分解缓慢，且覆盖面积很大，使300多千米的河系受到严重污染，并至少要10年才能消失，这是自科索沃战争因轰炸而使这条东南欧重要航道停航以来，一次更加沉重的打击。多瑙河沿岸国家委员会的一项研究估计清洁费用为2410万欧元。匈牙利要求罗马尼亚为水生生物的破坏作出赔偿，从多瑙河的支流蒂萨河中捞出100多吨死鱼，水厂因不能从河中取水而引起数百万人用水困难，为此诉诸设在海牙的国际法庭。

突然降临的灾难使匈牙利、前南斯拉夫等国深受其害，给多瑙河沿岸居民带来了沉重的心理打击，国民经济和人民生活都受到一定程度的影响，流域生态环境也遭到了严重破坏，蒂萨河沿岸世代靠打鱼为生的渔民丧失了生计。根据欧盟专家小组的估计，在受污染地区一些特有的生物物种将灭绝。有关专家说，至少需要20年才能恢复这里的生态平衡。绿色和平组织反应强烈，认为罗马尼亚巴亚马雷金矿公司是唯一的肇事者，造成如此严重的生态灾难，使匈牙利东南部所有河流的生态环境遭到破坏。本来利用氰和重金属来提炼黄金是欧盟所禁止的,仅仅道歉是不行的。[①]

流域性水污染事故发生后,匈牙利官方和民间反应强烈,要求赔偿其旅游业和生态系统所遭受的巨大损失,表示将起诉造成污染的罗马尼亚和澳大利亚合资经营的金矿开采企业以及该企业在澳大利亚的总公司和罗马尼亚政府,并由匈牙利司法部和外交部研究起诉程序的具体细节。匈牙利总理下令成立了一个特别委员会,以进行损失评估,为打赢这场国际官司做准备,并为善后清理工作提出措施。匈牙利政府还任命渔业专家根茨为政府专员,负责消除污染后果和恢复蒂萨河生态平衡的工作。2 月 15 日,南斯拉夫联盟政府召见罗马尼亚驻南临时代办,就多瑙河污染造成的生态灾难提出抗议,并保留要求赔偿损失的权利。南斯拉夫环境部声明说,罗马尼亚应受到国际法的制裁。欧洲联盟官员洛耶拉·帕拉西奥在会晤匈牙利外交部长时发表声明称:"这是一场全欧洲的环境灾难,是欧洲近 25 年来最严重的环境污染,需要欧洲各个国家团结一致,共同对付这场污染。"欧盟环境问题专家马尔哥德·瓦尔斯特罗姆 2 月 17 日说,损失的确是非常严重的,应采取措施避免今后再发生类似生态事故。他批评出事金矿的控股方澳大利亚埃斯姆拉达公司掩盖事实真相和推卸责任。对罗马尼亚来说,多瑙河支流蒂萨河污染事故是一起严重的环境灾难,不仅使政府可能面临巨额的国际赔偿,还意味着国际形象损害的后果难以预料。因为在事故发生前近 10 年中,罗马尼亚政府一直在谋求加入欧洲联盟。面对这起水污染事件引发的国际诉讼,罗马尼亚政府也没有回避,承认是由于巴亚马雷金矿污水处理池裂口,含氰化物的污水严重污染了匈牙利的蒂萨河和南斯拉夫境内的多瑙河;但同时表示,不应将此次事故同切尔诺贝利核污染相提并论,不希望因此事发生任何的政治纠纷。

与此同时,罗马尼亚、匈牙利、南斯拉夫三国政府宣布:蒂萨河沿河地区进入紧急状态。匈牙利政府在接到罗马尼亚政府的预警通报后,迅速及时地做出了反应,采取了得力预防措施,下令立即关闭以蒂萨河为饮用水源的所有自来水厂,同时大量张贴公告告诫住在蒂萨河沿岸城镇的居民,因而没有发生人员受到危害的事件。保加利亚有关部门告诫居民不要购买多瑙河

---

① 参阅《氰化物污染多瑙河》,载《人民日报》2000 年 2 月 17 日。

产的鱼,以免发生生命危险。罗马尼亚总理下令调查此事,评估事故造成的损失。3月15日,匈、罗、乌3国举行首次政府间磋商,签订了议定书,督促3方加紧对各自境内可能的污染源的治理,杜绝今后类似污染事件的发生。根据议定书,3国将各派3名专家成立3方工作委员会,对各自境内蒂萨河沿岸可能的污染源进行测绘分析,并依据国际标准进行风险测试。同时建立短期和中长期计划,加强河流污染预警系统的现代化建设,严格水质检测制度,及时准确地对水样数据进行分析和处理。

罗马尼亚、匈牙利两国政府联合组成的专家委员会,负责调查污染的情况,并提出赔偿的经费估算、消除污染的措施等。也有分析称罗马尼亚政府不想进行赔偿,因为根据罗马尼亚和匈牙利的环境协议,其中没有就赔偿问题作相关规定。据后来相关报道称:匈牙利负责处理蒂萨河污染问题的匈牙利政府专员根茨在记者招待会上说,匈牙利和罗马尼亚两国之间由于蒂萨河受污染而出现的损失赔偿问题,应当通过外交途径而不是通过打官司来解决。除了恢复蒂萨河的生态平衡外,匈、罗两国还应当致力于本地区的长远发展。双方的合作不仅有利于两国之间这一问题的解决,而且也有助于合理使用国际社会为此提供的资金。

国际合作在多瑙河流域形成了长效机制。长期以来,多瑙河水资源在航运、水电、渔业、灌溉和生态保护中发挥着重要作用。为协调流域各国水资源开发利用和管理目标,流域国家间通过双边或多边合作,成立了一系列的地区性国际组织和机构,签署了一系列的双边和多边条约。2009年10月13日罗马尼亚环境部发布消息《多瑙河流域减污一体化管理》:经过对问题根源——市政、工业和农业的污染源的分析,提出了解决这些问题的策略。2009年多瑙河流域管理计划的编制完成是这个过程的最后一步,即规定时间从多瑙河流域的国家筹集资金,共同努力解决这些问题。最初的大量努力是希望控制市政污染,但是与商业合作的更多努力是为企业建立一个新的管理水资源和污染物的道德规范。欧盟框架开发的新手段巩固了这些努力,并且,这些新手段在国际多瑙河流域保护委员会的监管下得到了实施。罗马尼亚的工厂曾把一半以上的废水直接排放到多瑙河及其支流中。罗马尼亚政府已经开始注意到这个问题的严重性,开始投入资金进行环境保护设备的生产。而且,由于欧共体对环境保护事项施加压力,世界银行组织、

EBRD 组织以及其他金融机构将会投放更多资金到环境保护项目上。

保加利亚和罗马尼亚环保部的高级官员 2006 年 1 月在保加利亚多瑙河沿岸城市鲁塞举行会议，决定联合两国的人力、物力和技术，共同治理多瑙河下游的污染。据保加利亚《显示器报》最近报道，双方在会上商定，通过大气检测、控制污水排放和建立沿河“绿色环保带”三个方面治理多瑙河下游的污染。在大气检测方面，双方 2006 年 2 月已开始筹备建立联合大气检测站，其任务是及时测量和相互通报沿河地区的大气污染情况，并联合采取治理措施。在控制污水排放方面，双方决定相互对沿河城市的工厂进行检查，逐步关闭排放超标污水的工厂，经济损失由双方协商，共同承担。关于建立沿河“绿色环保带”，双方商定，从今年开始，用 15 至 20 年时间，在多瑙河两岸各自一侧大力植树造林，建立环保区，使多瑙河下游逐步成为一条“绿色走廊”。[①]

新华网 2010 年 2 月 25 日消息《多瑙河流域欧盟国家强调加强合作》：来自多瑙河流域的匈牙利、捷克、奥地利、保加利亚、德国、罗马尼亚、斯洛文尼亚和斯洛伐克等 8 个欧盟国家与波黑、克罗地亚、摩尔多瓦、黑山、塞尔维亚和乌克兰等 6 个非欧盟国家当天在布达佩斯举行多瑙河高峰会议，讨论制定欧盟多瑙河流域战略的问题。多瑙河流域 8 个欧盟国家的政府代表 25 日在布达佩斯签署一份声明，强调在多瑙河流域国家和人民之间加强合作与理解，建设一个有吸引力的、安全繁荣的多瑙河流域。与会国承诺，在欧盟多瑙河流域战略的准备过程中，各国将在吸纳和鼓励公共和私营部门以及所有利益相关者，特别是区域和地方当局、商业和学术团体、民间社团参与方面发挥积极作用。

2000 年多瑙河流域水污染事件很快得到平息和妥善处理，关键是发挥长期以来形成的多瑙河流域国际合作机制的作用。在事故初始阶段，相关国家尽快提出了应急处理措施，为降低损害减少损失赢得主动。事发国家罗马尼亚政府及时向下游国家匈牙利、南斯拉夫发送了预警通报，罗马尼亚、匈牙利、南斯拉夫三国政府联合宣布进入紧急状态。匈牙利迅速采取了措施，关闭来自污染河流水体的自来水厂，向沿岸城镇的居民通告事件真

---

① 《保罗合力治理多瑙河下游污染》，新华网，2002 年 2 月 6 日。

相。保加利亚告诫居民不要购买多瑙河产的鱼，以免发生生命危险。在事故后期处理阶段，匈牙利、保加利亚和罗马尼亚对经济赔偿持谨慎态度，同时又积极致力于防治污染长期机制的建立，包括协商机制和基本原则和若干具体措施：通过外交谈判解决分歧，建立和完善信息交换机制，就防止流域水污染事故和减轻污染损害达成协议；实施中长期流域治理计划，提供界河水质监测设备、设施援助等方式加强基础设施建设，切实促进国际界河段水环境保护的多边实质性合作。

比较2000年多瑙河污染事件的危害程度和妥善处理，联想到发生在我国的2005年松花江水污染事件：前者是氰化物造成流域水污染，程度不可谓不严重；影响至少5个国家以上，范围不可谓不广泛；早后者五年前发生，不可谓不是前车之鉴。就是这么一起几乎要引发国际官司的事件，还是得到了妥善的处理，说到底关键在于，相关国家秉持了可贵的协商谈判精神，特别是污染致害方承认责任的态度和及时通报信息的行为，博得了受害国家的谅解；特别是多瑙河流域长期形成的合作机制，成为相关国家协商治理流域水污染的沟通桥梁，在关键时刻也能够超越局部利益，在流域内不同国家利益主体间形成超越国家界限的集体行动逻辑。相比之下，中国松花江水污染事件过程中表现出来的部门分割、地方保护、信息封锁等制度弊端暴露无遗。

二、莱茵河国际协商治理

莱茵河发源于阿尔卑斯山的冰川，全长1320千米，是欧洲第三大河，流经瑞士、法国、德国、卢森堡、荷兰、比利时、奥地利、列支敦士登、意大利等9个国家，在荷兰汇入北海。流域面积18.5万平方千米。欧洲各国从对莱茵河水资源的过度开发利用到引起自然界的惩罚，再到人们对莱茵河的自觉保护，经历了受益—受害—治理—恢复的历史过程。

莱茵河沿岸各国在早期的河流开发利用中，争相实现利益最大化。它们采取了大量的工程措施，如筑坝、河道疏浚、裁弯取直以及截断小支流等，使得河流部分地丧失了应有的水文活力，水体质量下降，洪涝灾害加剧。这些工程措施在给当地人们带来利益的同时，也同样带来了不利后果：其一，过度的土地开发。20世纪由于西欧人口剧增，为了增加粮食产量，莱茵河两岸的土地被大规模地开垦。人们通过排水使原先的洪泛区适于建设城市，在大量的灌木林地中开挖沟渠降低水位以适合农作物生长。从那以后，人们为提高粮食产量采取了更多的工程手段，如挖沟排水、修筑堤坝，开垦湿地。人们甚至大规模排水并封闭海湾和内陆海，建造圩田。莱茵河流域的各种自然风貌也因此被改变。排水使得大片土地沉陷并低于海平面，加上海水位上涨，防洪形势十分严峻。其二，过度的河道开发。人们通过裁弯取直和束窄河道以便于通航，多处河道宽度被人为地控制在 80 米以内。直接的后果是，河道水流加快，河床冲蚀严重并伴随下切，周边地区水位下降，森林农田缺水，四周湿地的生态系统大受影响。其三，过多的蓄水发电。第一次世界大战后，法国获得开发莱茵河上游的水力资源的特权。修建工程蓄水发电，改变了下游天然的流量过程，对野生动物和作物均造成很大威胁。法国通过上述大规模的改造试图使原先自然的、动态的、难预计的河流转变为静态的、可以预计的人工河道，以方便管理和获取各种利益。蚕食河流空间，引发许多意想不到的水力、地貌、生态上的不良系统响应。新的工程措施又被引进以降低系统响应，形成了不良的循环。长期以来，由于在这种思想的指导下开发利用，莱茵河已面目全非，水文活力消退，生物物种匮乏，洪水危险加剧。其四，过多的污染物排放。随着莱茵河流域的人口密集、工业发展、航运频繁、能源增加和农业对土地的过度使用和改变等，从 20 世纪 50 年代以来沿途每天至少有 5 000 万方的工业和生活污水排到河里，莱茵河逐步沦为欧洲最大的污水道，生态危机迫近。1965 年，上游的无脊椎动物濒临灭绝；1971 年，水质污染已极其严重，有些河段几乎丧失自净能力。到 20 世纪 80 年代初，莱茵河污染总量为 1949 年的 20 倍，使中下游的 1000 多万德国人和荷兰人的生产和生活受到严重威胁。

在莱茵河早期治理方面，强调政府作为主导力量，依靠政府加大投入用于污染源的防治。1961—1971 年，德国政府共投资了 68 亿马克用于治理莱茵河。1971 年后，每年直接用于治理莱茵河的投资为 14 亿马克，治理重点污染源与工业区的污染。莱茵河流经的鲁尔工业区是德国工业的心脏，因而德国重点抓鲁尔工业区的水污染治理，在鲁尔河建设了许多水利工程与污水处理厂。鉴于莱茵河是欧洲交通枢纽，过往船只是一个大污染源，德国政府成立了一支由 7 艘油水分离船组成的“黄金舰队”，负责处理压舱水等含油污水。在污染较为严重的河段安装人工充氧设备，直接向水中充氧以改善水质。对水量较小和河水温度较高且接纳大量污水的河段，则在水中安装增氧机以连续稳定地提高水中氧含量。自 20 世纪 60 年代以来，德国在莱茵河沿岸城市和工矿企业先后建设了 100 多座污水处理厂，使排入莱茵河的工业废水和生活污水的 60% 以上得到了处理。德国在莱茵河几条主要支流沿岸也修建了不少污水处理设备，在每条支流入口干流处都建有污水处理厂，在各工矿企业都设有预处理装置。从 1961 年起，瑞士、法国和德国政府还着手通过国际合作途径在巴塞尔地区建立了 3 座水处理厂，分别用来处理排入莱茵河的工业废水、生活污水。这 3 座处理厂 1982 年起正式投入运行。

莱茵河流域水污染的典型事件是 1986 年化学品仓库火灾引发的剧毒农药污染事故。巴塞尔位于莱茵河湾和德法两国交界处，是瑞士第二大城市，也是瑞士的化学工业中心。三大化工集团都集中在巴塞尔。1986 年 11 月 1 日深夜，位于巴塞尔市的桑多兹（Sandoz）化学公司的一个化学品仓库发生火灾，装有约 1250 吨剧毒农药的钢罐爆炸，硫、磷、汞等有毒物质随着大量的灭火用水流入下水道，排入莱茵河。桑多兹公司事后承认，共有 1246 吨各种化学品被扑火用水冲入莱茵河，其中包括 824 吨杀虫剂、71 吨除草剂、39 吨除菌剂、4 吨溶剂和 12 吨有机汞等。有毒物质形成 70 千米的微红色飘带向下游流去。翌日，化工厂用塑料塞堵下水道。8 天后，塞子在水的压力下脱落，几十吨有毒物质流入莱茵河，再次造成污染。事故造成约 160 千米范围内多数鱼类死亡，约 480 平方千米范围内的井水受到污染不能饮用。瑞士污染事故警报传向下游瑞士、德国、法国、荷兰 4 国沿岸城市，沿河自来水厂全部关闭，改用汽车向居民定量供水。由于莱茵河在德国境内很长，是德国最重要的河流，因而造成的损失最大。在接近入海口的荷兰，将与莱茵河相通的河闸全部关闭。法国和原联邦德国的一些报纸将这次事件与印度博帕尔毒气泄漏事件、苏联的切尔诺贝利核电站爆炸事件相提并论。《科普知识》总结了 20 世纪世界上发生的最闻名的污染事故，莱茵河水污染事故被列为“六大污染事故”之六。莱茵河流域水污染事件发生后，开始了艰难的赔偿损失谈判。法国环境部长于 1986 年 12 月 19 日要求瑞士政府赔偿 3800 万美元，以补偿渔业和航运业所遭受的短期损失、用于恢复生态系统的中期损失、在莱茵河上修建水坝的开支等潜在损失。瑞士政府和桑多兹公司表示愿意解决损害赔偿问题，最后由桑多兹公司向法国渔民和法国政府支付了赔偿金。该公司还采取了一系列相关的改进措施，成立了一个"桑多兹—莱茵河基金会"以帮助恢复因这次事件而受到破坏的生态系统，向世界野生生物基金会捐款730万美元用于资助一项历时3年的恢复莱茵河动植物计划。

引起莱茵河流经各国震动的事件是1995年1月发生的莱茵河流域大洪水，有25万人被迫从莱茵河沿岸低洼地迁移。有媒体报道，1995年1月下旬以来，持续不断的降雨使莱茵河、塞纳河、艾瑟兰河等西北欧主要河流泛滥成灾。洪水袭击了德国、荷兰、英国和法国境内的大片低洼地区，造成多人伤亡，数十万人被迫撤离家园。这是1953年以来西北欧最严重的一次水灾。单在德国多达550万人要使用莱茵河的水，洪水发生后连居民饮用水都成了问题。社会各界认识到必须停止在河滩地的开发，返还莱茵河应有的空间，才能使河流重获水文活力和生态活力。特大洪水还让人们认识到，开发利用水资源必须以尊重河流的自身规律为前提，要更多地利用天然调蓄能力来提高防御洪水的能力，从此揭开了各国治理莱茵河流域的新篇章。

在莱茵河出海的荷兰，在河流治理中提出了"动态河流管理"的先进理念。政府制定的防治洪水行动计划强调莱茵河沿岸各省以可持续方式和措施促进莱茵河重获水文活力。例如，荷兰为了预防大洪水对下游地区的威胁，加强城市、农业区的蓄水能力。这是一种源头控制的方式，可以通过增加滞蓄能力达到有效降低洪峰的目的；停止由于城市化的需求而侵占莱茵河的空间，出台了关于"河流的家园"的政策，规定除非重要的社会需求，禁止河滩地内的所有建设项目；采用各种途径如修建滞水圩田，疏浚旁侧河道以扩大莱茵河及支流的空间。总之，荷兰人的思路是在不加高堤防的前提下寻求防御洪水的各种途径。因为通常的堤防加高措施会提高河道的防御洪水位，堤防一旦溃口洪水的破坏力更大。荷兰实施了一些改善莱茵河治理的项目，例如，清除原先把河流束缚在狭窄河道里的堤防；挖降河滩地的高程以扩大储蓄洪水的能力；退田还河以改善水流环境等。这些项目也是荷兰的"动态河流管理"内容的一部分。荷兰"动态河流管理"的一个特点是倡导采用可逆的以及不影响下游地区的措施。由于认识到一项管理措施的水文地貌反应只可部分地被预计，从而每项措施只在小范围内先进行试验，在系统响应较好的情况下方可扩大规模。这些措施应与河流的上下游动态响应相协调，并灵活地适应未来需求。例如，为恢复河滨生态环境，在河漫滩维持更多植被的状态，以促使河水位及河床形状显示出更多积极的动态变化。"动态河流管理"的另一个特点是重视流域治理中的公众参与。荷兰认为，公众参与是决策、实施的必要前提，没有广泛的公众支持的管理等于没有管理。可以说，"动态河流管理"是从全流域系统的角度出发把流域治理作为一个系统来进行分析，但在实际操作时不是采用大规模的建设措施，而是以小规模源头控制作为主要手段的流域动态治理模式。

预警水质监测成为确保莱茵河流域水质稳定的重要手段。北莱茵河维斯发利亚河段现行水质监测包括长期监测程序和自然水体的重点监测系统。前者是为了保护自然水体的生态系统并为各种水源使用者提供信息；后者则是为了检测不定期的非法废水排放。预警水质监测的概念首次出现于 1987 年，它相当于我们常说的预警监测，并从那时起得到不断的完善。其目的是尽早检测出重大的水污染事故和市政工业废水处理厂因事故、运行故障、泄漏等而造成的污染水团。目前，北莱茵河维斯发利亚的重点监测系统由沿莱茵河及其较大支流上的监测站组成。政府部门根据测定站提供的数据发现谁是排污者，并将信息及时通报沿莱茵河和鲁尔地区的水厂。近几年的研究人员的攻关任务是开发和安装另外的自动设备和分析程序，以适应监测河流范围内特定的污染状态。[①] 为了加强对水质的监控和处理，德国在莱茵河及其主要支流上设立了综合性的完全连续的监测系统，这个系统由多个均衡分布的水质监测站组成。每个监测站每次连续取样 2 小时，然后将样本保存在特定温度环境中。通过这些单独的试样可以获得与流量有关的 24 小时总样和 14 天总样。这些监测站都装备有对一些基本参数（如水温、溶解氧、PH 值、电导率、浊度和鱼跃程度等）进行测量的传感器，而其中一些监测站有更多的设备。德国莱茵河监测项目的检测范围包括：连续记录上面提到的基本参数；连续记录河流流速；在随机样中测量汞浓度和 BOD 值；在 14 天总样中测量下列参数：COD 值、有机碳、总磷、氮平衡、氯化物和硫酸盐浓度、钠离子浓度、钾离子浓度、钙离子浓度、镁离子浓度、总放射性；

① 王玲、吴道喜：《从莱茵河管理看西方河流管理理念的转变》，载《水利水电快报》2001 年第 9 期。

在8周总样中测量重金属镍、锌、铜、铬、铅、铁、锰、砷的离子浓度。对上述参数的记录和分析结果将以报告的形式保存下来。每个月来自每个监测站的24小时总样将用来作如下分析:6种芳香烃、13种氯化脂肪烃、22种硝基和氯化芳香化合物、27种除草剂。来自莱茵河较大支流河口的试样也会对上述化合物进行检测,但检测频率要低一些。每条支流的监测项目是根据当地的条件而设计的,它既包括对河流水质的连续监侧,又包括对试样的实验分析。监测工作每年大概需要做4次。除了对化学项目进行检测外,还对一些生物学指数进行测定。莱茵河河谷法国部分的主要水道的水质检测逐级由监测网点来完成。水污染调查网络总共有4个永久性的检测站,每个检测站每年都会取出12个水样,这些水样将分别送往11个监测点进行全面分析和另外36个监测点进行简单分析。除了这4个永久性的监测站以外,还有67个年度监测站,这些监测站每五年分别取出4到12个水样送去分析。另外,国家组织在这个地区总共有20个监测站,每年取出不少于12个水样进行分析。荷兰位于莱茵河的下游,为了减少监测数据的偏差,干脆在两国边界采用生物监测法,减少了用化学方法监测水质因为监测时间、地点的不同可能引起数据上的争议。他们用入境水养鱼,当水质劣于鱼能够忍受的临界值时,鱼自然就会有反应,如不断地撞击挡板,动作不灵敏等。这些现象都通过监测仪器记录下来。

莱茵河流域治理实践的成功,与流域内各国的协商治理密不可分。1950年7月11日,瑞士、法国、卢森堡、联邦德国和荷兰在巴塞尔成立了“莱茵河防治污染国际委员会”(ICPR)。ICPR的主要任务有四项:(1)根据预定的目标准备国际间的对策计划和组织莱茵河生态系统研究,对每个对策或计划提出建议协调各签约方的预警计划,评估各签约方的行动效果等;(2)根据规定作出决策;(3)每年向各签约方提出年度报告;(4)向公众通报莱茵河的水质状况和治理成果。1963年莱茵河流域各国与欧共体代表在莱茵河防治污染国际委员会(ICPR)范围内签订了合作公约,成为共同治理莱茵河的合作基础。ICPR治理目标清晰,确定的莱茵河行动计划是从河流整体的生态系统出发,把大马哈鱼回到莱茵河作为治理效果的标志。相关国家还联合制定了治理莱茵河的“2000年行动计划”,将彻底治理莱茵河的任务分为如下三个阶段实施:第一阶段从1987—1990年,首先确定“优先治理的污染物质的清单”,共45种,包括重金属汞、铅以及氮磷和其他有机物等,分析这些污染物的来源、排放量。第二阶段从1990—1995年,ICPR制定了具体措施,要求工业生产和城市污水处理厂采用新技术,减少水体和悬浮物的污染。第二阶段是一个决定性阶段,即要求所有预定措施必须在1995年以前实施,所有污染物必须在1995年达到50%的削减率。1990年,北海会议要求对二氧(杂)芑和重金属(如铅、镉、汞)到1995年至少削减70%。第三阶段是强化阶段(1995—2000年),即采取必要的补充措施全面实现莱茵河的治理目标。ICPR制定了相应规则,强行规定对排入河中的工业废水进行无害化处理。另外,为减少莱茵河的淤泥污染,ICPR严格控制工业、农业、生活固体污染物排入莱茵河,违者罚款50万欧元以上。保护委员会还将责任落实到位,如委员会下面设置若干个专门工作组,分别负责水质监测、恢复重建莱茵河流域生态系统以及监控污染源等工作。2001年,莱茵河流域国家部长级会议在法国斯特拉斯堡通过了《莱茵河2020计划》。这是一项面向2020年旨在实现莱茵河可持续发展的计划。这项计划综合考虑了生态、经济和社会这3个需要同等对待的方面。经过多年的努力,莱茵河终于恢复了生机。2002年年底调查表明,莱茵河主要河段已经恢复到二战前的生物多样性水平。

ICPR自1950年成立以来,先后签署了一系列莱茵河环保协议:防止化学污染公约要求各成员国建立监测系统,制定监测计划并建立水系预警系统,规定了某些化学物质的排放标准;建立不同工业部门的协调工作方式,采用先进的工业生产技术和城市污水处理技术以减少水体和悬浮物的污染;签订防治氯化物污染公约,减少德国与荷兰边界水体盐的含量;签订防治热污染公约,强调莱茵河沿岸的电站和工厂必须修建冷却塔,确保排放水温低于规定值。1976年12月3日,签订了“无机盐协定”和“化学品协定”。根据“无机盐协定”,每个国家必须按一定比例付钱用于减少阿尔萨斯(Alsace)地区碳酸钾盐厂向莱茵河排放的无机盐量。这两份协定的签署,对莱茵河水质的恢复起着非常重要的作用,受到了莱茵河流域给水事业国际联盟的欢迎。此外,还签署了防止化学污染公约等一系列莱茵河环保协议。为了进一步保护莱茵河及其运输通道,特别重要的是制定一个条例以规定补偿费用和环境损害的民事责任。1988年,各国部长们公开宣布莱茵河流域必须防止热污染。1993 年 5 月 1 日,欧洲委员会发布了《关于补救环境损害的绿皮书》,其中涉及了连带赔偿制度补救环境损害问题,认为“连带赔偿制度是基于收费或特别税的财政结构”,界定了“如果环境损害不能归因于责任方的活动(即责任方不能分清时)”如何应用连带赔偿制度的问题。虽然绿皮书并不是一个具有法律约束力的文件,但其权威性尚能得到相关国家的维护。

三、伊利湖治理制度创新

伊利湖是北美五大湖之一,在美国和加拿大两国自然生态和经济发展中占有重要地位。伊利湖西经底特律河-圣克莱尔河接纳苏必利尔湖、密歇根湖、休伦湖的湖水,东经尼亚加拉河注入安大略湖。伊利湖南临美国的纽约、宾夕法尼亚、俄亥俄三州,西临密歇根州,北临加拿大的安大略省。伊利湖平均深度 18 米,东西长 358 公里,南北宽 92 公里,面积为 2.57 万平方公里,在五大湖中居第四位。伊利湖水经尼亚加拉河注入安大略湖,两湖落差 99 米,形成了闻名的尼亚加拉大瀑布。在伊利湖西北岸有加拿大著名的皮利角国家公园。优良的水质和环境质量是保持两国湖区旅游价值和经济发展的前提条件。伊利湖的治理,也体现了流域水污染治理制度的创新。

随着伊利湖地区经济发展与城市化进程的不断加快,湖区的环境污染问题也日益突出。在 1960—1970 年间,伊利湖严重污染,死鱼和腐烂的藻类随处可见,湖的西部和部分中部表面覆盖着厚厚的藻类,远远看去湖面像覆盖了一层绿色油漆,被称为“北美的死海”。美国国家广播电台称其为“用于浇地太浓,用于耕地太稀”。伊利湖富营养化的原因在当时尚未明确。两国政府组织科学家进行研究,发现磷在富营养化过程中的主要作用,污染源是湖区含磷污染物的过度排放。具体地说,由于湖区洗涤剂工业的迅速发展,大量的含磷洗涤剂被毫无节制地排入伊利湖;还有大量含磷的工业废水和生活污水的排入以及农业大量施用化肥的残余,都是伊利湖中磷含量严重超标的原因。

美国和加拿大认识到,必须下大力气治理湖区污染,否则经济发展会受到资源环境的掣肘。两国政府对伊利湖开始全面协商治理,制定相关协议。针对伊利湖的富营养化问题,美加两国政府认为限制磷排放是关键所在,当务之急是共同实施磷排放削减计划。1972年,两国共同签署了《大湖区管理协议》,规定了两国政府在大湖区的污染治理和保护方面的权利和义务,为解决包括伊利湖在内的五大湖的环境污染、维护该地区的生态平衡提供了政策依据及管理办法。同时,在美国和加拿大建立起大量的城市污水集中系统和污水处理厂。双方还制定减少营养物和工厂有毒排放物的标准以及未来10年该地区的农业发展计划以便有针对性地削减面源污染。

自20世纪70年代以来,美国各大州相继通过法案,禁止生产含磷洗涤剂。1988年,俄亥俄州通过法案要求从1990年起该州伊利湖周围35个地区禁止销售含磷洗涤产品。截至20世纪80年代末,美国已投入超过7.5亿美元到大湖区污染治理中,用于建设大型污水处理厂,采用物理、化学法处理大部分工业废物,开挖用来预处理污水的截流沟。这些措施减少了未经处理的废水污水排放到大湖流域。

加拿大在流域水资源和水污染治理中进行制度创新,取得了伊利湖流域治理的成效。据浙江省水利厅2009年2月《加拿大水资源管理考察报告》,伊利湖流域治理体现了明显的制度创新特征,正是凭借这些制度创新给流域治理带来了特有的活力和绩效:其一,立法在先。尼亚加拉半岛(在安大略湖与伊利湖之间)的旅游业和农业(特别是水果类)发达,是世界上被誉为“现代葡萄酒”冰酒的最大产地,对水资源和环境质量要求很高。1946年,安大略省为防治水资源和环境被污染,通过了《自然资源保护法》。其二,机构协调。1959年,安大略省和市级地方政府的协调机构——尼亚加拉半岛保护局正式成立,专门用来保护、恢复、开发和管理本流域的资源和环境。半岛保护局实施旨在改善湖河系统水质的补救行动计划,每年编制流域水质监测报告与计划,开展的项目有助于改善当地的水质以及保护生物多样性。其三,科技给力。保护局有一支由高层次工程师和规划师、计算机专家、生物学家等组成的科技团队。1998年第5期《上海金属》介绍,伊利湖钢铁公司高炉利用回收料:自1994年3月以来,位于加拿大安大略省桶蒂科克的伊利湖钢铁公司将钢铁厂中低锌含量的氧化物回收料压制成块,作为高炉炉料,展示了循环经济的活力。2000年第16期《海外星云》把“伊利湖复活”的原因归结为生态理念的重建:伊利湖中出现一种手指尾大小、非当地生的贝类鱼。这种鱼专门吸食水中微粒,包括藻类和沉淀物。两年前的一项测试结果表明,这种贝类鱼的密度相当之高,因为它们的到来和繁衍才使得湖水变得清澈透明。其四,信息互动。保护区水质监测开始于 2001 年夏天,监测站网络覆盖了整个保护区,用于长期收集地下和地表水的质量数据。除了常规传统的水质理化监测外,开展了水生态监测工作,包括藻类、鱼类、两栖动物监测,以及流域周边的植物种群监测。该网络代表 Niegara 半岛最大和最综合性的水质检测规划。保护区检测网络由 Onlario 省环境保护部、Niegara 市和 Hamiltan 县共同参与操作。保护区水质检测规划的主要目的是通过化学和生物检测来评估局部水系的水质量。其五,联合执法。由于有相关的立法保障,流域保护区的水资源水环境规划与其他规划可取得高度协调,省内各市县纳入统一规划,各级政府和相关部门能统一行动,联合执法。其六,自我造血。保护局的工作没有停留在书面条文上,而是切实付诸持之以恒的行动中。半岛保护局近几年的年均经费约 900 万加元,但安大略省政府只提供大公益项目所需的经费,其余开销更多靠自筹资金,包括谁受益谁出钱、半岛保护基金会项目收益及旅游等其他创收。在流域管理中,可通过协调,相对超脱于地方行政区划、部门分割,取得的成果最终也会回馈给各地方和部门。

经过美国和加拿大双方的共同努力,伊利湖的污染状况得到了明显改善,富营养化问题得到了基本解决。伊利湖的水生动物种类逐渐增加,鱼类迅速繁殖。伊利湖重新恢复了在该地区娱乐业及经济中的重要地位。为了达到更高的水质目标,以美国国家环保局为主,美国各级政府、商业界与公众共同参与了湖区污染防治计划的制订和实施,最终目的是消除高稳定性有毒物质的危害,维持大湖流域环境与经济的可持续发展。在加拿大、美国之间展开的治理五大湖流域的制度进步呈现出你追我赶的局面。人们有理由相信,共同协商的治理制度能够承诺北美五大湖有一个美好的未来。

从国外流域水污染治理制度创新的典型案例来看,我们可以发现一些可借鉴的基本经验。

第一,最为根本的经验是,跨国流域治理强调协商谈判和共同参与,善治精神贯穿流域治理全过程。为了加大跨国流域水环境治理力度,保障流域治理规划目标的实现,许多国家在流域相应辖区内建立了流域治理制度,并设置强有力的流域管理机构来保障执行。流域涉及的多个国家还建立起有效的协调机制，强调应急联动和信息沟通，加强不同国家政府各部门、各地方政府间的协作。

例如，在多瑙河流域水污染危机处理过程中，相应国家启动了应急机制，互通信息，提供技术支持，共同应对。匈牙利和罗马尼亚两国之间由于流域污染引起的经济损失赔偿问题，也是通过外交途径而不是通过打官司来解决。多瑙河流域8个欧盟国家的政府强调在多瑙河流域国家和人民之间加强合作与理解，建设一个有吸引力的、安全繁荣的多瑙河流域；承诺在欧盟多瑙河流域战略的准备过程中，各国将在吸纳和鼓励公共和私营部门以及所有利益相关者，特别是区域和地方当局、商业和学术团体、民间社团参与方面发挥积极作用。罗马尼亚、匈牙利两国政府联合组成的专家委员会，匈牙利、罗马尼亚、乌克兰三国成立的三国联合工作委员会，都作为一个有型组织投入到实际的水污染治理过程中来，而不是停留于技术指导或监督层面。

又如，在莱茵河早期治理方面，强调政府作为主导力量，依靠政府加大投入用于污染源的防治。荷兰在河流治理中提出了“动态河流管理”的先进理念。后来，莱茵河流域逐步形成了统一的机构来承担治理流域水污染的职责，以尽可能避免不同地区尤其流域自然过程中的上下游地区或行政区的紧张关系。由荷兰发起联合德国、卢森堡、法国和瑞士等国所成立的莱茵河国际污染委员会，为莱茵河的污染治理做了大量的工作，调查研究莱茵河污染的性质、程度与来源，提出防污具体措施，制定有关共同遵守的标准等。为进一步协作治理跨国界流域问题，瑞士、法国、卢森堡、德国和荷兰在巴塞尔成立了莱茵河防治污染委员会，商议对策，互通信息，协调流域治理的各国行动。莱茵河流域国家部长会议还定期召开，汇报本国防污计划和政策的执行情况，并制定其他有关防污的协议与条约。

第二，流域治理需要大量的治理投资和技术进步，更需要创新制度安排，完善立法，多管齐下。流域水污染治理是系统性工程，是社会基础性工程，需要有持续而稳定的资金投入。工业化的后果是流域富营养问题严重。针对富营养问题，控制面源污染非常重要。要对严重污染的河段下重大力气治理，有专业有重点地进行重点面源污染控制。还要在水污染治理技术方面进行攻关，尽快形成高科技环保产业对水污染治理的技术和装备支持。从以上国外创新的典型案例来看，治理流域水污染不只是资金投入和技术支持方面的问题，更是复杂的社会问题，其治理尤其需要制度创新。流域的自然属性和社会属性紧密相连，相辅相成。需要兴建污水处理设施，更需要尊重自然规律，尊重科学，因势利导。例如，在伊利湖富营养化问题原因不明的情况下，政府组织科学家进行了大量的探索性研究，才发现磷在水体富营养化过程中的决定性作用，从而在流域内制定了一系列削减磷排放措施。社会问题的治理需要不断完善机制，敢于创新制度安排。当流域原有管理体系无法完成新的任务时，经多方努力通过立法等手段才能完成流域水污染治理的任务。因此，要不断地进行制度创新。

第三，在流域善治过程中实现多主体力量的联合参与。莱茵河、伊利湖最终从污染严重的流域转变成当今良好生态系统，成功之道在于依靠社会多主体力量的参与治理。从目前来看，这种联合参与的治理模式已经得到了广泛的支持。

1992 年，联合国召开环境与发展大会，当时有 1400 个非政府组织被邀请参加正式会议，还有数以千计的非政府组织参加了同时举行的全球论坛。这次大会被评价为“反映出一次成功的官方与非政府组织之间的最密切的合作”。而且，联合国允许非政府组织以顾问或咨询机构身份进入联合国专门机构。在联合国项目投资上，越来越重视“民众自下而上发展和自主发展”“当地发展”“小区域发展”，其中，非政府组织就是民众参与发展的主要组织形式。在 1992—1996 年联合国开发计划署总共实施的 90 个发展项目中，有 80 个属于旨在鼓励基层民众参与的项目。为了更充分发挥联合国和非政府组织的合作作用，全球委员会在他们的报告(1994)中曾提出过一个旨在促进政府、国际组织与非政府组织之间合作的建议：即在联合国体系内召开一年一次的民间社会论坛。这个民间论坛的观点可以进入到联合国大会的辩论中去，并可以通过向研讨会提供信息和对结论施加影响来帮助大会作出决定。

在对比分析中外跨流域水污染治理的基本逻辑和得失后，可以看出我国流域水污染治理最大的弊端，在于作为统一生态的流域水体遭遇到地方行政分割体制危害，善治原则难以贯彻，集体行动难以形成。其具体表现如下:(1) 我国虽然在参与治理方面有了新进步,但是没有一个能够代表各种参与者利益的有型机构或固定组织。临时性的工作小组虽然可以在一定的时空范围内起到协商作用,但毕竟存在人员、财政以及公共政策局限性的制约,而且当前我国政府公共政策的引导作用仍然比较薄弱。(2) 法制平台建设仍不完善。流域水污染治理成功的国家都有完善的流域法规的支持。在法理完善的基础上,公共权利的行政行为、市场主体的交易行为以及自治主体的协商行为才有保障,也才有可能维护参与者各自的合法权益。我国缺乏统一的水污染治理法律,涉及水事相关诸法部门色彩浓厚,在流域整体利益遭遇行政分割干扰时相关法律制度强制力不够。(3) 目前我国流域水污染治理的融资渠道仍然狭窄。从本质上看,融资渠道和一个国家的财政体制甚至政治体制紧密相关。作为新的制度创新尝试,需要国家层面的规则为流域治理特别是市场融资拓展空间。在民间资本缺乏有效制度激励状态下,社会公共基础设施的建设就必须由政府来完成。而政府公共财政不可能完全承担流域水污染治理任务,这就必然导致流域水污染治理准公共物品供给的不充分。投融资体制和渠道不畅,制约了资本力量在环境保护产业领域的成长,技术装备落后明显成为我国流域水污染治理的短板。

综合本章内容,国外流域水污染治理的成功实践得失,可以为我国流域水污染治理提供有益的借鉴。总的启示在于,流域水污染的治理,在既有的技术水平、资金投入和资源禀赋等约束条件下,其效应主要取决于治理体制和机制等制度创新,取决于善治原则精神的坚持与贯彻,借此可以提高流域水污染治理的质量与效率。

第一,要建立符合流域特性的水污染治理机构和协调机制。为了加大流域水环境治理力度,保障流域治理规划目标的实现,许多国家经过实践探索出一条很重要的成功管理经验,就是以流域为主体,建立符合流域特性的水污染治理机构和协调机制。一方面是建立适合各国国情的流域管理机构。在由地方政府具体实施的同时,由中央政府在流域尤其是跨行政区域流域设立管理机构,加强中央政府的宏观管理。如美国田纳西河流域管理局直接隶属于国会,它既具有统一规划、开发、利用和保护流域内各种自然资源的广泛权限,又是高度自治、财务独立的法人机构;法国直接隶属环境部的塞纳河等6个流域管理办事机构即流域水管局,作为“水议会”的执行机构;加拿大为治理圣劳伦斯河跨省界流域污染问题,由国家环境部专门设立了圣劳伦斯河管理中心,从事技术咨询、生态环境监测和信息交流工作等,积极调动社区群众参与治理流域水污染的积极性。另一方面是建立有效的协调机制,加强政府各部门和流域区内各地方政府间的协作。如美国在俄亥俄河流域治理中所建立的一个由27人组成的委员会领导的跨区际治理机构;法国在塞纳河流域的治理过程中所建立由环境部、农业部、交通部、卫生部等有关部门组成的水资源管理委员会;加拿大在圣劳伦斯河流域治理中所形成的由环境部牵头负责,由农业部、经济发展部、海洋渔业部、交通部等多部门参加,以及企业、社区共同参与的工作机制,形成了统一规划、分部门实施、执法部门负责监督检查的管理体系;欧洲多个国家为治理跨国界流域莱茵河,成立了莱茵河防治污染委员会,商议对策,互通信息,协调流域治理的各国行动。

第二,要构建流域总体综合开发机制,实行流域水污染的有效防治。国外大多数河湖流域的战略规划都是以多目标和综合协调开发为特点的,以水资源和土地资源为开发主线,通过综合开发,实现流域水污染的有效防治。例如,欧洲多瑙河流域环境开发的主要内容包括区域开发、污染治理、工业布局、交通与城镇建设等多方面的综合协调发展;澳洲的墨累达令河流域治理的战略框架,广泛涉及农业、土地资源、地下水、动植物、河流,河岸环境、水质,水分配、水利用效率、河岸地区、文化遗产以及旅游和娱乐管理等方面,这些内容不仅覆盖了墨累河与达令河的统一管理,而且将生态平衡和环境的内容也作为重点纳入流域开发管理之中。

第三,要形成流域水污染治理产业,按照市场化原则建立有效的资金和技术保障机制。在流域水环境管理政策中,在财政、信贷、税收、投入等资金和技术各个方面给予扶持,这是一些国家流域水环境管理取得成功不可缺少的基本条件。如美国田纳西流域综合治理开发的成功,就离不开国家在经济上的大力扶持。国家以优惠的经济条件和政策扶持田纳西流域管理局,并通过管理局来扶持地方经济发展。法国政府全年用于水环境治理的费用约占国内生产总值的1.5%左右,其资金来源主要是政府的财政支出、流域机构收取的水污染税和水资源税。此外,政府还采取补助金制度促进企业和个人投资兴建环保工程，并对环保相关产业实行税收减免与相应的补贴。日本政府在流域水管理方面的资金投入额度也很大，2001年的资金投入额为23956亿日元，占当年政府一般会计预算支出的3%。此外，自20世纪80年代后，运用基金会的组织方式对流域进行管理是实践证明行之有效的经济手段。基金会将筹集到的费用、捐款和政府的投入主要用于建设具有生态意义的工程，对流域资金的投入提供了更有效的保证。

遏制流域水污染严峻形势需要相关技术和设备的支持，中国水资源产业有理由伴随着环保产业的强劲增长而壮大。长期以来，中国经济高增长依靠高投资拉动，但同时也带来了高能耗和高污染排放。据世界银行报告，中国每年污染造成的损失占到GDP的3%—8%，环境约束成为继资源约束后又一束缚我国经济发展的重要因素。随着资源约束的增大，工业加剧了对环境的破坏，节能环保已经变得非常紧迫。未来国家将会对节能环保领域进行战略性倾斜，其中的投资机遇也将会日益凸显。中国环境保护部副部长吴晓青称，环保产业正在成为中国的朝阳产业和引领绿色经济发展的支柱产业。[①] 鉴于我国流域水污染的形势严峻，相关水污染处理的技术和装备制造得到了政策的优先扶持。

第四，要注重流域水污染治理的科学论证与公众参与，形成跨区域的流域善治结构。由于流域的综合开发涉及各个方面，不仅是流域本身，而且是生态、环境、动植物、气象、水利工程以及经济、社会、人口等诸多方面，因而对流域综合开发与资源利用的科学论证的要求也日趋提高。许多国家在制定流域开发规划和确定工程项目时，日益重视"智囊团"的作用，以使工程建立在科学基础上。如，美国在开发密西西比河过程中，陆军工程团就十分注意同有关高等院校、科研机构和企业集团的科研力量进行合作，并建立了科学实验机构。密西西比上游委员会提出的"生态系统战略"和"伙伴管理"模式，"可能需要新的立法以改变一些制度框架"。该模式将流域治理中的不同主体参与定位为"伙伴管理"，准确界定了不同利益主体在流域治理组织架构中的"平等协商"地位，否定了组织管理常态下"实力决定话语权"的传统逻辑，因而具有实践探索和制度创新新意。由于流域水资源管理与水污

---

① 李泰：《环保产业：黄金十年》，载《证券市场周刊》2011年3月。

染防治的广泛性和社会性，许多国家都相当重视民主协商和公众参与，并将其作为流域管理的关键因素。流域管理参加者往往由专属流域机构、流域区内政府、流域区内拥有土地的集体和居民及其他代表组成，如法国的流域委员会中，国家和专家代表、选民代表和用户代表各占1/3，被称为“水务议会”，目前用水户组织已成为法国用水改革的主要力量。美国《清洁水法》明确规定了公众在政府实施NPDES(国家污染物排放清除系统)各个阶段所拥有的权利，为流域水污染防治提供了广泛的民众基础。

第五，要制定严格完善的流域水污染治理法律法规和规划，形成有效的法治机制平台。国外对河湖流域水污染治理都是以完备的法律、法规为基础，给予流域管理机构广泛的管理权。这些法律体系包括流域管理的专门法规，也包括在各种水法、环保法规中有关流域管理的具体条款。以美国为例，政府注重以法律的形式明确流域机构的地位、职责、权利、与地方的关系、组织机构和财务管理，使流域水环境管理的各个方面都有法可依。如《田纳西流域管理法》，不但明确田纳西流域管理委员会的地位与职责，而且把有关水资源的开发、利用、管理、保护及防治水害等问题，集中规定在这个法内，采用制定全流域的法律进行管理，在立法上给予长久、稳定的保证。此外，大量流域管理的规定也分散在各个有关的水法中，美国联邦《清洁水法》是该国水污染控制及水环境保护法律体系的核心，同时，还针对各种问题分别制定若干单行法律，采用具有法律效力的协议、条例，如密西西比河的《洪水灾害防御法》《水资源规划法》等。总之，通过制定各种形式的法律与法规，形成了有效的流域治理法治机制平台。

第六，要以开放的视野吸收成功国家治理流域水污染的经验，因地制宜在分析比较中提出制度创新的思路和对策。他山之石，可以攻玉。组织专家和管理人才出国专题考察很有必要，但要取得真正的结果，离不开结合自身的实际情况进行独立思考。浙江省水利厅组团2009年2月5日至14日对加拿大水资源管理进行考察，认为加拿大的水资源管理经历了水开发—水管理—可持续水管理三个发展阶段，其理念着眼于构筑支撑社会可持续发展的水系统。考察团认为浙江省的水资源总体特征是，由于经济发达、人类活动强烈，资源紧张、环境压力大，水系发育、洪涝灾害频繁，行政区划细、流域跨度大，水资源管理、水生态环境保护和防灾减灾的任务很重。考察团在比较分析后提出了如下制度创新建议:(1) 在钱塘江、瓯江等流域或重要支流,建立水资源管理、生态环境保护和防灾减灾的示范区,再现绿水青山、生态和谐。同时,探索出一种新的跨行政区划和部门的水资源管理和保护的模式,增强流域管理的有效性和协调性,开展有关立法的调研。(2) 选择典型领域和工程,开展水下机器人系统的试验和研究,特别是在工程检测和查险中应用试验研究。(3) 在水资源、河道管理等领域,重视多学科团队的建设,特别是多学科协同管理队伍建设和人才培养。开展水生物的监测试点,为改善水生态环境逐步积累资料。

第六章

超越地方行政分割体制的制度安排：参与共治

地方行政分割体制的单一行政控制方式、二维划分和分散管理的制度结构特征，直接导致了流域水污染治理的集体行动困境。地方政府间缺乏合作的动力机制、政府部门内部有分工少协同、市场和自治组织以及公民个体缺乏参与的激励，是流域水污染治理失效的制度原因。这就表明，在流域水污染治理方面，地方行政分割的制度安排存在着明显的制度缺陷。在地方行政分割体制下，流域水污染治理实际上存在着边际成本上升的趋势，集体物品供给的价格会随着流域所处的地理位置呈现越往下游越发边际递增的现象，而不会像一般情况下那样，供给第一批公共物品的价格会高于其后所供给的公共物品价格。由此使得流域水污染治理所供给的第一批公共物品的价格低于后来所供给的公共物品的价格，越往下游流域水污染治理成本越高，由此产生流域水污染治理的集体行动困境。

面对这种情况，要有效治理流域水污染，在既定的技术水平、资金投入和资源禀赋等约束条件下，重要的出路在于制度创新。在我国流域水污染治理的实践中，人们已经创造了特定的具有创新意义的制度和机制。在这其中，笔者调查的三则典型案例对流域水污染治理的制度创新具有借鉴作用。在这三则典型案例中蕴含的治理制度创新的重要思路，即是超越地方行政分割体制，实施流域水污染治理的参与共治机制。

第一节　参与共治的制度特点

在本书看来,参与共治既是一种体制,也是一种机制。作为体制,参与共治超越了地方行政分割体制的制度安排。作为机制,参与共治是相对政府、市场和自主治理机制而言的一种混合治理流域水污染机制。参与共治是通过地方政府间的合作形成一个跨区域的平台和权威性强制力,在此基础上,通过地方政府间的合力来确保和引导社会多层次利益主体共同参与合作的治理方式。参与共治的要义在于,通过协商合作形成一种超越单一政府的协同性和权威性力量,整合政府、市场和公民参与等机制的力量和有利条件,从而确保和引导多方利益主体的共同参与。

一、参与共治的结构

以我国流域水资源的可持续发展作为合作的导向,流域水污染治理必须首先在不同层级政府间建立一个信息共享、监测合作、目标一致、利益平衡、定期协商、机制灵活的共同平台。为了降低省区或基层交界地带的"交易成本",有效途径之一是通过跨区管理,建立不同层次的区域合作组织(无论是正式组织还是非正式组织),通过组织进行区域管理的运作来降低"交易成本",由此突破地方行政分割体制下的属地管理的制约。区域合作组织的区域管理方式存在的依据,就在于它提供了一种结构,使其成员的参与合作获得现有制度结构中不可能获得的额外收益,或者降低"交易成本"。[①] 这种组织获得流域水污染有效治理的关键在于,组织本身在各个利益主体之间占据一个主导和主干地位。在可控制的范围内,参与合作的各方就有关合作的区域管理方式和政策经由谈判达成一致,并且最终形成一个超行政区域的调节机构或机制。其中,政府之间合作形成的协同性和权威性强制力,对于合作契约的遵守和执行是必要的。这种格局有利于缓解不同区域的政府在谈判流域水污染治理问题时的紧张关系,彼此易于达成集体行动。

---

① 参见安树伟:《行政区边缘经济论》,中国经济出版社2004年版。

在政府间参与合作形成的协同性和权威性平台上,地方政府内部各个部门之间形成合作和协同机制。在流域水污染治理地方行政分割体制状态下,我国水资源分散化管理弊端明显:区域和行业在水资源管理、开发、利用等方面的决策分散;地下水、地表水和云水资源的管理分属不同部门;农业、工业、居民生活用水管理分散;水管理决策执行权在政府领导人、技术分析人员和专职管理人员之间分散;不同管理职能如水质、水量、供水、防洪等部门呈现分散。流域水资源管理的行政权分散在各个不同的行政部门,流域管理机构则被限定在分散性的特定区域(如重要河段、边界河段和交叉河段)和特定标准内(如取水许可的限额以上)承担水管理职能,难以发挥对流域水资源开发利用和管理的调控作用。参与共治就是要在地方政府内部各个部门之间形成合作与协同机制,实现信息共享,统一决策,协调行动。

在政府间参与合作形成的协同性和权威性平台上,企业参与构成其重要内容。企业在常态下总是作为"经济人"出现,对社会资本和道德风险考虑不足。在提供流域水污染治理准公共物品时,排污企业作为市场经济主体有责任消除自身的环境外部性。企业还具备拓展生存空间的敏锐和能力,国家节能减排政策给他们带来了机遇。中国环保产业的崛起离不开企业的研发投入和技术突破。例如,未来超出水资源控制量之外的增量指标,将通过水权流转或再生水使用的方式满足,该政策将为从事污水处理的相关上市公司带来明显利好,污水处理公司受益最大。纵观中国 A 股水务板块,名列前茅的污水处理公司当属 SC 股份,其污水处理是公司主要利润来源。实现水资源总量控制监测必不可少的设备类上市公司也将从中受益。水利部准备启动国家水资源监控能力建设,建成覆盖中央、流域、省、市、县五级的水资源监控体系,该体系将以 1.2 万个监测点为基础,以 40 个各级监控平台为数据处理中心。如果该体系得以建立,未来水资源在线监测、软件研发和系统集成等方面每年的市场规模在 20—30 亿元之间。而 XH 环保是国内规模最大、产品线最全、创新能力最强的环境监测仪器专业生产企业之一,有望从中受益。[①]

在政府间参与合作治理的协同和权威平台上,公民参与是重要的内容。

---

① 王颖春:《细化水资源管理制度,水务板块迎来良机》,载《中国证券报》2011 年 3 月 29 日。根据学术著作的要求,本书编辑在本段文字中以 SC 和 XH 分别代指两家国内上市公司。

对于作为参与主体之一的公民来说，参与是建立在公民对共同协商价值和规则承诺的基础之上的，也是由于公民对公共权力、地域政治团体的忠诚所采取的行动。对于公共权力主体和其他公民来说，承认特定的公民参与，就是承认该公民的参与权利，就具有尊重这种权利及其行使的义务。这也就是说，普通公民应该积极地参与政府事务，了解政府决策过程和方式，表明自己的观点，将自己的要求转化为支持，参加公共权力运作的输入过程。公共权力和其他公民也必须尊重特定公民的参与。在我国，公众参与决策和监督不足，仍然是影响公众主动接受和贯彻管理政策、公众权益易受损害的重要原因。导致这一状况的原因，一方面是我国民主议政的政治氛围尚待发展，另一方面是公众影响没有形成合力，公众没有自己的组织，在参与方式、参与深度等方面都受到限制。为提高流域水污染治理的效率和质量，培育公众参与意识、培育公众形成各种类型的组织，是设计新的流域水污染治理制度必不可少的措施。公众的参与治理有利于突破地方行政分割体制下单一行政方式的禁锢，有利于化解块块矛盾下的部门利益之争给流域共同利益带来损失的困境。

在流域水污染治理中，政府要通过合法的权威来确认和保障社会成员平等的基本权利，这样在全流域范围内看来各利益主体比较公平；政府行动的另外一层含义是利益再分配，即将流域水污染治理所得利益分配给那些最需要的人。事实上，这也是政府存在的公共道德原因。而利益的再分配属于公共物品的范畴，总会因为交易成本过高和正外部效应而供给不足，因此政府作为替代选择，能够扩大供给从而增加流域整体的社会福利。政府权威的正确运用，需要确保建立专门的环境保护协调机制和信息通报机制。共享环境监测信息，建立区域内的重大环境事件的通报机制，污染整治工作的协作机制，强化区域内的环境执法。在污染物监测、年度排放审核、总量分配信息交流、总量核算、违法行为协查等方面建立协调机制。政府权威的正确运用，还要在一个适度的空间进行。因此，要接受公民、团体以及市场对政府权力的监督，同时也要接受作为代言人的立法机构和作为监督人的司法机构的联合监督，通过民主法制的方式实现多方利益的最大化。

总的来说，通过上述对参与共治基本结构的分析，笔者将其归纳为四个层面的内容：

第一,以不同地方行政区的利益实现作为参与共治的前提。各地方政府的行动是为了实现该区域的利益,这也是参与共治机制中地方政府间协同性和权威性平台得以形成、存在和运行的基础。地方政府是流域水污染治理的责任主体。就流域水污染治理来说,地方政府的利益实现一方面表现为地方政府在合理合法的尺度范围内治理污染水体,鼓励和保护公民个人、团体或市场组织获得和利用水资源,另一方面还表现为本区域的利益实现要受到其他地区利益实现的制约。在经过利益谈判和妥协过程后,才可能达成共同行动。

第二,政府间的合作形成一个跨区域的协同性和权威性力量。这种协同性和权威性力量对于契约的遵守是必要和必然的。在跨区域协同行动过程中,不同行政区的地方政府之间的协同行动有时是同级地方政府之间的互动,有时是不同层级地方政府之间的互动,后者更多地表现为协同行动中的平等伙伴关系。政府之间互动有着丰富的内涵,既包括地方政府与地方政府之间对当地科学知识与时空信息的交流建立起内在的联系共享机制,也包括地方政府与地方政府之间的信息通达渠道,还包括地方政府之间行动规则的确立。人们总是习惯把参与的概念和主张与缩减治理中的层级节制和技术统治联系在一起。① 参与共治需要注意过程之中发生的程序而不是结构和结果。

第三,建立行政区职能部门之间以及和流域管理机构的联动合作。行政区内部各个职能部门之间的通力合作,有利于地方政府发挥对区域内水污染治理的地区优势,减少部门之间的职能冲突。行政区的职能部门和流域管理机构的合作,则从根本上打破了流域水污染治理行政区域与流域的分野,有利于建立参与共治的行动机制。行政区内职能部门之间的分散管理局面得以控制,是流域管理机构发挥作用的先决条件。

第四,当地的企业等市场主体、社会公众等社会主体的参与及其与地方政府治理行动的实现协商合作。在这里,企业、社会公众等主体不仅是政府力量的有益补充,而且也是流域水污染治理的参与和治理主体,是流域水污染治理的重要力量。政府是治理的责任主体,应该对流域水污染治理提供

---

① 参见盖伊·彼得斯:《政府未来的治理模式》,中国人民大学出版社 2001 年版。

政策引导和制度激励。企业作为市场经济主体有责任消除自身的环境外部性。企业还具备拓展生存空间的敏锐和能力,能够把握国家节能减排政策带来的机遇。培育公众环境参与意识、培育公众形成环境友好型组织,是设计新的流域水污染治理制度的重要内容。

这四个层面具有化解地方行政分割体制所存在的结构性矛盾的针对性,可以解决地方行政分割体制下的地方政府之间、地方政府内部之间以及政府、市场和公众之间的集体行动困境问题。参与共治有利于打破地方行政分割体制给地方行政带来的分散割据、权力重叠、封闭保守、连带责任的恶性循环。它与水利工程技术的结合,对解决我国流域水污染治理现实困境以及超越地方行政分割体制具有积极的制度意义。

尤其需要说明的是,立法和司法等权力和执法机构应该起到有效协调、沟通、监督,公正公平保护社会各方合法权益的作用,以保证各利益主体在参与共治的系统内一旦发生矛盾和冲突,也能够得到协调和化解,从而迅速恢复这一制度模式的均衡状态。

二、参与共治的特征

通过参与共治的基本结构的分析,可以对它的发展特征概括如下:

(一)参与共治使得治理的主体范围扩大

和地方行政分割体制的单纯政府管制相比,参与共治的主体范围得到扩大,主体间的相互依赖程度得到提高。为实现共同治理流域水污染的目标,参与共治往往体现为主体间多样化的行动、干预和控制,可以是契约性合作,也可以是政府按照法定程序转授部分公共服务和公共管理权给予社会其他组织。总之,流域水污染参与共治强调多元主体之间基于各自资源而对于公共理性展开合作式协商考虑,形成彼此之间可持续的互动与合作。流域水污染参与共治的主体包括:

1. 相关地方政府

地方政府既是一种实体,也是一种权威性制度安排。也就是说,地方政府既是流域水污染参与共治的主体,是流域水污染治理的责任主体,也是流域水污染治理的公共制度安排。在我国流域水污染治理中,由于流域水污染治理存在地域性和准公共物品属性,再加上其中独特的治理困境等因素的制约，地方政府应该拥有合理合法的权威强制力，从而在水污染的治理中起着主导作用。作为区域公共权威的代表，地方政府是区域公共权威的唯一主体，因此也相应具有独特的垄断性的资源汲取能力和供给能力。正是这种资源汲取能力和供给能力，使得公共产品的供给和需求可以分离，流域或区域所需求公共产品不全是由政府供给。

而在地方行政分割体制下，单一的行政方式使得流域水污染治理缺乏市场机制和自治机制的作用，所以很容易导致流域水污染治理的单一行政供给困境。从案例的分析和参与共治的基本结构的分析可以看出，在跨区域协同行动过程中，参与共治中的协同行动有时是同级地方政府之间的互动，层级越高互动越困难；有时是不同层级地方政府之间的互动，后者更多地表现为协同行动中的平等伙伴关系。从我国流域水污染治理实践来看，基层地方政府能够更多地发挥出政府能力，不同区域内不同层级的地方政府都可以通过平等协商和谈判妥协最终达成共同行动。例如，在处理江苏省苏州市吴江市（县级）盛泽镇和浙江省嘉兴市秀洲区（县级）的王江泾镇之间澜溪塘流域水污染时，相同层级的吴江市和秀洲区建立了行政监察制度、信息披露制度和联席会议制度，而吴江市（县级）设在盛泽镇的环保分局也可以直接和对方秀洲区的政府部门协商处理水污染应急事件。

在流域水污染的参与共治中，强调慎用政府干预。政府干预应具备一些约束条件：其一，政府干预应严格限制在市场失灵的领域，比如要有利于流域水污染公共基础设施的建设；其二，政府干预后的境况应比先前有所改善，比如污染总量得到有效控制；其三，政府干预所得的收益应大于其所付出的成本，也就是满足效率要求。政府应与市场共同努力，采取补贴、处罚、明晰产权等多种手段的有机协调政策。因此，地方政府应使其控制的权力从集中走向分散，把流域水污染治理中本不该管，而可以由市场主体和社会公众管的事还给市场和社会，从而更好地管好权威性制度规范范围内该管的事。与此同时，着力创造条件，打造协同协商合作平台，调动各种社会力量的积极性，使得不同利益主体都参与到流域水污染治理中来。

2．地方政府不同相关部门

在政府间参与合作形成的协同性和权威性平台上，地方政府内部各个部门之间形成合作和协同机制。参与共治可以在地方政府内部各个部门之间形成合作与协同机制,实现信息共享,统一决策,协调行动。具体而言,在流域水污染参与共治状态下,我国流域水资源分散管理弊端得以控制,区域和行业水资源开发、利用统一决策,地下水、地表水和云水资源统一开发,农业、工业、居民生活用水统筹兼顾,水质、水量、供水、防洪等职能部门协同行动。在组织运行中,一般由政府主管领导、技术分析人员和专职管理人员共同决策和执行,常态事务遵循科学原则和工作程序,应急事件的处理效率得以提高。流域水污染治理行动突破行政边界控制,跨区域共同协商和集体行动成为常态。

3. 市场主体

在流域水污染治理之中,市场是参与共治发挥作用的一种机制。作为市场主体的企业组织则是参与共治的重要主体。因此,可以认为,市场既是流域水污染制造机制,也是流域水污染治理的必要机制。但是,这并不是说市场承担着两个角色的功能,而是说作为市场主体的企业组织在市场机制作用下已经成为流域水污染的制造者之一,因此必须承担一定的治理责任。但作为一种手段来说,市场则代表着一种运行的机制,是一只"看不见的手"。作为一种机制,市场可以运用交易的方式获得流域水污染治理所必需的资源,也可以通过交易的方式来达成合作性的协议,消除其环境负外部性。这种功能和机制在太湖流域水污染治理和澜溪塘流域水污染较强治理中表现得尤为明显。

市场主体的成长和运行模式处于变化和探索中。目前,我国环保企业已掌握了具有世界先进水平的城市生活污水处理技术,具备了相应的设备生产能力。由于实现了技术装备国产化,治理成本大幅度下降,城市污水处理产业化成为可能。同时,我国社会资金充裕,上市公司、民营企业、金融机构都看好环保产业投资。现在已有部分国内民营企业投资建设、经营城市污水处理厂,更多的民营企业、上市公司和外资都在寻求机会,关键是我们的城市生活污水处理厂市场化、产业化机制尚未建立起来,它们不得门而入。只要政府建立了这样的机制,水污染治理的投入问题也就会迎刃而解。与流域水污染治理这一公共产品和公共服务供给相似的公路建设,已经为我们做出了成功示范。如果我国城市生活污水治理推行"谁污染谁付费,集中处理,产业化经营",则我国水污染治理局面将会发生一个根本的变化,环保产业也将获得巨大的发展。如将潜在的环保市场转变为现实的巨大环保市场，将有力带动我国环保产业的发展，水污染治理技术和设备质量将随着大批量的应用而进一步提高，水污染治理行业将获得空前的发展。城市污水处理厂的产业化将孕育一批专业化投资运营的公司乃至集团企业，从根本上改善我国环保产业企业规模结构，提升企业技术竞争能力和经营管理水平。

在这其中，尤其应该强调指出的是，城市生活污水处理厂产业化，实行招标制度，将有利于促进民族环保产业的健康发展，增强与外资企业竞争的能力。价格较低无疑是我们的优势，外资几乎很难再与国内环保企业竞争，除非他们和我们合资、合作，实现国产化，大幅度降低成本。利用国外政府贷款建设城市生活污水处理厂，由于其高昂的成本将难在我国找到市场，水污染治理的洋货时代也将结束，于国于民都是件大好事。目前沈阳等城市政府已率先实行了城市污水处理厂的产业化，相关经验应该得到总结推广。我国大中城市都要因地制宜建立起城市生活污水处理产业化、市场化运行的机制。

4. 社会公众

社会公众包括公民、法人、其他组织以及有关环境保护的非政府组织（NGO）。在前述参与共治的三个典型案例之中，公众的参与对流域水污染治理以及参与共治的实现起到了重要作用。就流域水污染治理来说，公民个人与社会组织往往是实施自治的主体。如果使用者人数少或者用户团体规模小时，很容易通过自主性契约安排来实现自治。这样的情形也往往用于小规模公共资源如公共池塘资源治理的分析上。[①] 但如果人数足够多，相关的用户规模足够大，同时公共资源例如大的江河水资源本身具有流动性时，则会牵涉到各式各样的具体利益和变动的利益。这时，要以纯粹自发自主的契约方式达成集体行动是非常困难的。而当这种公共资源面临地方行政分割体制的制约时，社会成员之间的自发性自主契约更加难以形成。因此，公众参与首先必须获得政府权威的确认和保障，在此基础上，才能形成社会公众参与对政府机制与市场机制的有益补充。因此，社会公众参与只

① 参见埃莉诺·奥斯特罗姆：《公共事物的治理之道》，上海三联书店2000年版。

有和市场机制与政府机制结合起来,才能形成超越地方行政分割体制参与共治结构。此外,个人与社会组织在流域水污染治理中还有一个明显的优势,就是能够提供有效的监督。无论是从理性的个人利益计算出发,还是从社会公平正义的角度考量,对流域水污染的监督取得的社会福利永远是有益的。

在全社会环境意识已经觉醒的当今中国,生态道德受到高度文明层次意义上的关注,各种绿色环保组织正在发挥着政府和市场均不能替代的作用。因此,在参与共治模式中,在政府、市场和公民自组织以外,还存在着其他民间专业组织,以上典型案例分析显示,如"自然之友""绿家园"等一批民间专业性环保组织也在参与共治中发挥着影响和作用。在这里,民间专业性环保组织的重要性还在于,"它可以在一定程度上改变环境和生态保护问题上社会力量高度不均衡、不对等的格局,用组织的因素来强化抵制破坏环境和生态的力量。"①因此,民间专业性社会组织对解决我国流域水污染治理困境,突破地方行政分割体制的禁锢,构建我国流域水污染治理的参与共治机制具有积极的作用。

(二)参与共治使得治理的内容丰富

参与共治是从超越我国流域水污染治理的地方行政分割体制出发,由地方政府间的合作形成一个跨区域的协同性和权威性平台,进而通过地方政府间的合力来确保和引导社会多层次利益主体共同参与合作的治理机制。这种治理机制的要义在于通过协商形成一种超越单边政府的局限性和行政强制力,整合政府、市场和公众这三种机制的力量和有利优势,从而积极引导多方利益主体共同参与流域水污染治理。因此,它包含着丰富的内容。

首先,地方政府间要形成跨区域的协同性和权威性平台,这是参与共治的前提条件。与地方行政分割体制的单一行政方式、二维划分和分散管理相比,参与共治强调的是流域内不同政府间包括不同层次政府间的协商合作,以突破地方行政分治的格局。参与共治既要求各个行政主体对属地范围内的流域水污染治理承担责任,尤其是地方政府必须承担流域水污染治

---

① 孙立平:《环境的背后是什么?》,载《经济观察报》2003年9月29日。

理的主体责任，还要求在各个行政区域能够从水系流域共同利益角度出发来考虑问题和利益得失，以积极合作的姿态参与跨区域的流域水污染协商治理。

其次，参与共治是多个利益主体之间的联合互动与协商机制。参与共治也是实现流域共同利益最大化的社会治理过程，是善治政府之要求。“善治”精神体现于它的全部过程。① 它不仅仅是单一的政府行政行为，还有市场、社会组织、个人和其他组织的参与。不过，在参与共治中，不同的主体各自所承担的职能不同，但彼此之间构成了协作和互补关系。这种多个利益主体的联合和协同互动，是在政府权威的保证下形成的。参与共治各个主体之间的契约的执行以及自组织的发生，都需要以政府的权威强制力为后盾。在政府的权威强制力作用下，多方利益主体共同建立起协商机制，共同处理流域水污染问题。流域水资源治理的参与者与当地政府之间能够通过许多公共平台和公共论坛来进行协商、交流和讨论，通过定期的交流和协商来解决不同地区之间的水事矛盾和污染纠纷。因此，参与共治是相关利益主体直接参与解决利益矛盾和冲突，实现公共利益，维护各自合理权利的有效机制。

再次，参与共治是多个利益主体之间的约束。参与共治需要多种力量的合作与均衡，需要在多个利益主体之间建立起彼此之间的约束机制。在流域水污染治理中，有效的内部制衡依赖于充分的时空信息披露，同时也充分依赖于对当地情况的把握。这些时空信息包括：(1) 当地的社会和自然环境特征；(2) 某一地区所应用的各种各样的生产策略；(3) 某一地区目前正在使用的工具、人力和实物资本；(4) 现存的制度安排。② 当个人或物品的内在质量属性差别很大，而不投入足够的时间或获得足够的时空知识及资源就很难测量这种质量特性时，常见的信息不对称就会发生。③ 因此，只有在参与共治机制作用下，建立起信息共享和集体行动逻辑，即便与流域水污染治理相关的利益主体因为信息不对称而存在不同的设想，彼此之间仍然

---

① 俞可平认为：善治就是使公共利益最大化的社会管理过程。善治的本质特征就在于它是政府与公民对公共生活的合作管理。参见俞可平主编：《治理与善治》，社会科学文献出版社 2000 年版，第 8 页。

② 埃莉诺·奥斯特罗姆：《制度激励与可持续发展》，上海三联书店 2000 年版，第 60 页。

③ 同上书，第 67 页。

能够实现利益均衡和行动约束。这就为改变过去那种各行其是,推脱责任,流域水污染治理无人问津的局面创造了条件。

最后,参与共治代表着流域水污染治理的利益实现,实现"多赢"局面是其目的和归宿。参与共治是多个利益主体的协商治理,是政府、市场、社会公众和自治组织等多个利益主体的集体行动的实现,在这其中,实际上存在着多个利益主体之间的博弈。对于流域水污染的治理来说,不仅需要在这一博弈过程中实现流域水治理意义上的公共利益,而且需要达成各博弈主体之间的"多赢"结果,而直接的参与,面对面的协商,恰恰是达成这些结果的现代制度设计。在流域内存在不同层级的地方行政区,不同利益主体之间的关系互动形成该区域内的政治市场。

第二节　参与共治的动力来源

从前文的分析可以得知,参与共治是超越地方行政分割体制的制度安排,是通过地方政府间的合力来确保和引导社会多层次利益主体共同参与合作的治理方式。通过实际的典型案例的分析也可以看出,流域范围内各个利益主体要达成集体行动,首先必须建立起一个能够促使各个利益主体进行合作的平台。流域水污染治理是在不同行政区域之间由多方参与解决利益冲突的课题,其制度安排是一个利益协调和利益整合的过程,反映了社会利益关系的发展变化和调整。

流域水污染需要跨行政区的共同治理。假设经济增长与流域水质的关系足够紧密,则可通过数理模型分析来找到两者优化配置的方案。如图 6-1 所示,在坐标系中,x 代表经济增长,y 代表流域水质。x 越大,经济增长总量越大;y 越大,流域水质越差。圆心 $O(\alpha,\beta)$ 为理性均衡的经济增长和流域水质匹配,表示利益组合最优。图中大小圆分别代表两个规模不等的地方行政区,各自政府选择不同的政策集合。直线方程 $y = kx + b(b \neq 0)$ 代表特定条件下的协调成本约束函数,它要求流域内的经济增长与流域水质协调配置。

在流域共同利益约束下,不同行政区的地方政府选择经济增长和流域

水质的政策组合不同，表现为圆心相同、半径不等的数量特征。表达不同行政区实现共同利益的共同方程式是

$$(x - \alpha)^2 + (y - \beta)^2 = r^2 \tag{1}$$

假设A、B两点代表给定的协调成本约束条件下两个地方政府作出的任意政策选择，即A、B对相应的地方行政区政府而言都是一种现实的政策组合。在这两个以O(α,β)为圆心的同心圆中，地方政府的最大利益半径分别为$OA(r_1)$和$OB(r_2)$。假设两个地方政府要实现的最大利益总和为S，那么，

$$S = OA + OB = r_1 + r_2 \tag{2}$$

代表协调成本的直线方程$y = kx + b$与同心圆呈现动态相交，线段AB表示两个地区之间的协调成本，在多数情况下不是成本最小。在数量关系上，根据“三角形两边之差小于第三边”的公理，恒成立的不等式为：

$$AB > S = OB - OA = r_2 - r_1 \tag{3}$$

当且仅当直线通过圆心并且满足条件$b = 0$时，其图像通过坐标原点和圆心(α,β)，直线方程$y = kx + b$可以简化为

$$y = x * \beta/\alpha \tag{4}$$

这时A、B两个地区的协调成本为PQ，取得最小值即：

$$AB = PQ = r_2 - r_1 \tag{5}$$

当线段与共同利益线重叠时，直线与同心圆构成的几何图形表达的经济学意义是：其一，流域不同行政区的地方政府选择了共同利益优先的政策组合，地区之间的协调成本最低，共同利益得以实现；其二，单一地区发展的成本约束函数满足共同利益的要求，在经济增长和流域水质权衡上实现最优配置；其三，直线通过圆点后与两园相交的P、Q两点，分别是两个地区的最优组合，对应着确定的经济增长总量和流域水质约束指标。这说明，在流域水资源条件稳定状态下，即便流域内不同行政区的地方政府能够维护流域的共同利益，各个地区的经济增长总量也存在天花板的约束。

总的看来，分析不同行政区在流域水污染治理中的利益动态平衡图，共同利益引导下流域水污染治理的利益格局中，最小协调成本函数是通过坐标原点和圆点O点的直线方程$y = x * \beta/\alpha$，那么这条直线也可以被视为共同利益线，它与多个半径不等的同心圆相交，即是不同行政区的利益实现与

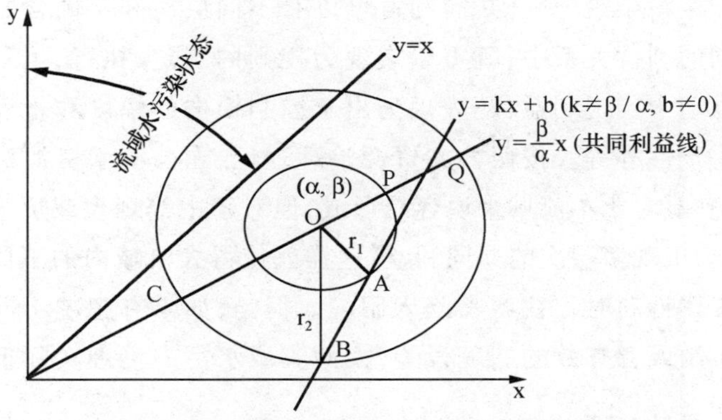

图 6-1　不同行政区在流域水污染治理中的利益格局

共同利益的交汇点。不同行政区在流域水污染参与共治中形成均衡合理的利益格局,实现了地区利益和流域共同利益的多赢。而当流域陷入水污染境地后,共同利益线 $y = x * \beta/\alpha$ 处于 $y = x$ 和 y 轴之间,表明此时经济总量的扩张要支付更大的流域水资源环境成本,流域经济陷入不可持续发展状态。结合共同利益线与动态平衡方程式 $(x - \alpha)^2 + (y - \beta)^2 = r^2$ 的互动分析,本节的数理模型图释了不同行政区的共同利益以及它们如何得以实现。

因此,参与共治的动力来源是存在共同利益条件下的多主体力量的联合。解决具有强烈外部性的环境污染问题是多方参与的非零和博弈。各方只有合作才能实现资源持续利用和环境友好型社会的目标,才能给利益相关各方带来环境利益。共同利益是实现环境合作的利益驱动力。在共同利益的驱动下,政府、市场、公民以及社会组织共同形成多方面的支持系统,并进而实现其合理利益诉求;制度的有效性的空间呈现出多维立体结构。多层次的政府部门、代理机构和司法机关、市场、公民与社会组织等都作为参与共治的主体,虽然各自代表着不同利益,但其作用对象以及能够产生的效益却成比例地扩大。因此,制度的有效性空间得到拓宽。参与共治机制超越了地方行政分割体制,使得多层次的利益主体能够参与到流域水污染治理中来,由此不仅实现了不同利益主体的利益诉求,而且也实现了流域水污染治理的共同利益,从而给流域水污染治理提供了相应的激励。正因为如此,才产生淮河流域治理和松花江流域水污染治理失效,而龙王河、澜溪塘流域和太湖流域的水污染治理有效的巨大差别。

在流域水污染治理中，共同利益可以有不同层次和不同含义的内容表现。在不同的利益关系中，既可以表现为规则的制定、执行，也可以表现利益主体在互动中实现利益，还表现为出于控制损失的幅度和量度目的而达成的集体一致性等等。按照公共资源治理理论，在公共水资源污染治理过程中，共同利益对于小流域来说容易形成，但对于中等规模或更大规模的流域来说，则会出现多层次的共同利益，这样就使得大流域内的不同利益共同体在采取集体行动时往往容易陷入困境。但是，如果有超越不同层次的特殊的激励机制或者有效的制度设置，大的流域水污染治理实际上也能够形成集体行动。

第三节　参与共治的实施方式

通过参与共治基本结构、制度特点以及动力来源的分析，笔者发现，对于流域水污染治理的参与共治机制，主要包含以下几种具体实施方式：

一、权威方式

参与共治是在共同利益基础上，以地方政府间的权威强制力的协同合力为主导和主干形成的，因此，参与共治的首要方式是权威方式。这种方式主要表现为地方政府的直接控制、命令和压力。政府作为公共权力的代表，其作用力有单向度、能量的转换过程以及作用后果的不可逆性。就流域水污染治理而言，没有政府权威强制力，在涉及多个大规模行政区利益前提下，大的流域如淮河的治理会举步维艰；没有政府权威强制力，即便是达成了参与共治的基本制度框架，也难以保证它在实际操作中得到有效执行。

参与共治首先强调，流域内不同政府间包括不同层次政府间实现协商合作，以突破地方行政分治的格局。参与共治还要求，在地方政府内部各个部门之间形成合作与协同机制，实现信息共享，统一决策，协调行动。在地方政府与流域机构关系上，参与共治要求流域内各个地方政府能够从水系流域共同利益出发，考虑全局问题和利益得失，以积极合作的姿态参与跨区域的流域水污染协商治理。流域水污染治理行动突破行政边界控制，跨区域共同协商和集体行动成为常态。在此，应该着重指出的是，参与共治权威强制力形成于地方政府之间,而不是来自流域内单一地区政府(甚至是层级最高一级政府)的直接命令、控制和压力;参与共治制度的构建,正是要克服地方政府单边控制造成的诸多弊端。

二、协调方式

协调方式是在共同利益的支持下,对不同利益主体的利益诉求进行的一种均衡,从而实现集体行动。对于参与共治模式来说,协调方式在本质上是协商民主和协商治理。作为现代社会公共决策获得合法性的重要途径,协商民主的核心概念是协商或公共协商,强调对话、讨论、辩论、审议与共识。只有合法的决策才能够赢得民众的支持,才能够将公共利益置于首要位置,才能够形成一个和谐的社会。协商民主强调在参与、讨论和集体反思的过程中,尊重各种不同的偏好、利益和观点,在达成共识的基础上,赋予立法和决策以合法性。① 协商治理的核心也是公共协商,就是社会公众参与公共讨论和批判性审视具有集体约束力的公共政策的过程。参与共治就是要运用协调方式,在流域水污染治理中依靠公共协商,建立起不同利益主体之间的协调机制,以实现流域治理决策的合法性和决策执行的有效性。

在参与共治过程中,首先要建立地方政府间的协同和协调机制。地方政府间的合作也会出现目标替代、目标转换、攀比等现象,而利用适合于相关领域的较大范围的管辖单位能够防治这些弊端。然而,这样的解决方案并不一定要创设一个管辖单位,而排斥所有较小的管辖单位。依靠交叠的管辖建立合力机制,是组织模式的另一种选择。当然,这种交叠管辖要依靠上一个较大政府单位的决策机制和决策能力。因此,依靠省来管理省的流域冲突问题,往往容易进入零和博弈。相形之下,中央政府管理不同的省份之间的流域水污染治理冲突的权威,对于避免相关省份之间的冲突是必要的。同样的逻辑也适合于省以下的各个对应层级。除此之外,是要建立流域机构和地方政府部门之间的协调机制。从太湖治理的实际案例来看,流域管理机构和地方政府职能部门之间的协调起到了重要的积极作用。

其次是建立公众、市场和政府之间的协调。参与共治可以被看做是一

① 参阅陈家刚:《协商治理:和谐社会的一种治理机制》,载《学习时报》2007 年 1 月 27 日。

个有机的组织系统。社会公众通过参与政策听证会等协商民主形式，表达他们对流域治理政策的支持或不支持，并在协商治理中逐步培养现代社会的公民精神。企业作为市场经济的主体力量，对流域治理政策具有因势利导的能力，进而决定在该区域的投资项目和规模。政府通过政策的制定，激励或调控市场上项目和资金在流域内的地区投放。在参与共治体制内实施协商治理，社会公众、企业和政府作为协调方式的主体成员，具有平等的民主表达权利，政府不能以权威强势角色出现。

三、沟通方式

参与共治的沟通方式是指流域内不同利益主体之间的信息交流。在每个组织系统内，该组织的每一个成员都要成为行政体系与外界环境信息交流的管道，行政系统信息的输入和输出要实现一种多层次、多渠道的结构。信息的畅通无疑对协调的效率有很大帮助。根据沟通的不同层次可以分为上行沟通、下行沟通和平行沟通。在流域水污染治理中，信息采集的及时、全面、准确是重要的，信息的及时传播和公开透明同样是重要的。在流域水污染治理的参与共治中，政府应该以各种形式来实现公民对行政决策的参与。地方政府在决定与公民切身利益直接相关的流域水污染治理决策方案时，可采取听证会的形式，邀请各方面群众代表，直接听取群众意见，以便使决策符合实际和公众的意愿；也可以建立智囊库，使行政决策科学化，吸收各方面专家参与决策，发挥专家的作用，减少决策的主观性和随意性。此外，还要采取具体措施方便群众对政府决策的了解和监督，提高政府决策的透明度，如实行政务公开，建立健全人民群众评议政府部门工作制度，设立廉政监督员、信息员，政府电子化等。

国家环保总局副局长潘岳在《环境保护与公众参与》一文中强调环境信息公开化，公众的知情权关键在于要实行信息法治。文章认为，环境信息公开又称环境信息披露，是一种全新的环境管理手段。它承认公众的环境知情权和批评权，通过公布相关信息，借用公众舆论和公众监督，对环境污染和生态破坏的制造者施加压力。1998 年，35 个来自欧洲和中亚的国家在丹麦签署了《奥胡斯公约》。其核心内容是强调公众的环境信息知情权，随后又有 39 个国家也加入了该公约。我国政府为推进环境信息公开已做了诸多努力,如每年公布环境公报,每月公布大江大河水质状况,每天公布城市空气质量,各传媒都在广泛地报道环境事件。但存在的问题是,公众个人要求政府和企业提供环境方面的相关资料,相当困难。公众向谁要?谁会给?谁应该给?我们缺少公众与政府部门间的信息互动。

在参与共治信息沟通机理的作用下,决策层首先可以及时获取最核心的行政信息,并适时根据反馈信息重新论证和调整以往的流域水污染治理政策,并将调整后的政策、决定发布下达并执行;而中间层可以在接收到上层传达的宏观政策决策的基础上,再根据本地区、本部门的特点,形成具有实际操作意义的行政策略和命令;至于执行层则可以因此而形成最直接有效的具体办法,执行行政决策和命令,并将执行后的效果和有关信息经初加工后再反馈给上级层级。当地公众都可以参与到项目的实施过程中,这是公众向政府表达自己意愿的最好方式。在流域水污染治理中,有更多的民间环保组织代表公众的利益,也是有效的沟通方式。我国首个水污染公益数据库"中国水污染地"(www.ipe.org.cn/water),2006 年 9 月 14 日正式开通使用。承担该数据库建设的民间环保组织公众与环境研究中心主任马军介绍,用户可通过点击数字地图,检索全国 31 个省级行政区和超过 300 家地市级行政区的水质信息、污染排放信息和污染源信息,包括超标排放企业和污水处理厂信息。要实现我国流域水污染治理的参与共治,就要突出公众参与的参与能力培训、参与意识教育、参与机制建设和参与渠道的拓展。也只有这样,参与共治的沟通方式才有可能实现。

四、法治方式

参与共治需要建立完善的法律监督体系,进行有效的事前事后监督。一要尽快完善监督立法,明确各种监督主体的权限、分工和职责,消除行政监督的死角,使权力机关和司法机关以及其他监督主体的监督真正发挥应有的作用。二要提高各级人大常委会法律监督人员的素质,切实发挥人大监督行政的应有功能。三要加强舆论监督,反映公民的愿望、意见、要求和对行政机关及其工作人员的违法失职行为的举报、控告。这种监督方式具有迅速、敏锐、直接、及时和覆盖面广的特点,必定是作用于政治舞台的一种非常有效的监督方式。

在参与共治中,生产者和消费者的利益通过立法机构的立法得到反映,不仅可以得到行政救济,还可以通过司法审查得到补救,行政权始终处于立法和司法的监督之下。如果民众和立法机构之间的委托代理关系不够健全,没有建立制度化的利益反映机制,他们对立法活动所能施加的影响力就会非常有限。而立法和司法机构如果对行政系统的监督不力,就难以保证行政机构在行使其管辖权时能够充分兼顾各利益主体的利益诉求,而且当弱势利益主体的利益受到损害时也难以得到充分的法律救助。

因此,政府要接受来自内部和外部特别是外部力量对它的监督。社会舆论监督、新闻媒体监督、政府外其他组织的监督等多管齐下,才能形成一个立体的监督网络。决策者再根据反馈的信息及时调整、修正自己的决策和政策。也就是说,行政组织系统要形成一条自上而下、由下至上的"行政链条",环环相扣,紧密相连;而且每一个环既自成一个独立的回路,又与上下链环保持着不可分割的联系。

五、交易方式

在覆盖不同行政区的同一流域内,流域内的群体利益或者群体中的公共利益即为该流域群体成员的共同利益。流域水污染治理最为根本的共同目标和共同利益,在于实现流域水资源永续利用、生态环境的可持续发展与流域内经济社会科学发展的良性互动。在流域共同利益约束下实施参与共治的交易方式,一方面要在提供流域水污染治理准公共物品时严格实行"谁污染谁付费"的市场规则,另一方面为防治流域水污染形成要采取流域水资源效率优先的市场交易措施。

"谁污染谁付费"的市场规则,是流域水污染准公共物品提供的经济制度基石。流域内不同大小的行政区有不同的利益取向,即便是同一行政区内的企业在对待负的环境外部性时总是存在"搭便车"心理,更何况数量繁多的利益个体都存在经济行为自利化倾向,因此,没有污染者付费的游戏规则,不论是流域内水污染的集中处理,还是涉及水处理技术的投入攻关都将无从谈起。谁污染谁付费,谁治理谁受益。提供流域水污染治理服务,就是提供了流域可持续发展必需的准公共物品,因此也必须做到产权明晰。政府权威、法治监督、公众知情以及技术监测,可以确认流域内谁是污染者。

这是治理污染者得以持续经营的资金来源,也是污染者和治理者市场交易的先决条件。当然,为了提高水污染的处理效率,流域内可以尝试实施排污权交易,让有技术和资金实力的专业水务公司来处理流域污水,而不要让排污企业陷入治理成本高、效果差的各自为战状态。

很多流域水污染问题的症结在于流域内水资源调节不科学,因此与流域水污染治理紧密相关的一个命题,是流域水资源的开发、利用和分配问题。在水资源配置上坚持市场化改革方向,实施效率优先的市场交易,有利于从根本上消除长期以来水资源分配不均等诸多弊端,还是防治流域水污染形成的制度措施。在我国流经多个省市的大型流域,按比例分配的传统思路表面上符合"优先占用权"理论,实际中造成了水资源的低效率利用,还容易加剧下游地区用水紧张和流域水污染程度。只有坚持流域水资源效率优先的市场交易,才能真正实现在全流域科学合理利用好有限的水资源。例如,在黄河流经宁夏、内蒙古和山东的多个地区水权交易改革实践表明,工业用水和服务业用水之间可以交易,工业用水和农业用水也可以转换,前提条件是相关方面的利益得到保障后达成均衡。黄河流域是水资源匮乏的流域,同时还承担流域外供水的重任,包括向天津供水,河北白洋淀生态修复供水。若能在宁夏、内蒙古与河南、山东诸省区中建立起跨区域的水资源交易市场,行业之间水权交易将带来巨大的市场前景;在全国生态环境效益补偿机制逐步建立的条件下,在黄河全流域实施水权交易、形成流域共同市场,能够缓解下游地区的用水紧张程度和污染形势,也完全符合流域经济发展大局和流域水污染治理大局。

第四节 参与共治的制度绩效

参与共治超越了导致我国流域水污染治理困境的地方行政分割体制。不同行政区在流域水污染参与共治中形成了均衡合理的利益格局,流域共同利益得以实现。因此,可以从制度的层面依据一定的标准对典型案例进行制度绩效的评估。就该制度的进一步完善和推广来说,也需要根据绩效标准的评估去探究参与共治的现实作用。

一、案例涉及的流域水污染治理绩效比较

埃莉诺·奥斯特罗姆曾经设定评价不同制度绩效的指标。[①] 为了适用于参与共治模式,笔者对于这些指标作出必要的调整。需要说明的是,由于流域水资源无需进行供给和生产的区分,本书在间接绩效标准这一部分设置为四大要素,分别是转换成本、交易成本、信息成本和策略成本。在对淮河水污染治理、松花江水污染治理、龙王河水污染治理、澜溪塘水污染治理以及太湖水污染治理进行案例分析后,可以发现,在地方行政分割体制下,由于各个流域水污染治理所采用的制度安排的差异而导致了不同的结果。淮河流域由于涉及的行政区域大,而且各个地域的差异性大,因此在地方行政分割体制下难以达成集体行动。松花江水污染由于地方保护主义和地方政府的自利化,再加上信息的不对称危害,流域水污染的治理也非常困难,其转换成本、交易成本、信息成本和策略成本也就相当高。而龙王河水污染治理、澜溪塘水污染治理以及太湖水污染治理建立了参与共治的制度安排,是把政府、市场和公众的参与结合在地方政府间协同性和权威性合力主导下的协商共治,因此在转换成本、交易成本、信息成本和策略成本的制度评价标准中,具有新创制度的优越性。如表 6-1 所示:

表 6-1 流域治理绩效比较

	淮河治理	松花江治理	龙王河治理	澜溪塘治理	太湖治理
间接绩效标准					
转换成本	H	H	M	M	L
交易成本					
协调成本	H	H	M	L	L
信息成本					
时空信息	H	H	L	L	L
科学信息	M	H	M	L	M
策略成本					
搭便车	H	H	H	M	M

① 埃莉诺·奥斯特罗姆在其《制度激励与可持续发展》一书的第五章提出,评价替代性制度安排的绩效的指标分为总体绩效标准和间接绩效标准(供给成本和生产成本)。参见埃莉诺·奥斯特罗姆:《制度激励与可持续发展》,上海三联书店 2000 年版。

（续表）

	淮河治理	松花江治理	龙王河治理	澜溪塘治理	太湖治理
寻租	H	H	L	L	L
腐败	H	H	L	L	L
总体绩效标准					
效率	3	3	2	1	1
财政平衡	3	3	2	2	2
再分配	3	3	3	1	1
责任	3	3	1	1	1

注:L:低 M:中 H:高(L为最好)
1:高 2:中 3:低(1为最好)

从表6-1可以看出,龙王河、澜溪塘流域和太湖流域的水污染治理取得了较好的制度绩效。而淮河流域水污染治理和松花江流域水污染治理,则由于地方行政分割体制的局限性和困境无法超越,因此治理失效。从总体上看,绩效较好的案例往往具备两个特点:一是地方政府间的合力所形成的权威作用,使得获取流域水污染治理的时空信息和科学知识的成本最少,而且约束寻租和腐败的策略成本低,因此在责任和适应性方面也具有优势;二是市场和公民的参与,为流域水污染治理提供了新的契机,为制度效率提供了新的动力激励,拓宽了制度有效性的空间。

但是,太湖流域、澜溪塘流域水污染治理和龙王河流域水污染治理也存在着一定的绩效差别:一是龙王河流域水污染治理由于是地方政府间的联动合作,转换成本和协调成本实际上比澜溪塘流域水污染治理和太湖要高,也容易产生搭便车的行为;二是流域水污染治理的实际效果周期长,再分配的效果差;三是在间接成本和总体绩效评价上,都弱于澜溪塘流域水污染治理和太湖流域水污染治理的制度绩效。出现这些情况的实际原因在于:一是龙王河流域水污染治理缺少水利工程技术的辅助作用,但由于其流域规模小,治理起来相对容易;二是龙王河流域水污染治理缺少市场主体如企业和社会公众的有效参与协作,尤其是社会公众的参与治理。三个流域水污染治理的相同之处在于,地方政府间建立了协商合作的机制,达成了集体行动。由此可见,地方政府间的合力所形成的协同性和权威性力量是参与共治制度安排的主导力量。

通过制度绩效的比较研究可以发现,流域水资源在多个行政区域之间进行分配是一个多方参与的利益冲突问题,流域水污染治理制度的安排实际上也是一个利益分化和利益整合的过程。解决具有强烈外部性的环境问题是多方参与的非零和博弈,各方只有协商与合作,才能达到环保的目标,才能给各方乃至整个流域带来环境利益,实现流域水污染治理和利用的共同利益。

二、影响参与共治绩效的现实因素

从上述实际典型案例中不难发现,各个流域的水污染治理必然是以流域所承载的社会生产力与生产关系为前提,反映着流域水资源所承担的利益关系。因此,流域水污染治理是流域水污染自然属性和社会属性走向匹配一致的基本要求,是流域功能和社会福利一体化的客观需要。流域水的自然属性要求流域水污染治理在流域范围内整齐划一,而流域水的社会属性却要求流域水污染治理应该照顾到不同区域社会经济发展的水平,因此,超越地方行政分割的参与共治模式要面对不同流域和同一流域不同地区的差异。而本项研究所给出的实际典型案例分析显示,在现实实践中,同一制度安排还要考虑到其他各种情形,比如湖泊和江河水污染治理的差异、范围更大的流域以及不同行政序列中的政府间关系等问题。

(一)湖泊和江河水污染治理的差异

在实际的典型案例中,澜溪塘流域、龙王河流域水污染治理和太湖流域水污染治理存在着不同的绩效差别。这就意味着参与共治的现实对象存在着流动水资源和静态水资源的差别。这种差别表现在流域水污染治理方面,则是湖泊水污染治理和江河水污染治理的差别。湖泊水呈现的基本特点是横断面的彼此相临,水质呈现相对静止状态,而江河水呈现的基本特点是在不同地区间突破边界,连续流动,水质波动性大。两者共同的特点为都属于流域水体,一般涉及多个层级不同的行政区,水污染自然累积,污染治理难度大。湖泊水资源的利用犹如"切蛋糕"一样,资源有限而且静态存在,因此,在水质水量足够可用的情况下,谁提取的水资源越多,则资源的利用效率最高。但是,没有任何一个地区 A 或 B 或 C 或 D 可以单独占有湖泊水资源,多个地区的同时掠夺性开发利用后果严重,这就是湖泊在同一时间段流域污染事故容易发生的主要原因。如图 6-2 所示:

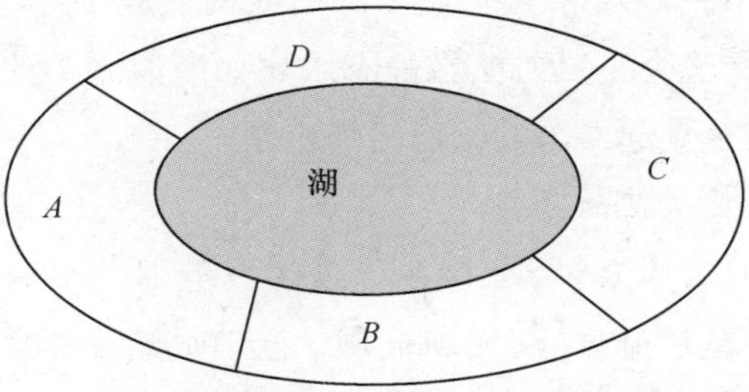

图 6-2 湖泊水资源利用模拟图

对湖泊的污染治理而言,参与共治的主体是多个地方政府间的互动协商与合作,以及非政府利益单元的参与治理。多方合作博弈存在着巨大的不确定性,因为作为地区 A、地区 B、地区 C、地区 D 中任何一个独立的利益主体来说,一是无法准确和完全地掌握其他主体的信息,二是可以依赖的资源是有限的。因此,要形成一个参与共治的治理机制,就需要寻找到不同行政区的利益均衡点。

而江河水资源由于流域在地理位置的上下承接,水资源的利用以及水污染物质的排放有时间上的先后顺序。只有存在可以流到下游的水资源,流域内的某个特定区域排放污染水体才有利己的意义,因此就整条江河的流域而言,一般不存在同时被污染的可能。如果水资源在每个地区可以被单独征用,上游地区单独占用了全部水资源,最坏的结果则是造成下游地区无水可用。如果整个流域污染累积到相当严重的程度,以至于经常发生全流域性水污染,这条江河将逐步失去本身最基本的生态功能。

由于地理位置上的上下承接,江河水污染治理往往只需要毗邻地区建立有效的沟通渠道和协商机制就可以达到目的。对于全流域而言,由于上游地区总是处于有利地位,在契约力度和有效性不大的情况下,参与共治的各方的动力和愿望往往不足,因此,建立参与共治的制度机制异常困难。对于湖泊水而言,如果水体遭到严重污染,则是一损俱损,故流域内不同利益主体实现参与共治的愿望和动力要强许多。由此推知,尽管江河流域自净能力优于湖泊,但就形成参与共治机制的动力而言,湖泊污染治理比江河污染治理有优势。尤其是非政府组织之间容易联动和发挥作用,比如太湖流域治理中出现了环太湖生态建设联合行动的青年绿色志愿者组织,长三角城市科学研究联系中心与相关企业和部门共同发起举办了“长三角清洁发展机制项目信息交流会”。因此,在静态水比如湖泊之类的流域水污染治理中,往往更加容易建立起参与共治的治理机制。

(二) 行政区域范围的差异

就同一性质的水体来说,也存在行政区域范围大小的差别。在本项研究对淮河流域、松花江流域、澜溪塘流域、龙王河流域和太湖流域水污染治理的绩效比较中可以发现,不同行政区域的面积大小影响着该行政区域可以利用的资源条件,也制约着各个地方政府的契约谈判能力。大的行政区域存在着转换成本、交易成本、信息成本和策略成本高的劣势,但是,大的行政区也具有其他方面的优势。一般来说,大的行政区域由于人口、面积等因素占优,在政治上会比小的行政区具有更大的影响力。大的行政区由于资源条件占据优势,在污染治理的过程中也容易调集力量来确保政令畅通。然而,因为地方行政分割体制的存在,往往导致大的行政区依靠强大的行政力量来损害小的行政区利益的行为。而在大的行政区域内部也会因为用户规模大而容易出现集体行动的困境。这实质上也是行政区划对参与共治的现实作用的重大障碍。[①]

小的行政区具有行政命令快捷、容易整合各种社会力量的特点。但是,小的行政区在契约谈判过程中,会因为自己所占的权重不够而影响着自己的谈判能力。特别是和大的行政区相比,小行政区往往缺乏足够的可以依赖的资源条件。因此,小行政区和大行政区之间的协商机制也就难以在平等的机制上建立起来,这对参与共治的实现及其作用发挥构成严重的制约。如果小的行政区处于流域上游,而大的行政区处于流域下游,彼此容易达成谈判协商的结果。反之,以大欺小的结局则更容易出现。

(三) 不同行政序列中的政府间关系

同一行政序列往往由于行政控制力的存在而容易达成一致行动,参与共治也就容易实现。但是,不同行政序列的政府部门之间要达成一致行动

---

① 张纯明在讨论行政区域规划问题时提出:各国地方区域的划分大都根据其历史、地理、交通等条件,但在西洋各国科学发达,这些元素已经不足为标准了。中国人的乡土观念本极浓厚,如果行政区域完全按历史疆域及地理形势为标准,更容易养成褊狭的地方思想。参看张纯明:《中国政治二千年》,台湾商务印书馆 1986 年版。

具有一定的困难。在当前地方行政分割体制下，只有通过授权的同级行政机构才能进行对等的谈判和协调。因此，参与共治要建立不同行政序列上的政府间的谈判协商机制和利益均衡机制，要实行多个政府之间的“跳板原则”。根据法约尔的观点，层级组织往往要按照层级序列来处理事情，但一旦遇到特殊情况，则需要跳过层级序列的限制，而在相关的两部分或多个部分建立直接的联系渠道。①

从我国流域水污染治理成功案例看来，参与共治中的地方政府能够充分发挥出政府能力，不同区域内不同层级的地方政府可以通过平等协商和谈判妥协最终达成契约和共同行动，例如，在处理江苏省苏州市吴江市（县级）盛泽镇和浙江省嘉兴市秀洲区（县级）的王江泾镇之间澜溪塘流域水污染时，相同层级的吴江市和秀洲区建立了行政监察制度、信息披露制度和联席会议制度，而吴江市（县级）设在盛泽镇的环保分局也可以直接和对方秀洲区的政府部门协商处理水污染应急事件。参与共治的最大创新意义，在于它消除了现有行政体制中同级别对话的习惯性规则，而代之以共同利益框架内不同层级利益主体的协商对话。

第五节　流域水污染的参与共治模型

通过对参与共治制度模式的特点、动力来源、实现方式以及制度绩效的分析，笔者可以对参与共治的含义作进一步的界定：参与共治是建立在共同利益基础之上，由地方政府间的协商、协同和合作形成一个跨行政区域的权威强制力，从而通过地方政府间的合力来确保和引导社会多层次利益主体共同参与合作的流域水污染治理机制。

在这一定义的基础上，可以描绘出参与共治的技术模型，并进行深入的技术分析。但在建立模型之前，需要首先明确建立模型的常量与变量。常量就是在模型运行过程中保持不变的量。这也就是说，无论进行何种解释，常量总是隐式静态的，说明时可以指定也可以不指定。常量总被认为是类

① Hernri Fayol, *General and Industrial Management*, London: Sir Isaac Pitman and Sons, Ltd., 1949.

型的一部分，而不是实例的一部分。如果改变常量，则模型也必须随之改变。变量则相反。变量在模型中保持着随意性，不同变量的加入可以导致模型的不同值或不同的变化方向，但不能影响到模型的成立。因此，变量常常需要指定，也需要把变量之间的关系予以明确。变量常常是实例的一部分。在参与共治的模型中，常量是指流域共同利益，变量是指不同的参与主体、信息等。模型如图 6-3 所示。

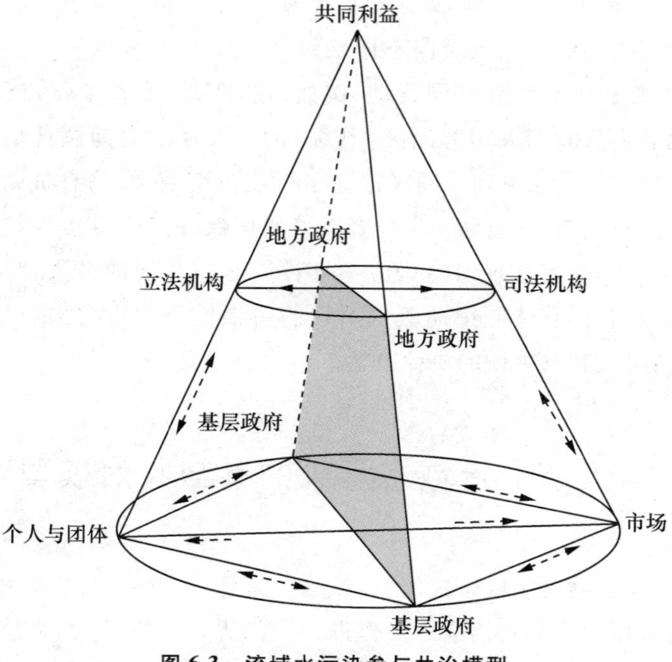

图 6-3　流域水污染参与共治模型

从流域水污染参与共治模型中可以看出：参与共治涉及多个主体、多方面不同性质的关系和多重不同性质的参与，其中最主要的是：第一，不同的地方政府之间的关系协调，这是典型的地方政府之间的行政协调问题；第二，地方政府内部不同部门协同，是典型的行政部门之间的协同问题；第三，地方不同层级政府之间关系，属于行政运行中的上下级之间协同问题；第四，社会公众参与公共治理，属于协商民主和民主治理问题；第五，作为市场主体的企业参与共治，属于地方政府在协调过程中如何将公共物品的生产与供给分离，如何将公共物品外包给企业的问题。参与共治内容的基本要

点如下:

(1) 流域本质是利益流,共同利益是参与共治的决定性因素。在流域水污染治理结构中,有着不同赢家和输家的多种均衡博弈是不可计算的。因此,只有在行动规则、谈判妥协、水资源安全等意义上才能达成协同一致的集体行动。这也就是说,只有在共同利益的逻辑牵引下,才有可能形成对于流域水污染治理的参与共治机制。因此,在共同利益优先的制度框架约束下,在实际中切实贯彻科学发展观,才能确保各行政辖区内环境质量稳定,促进经济、环境资源协调发展,促进社会和谐可持续发展。

(2) 地方政府之间的合作、沟通与协调是参与共治模型的主干和主导。在这其中,不仅需要同级地方政府之间建立起合作联系机制,而且要在下级基层政府、地方政府甚至是中央政府之间建立起合作沟通的平台,建立起多级联动的机制,也就是多级政府之间的"跳板原则"。在参与共治模式下,基层政府除了在本行政区划范围内和地方政府有层级联系外,也可以与另一个行政区划的基层政府、地方政府建立沟通协调的联系机制,还可以通过本行政区划的地方政府牵头来建立和另一行政区划的地方政府、基层政府的合作。多个政府、多层级政府之间建立信息共享、协商合作、联合行动的联动机制,是参与共治的要义。

(3) 不同层级政府间有明确的分工体系。参与共治虽然要有多个多层级政府的联动机制,但也要明确分工、各尽其责的分工体系。从政府组织本身来说,不同层级政府的工作人员是整个流域水污染治理有效运作的支撑力量;作为一个建立在分工合作基础上的利益群体,他们的作用不仅要得到确认,并且要把分工合作予以制度化,建立一个明确的分工合作体系。这其中,不同层次的公共利益、传统文化、社会环境、生产力发展状况等因素会对政府间分工体系的事实、逻辑和价值产生影响,从而形成不同层级的政府职能,也决定了各个政府职能之间的差异。在分工体系中,基层政府要发挥掌握在场时空相关信息,并熟悉当地环境和相关科学知识的优势。因此,基层政府要深入社会实践,了解社会公众和团体的需求,把握市场的发展变化。

(4) 基层政府要加强和当地社会公众、团体和市场组织的协调、沟通与合作。同时要建立起监督协调机制。政府、市场和公民实质上是流域治理的铁三角。任何一个环节的缺失都会导致参与共治模式的失灵。在流域水污染治理中，以流域为中心而形成的社会公众、社会团体、市场主体和不同区域的政府之间又是一个“合力四边形”的关系。社会公众、社会团体、市场主体既可以灵活运用“看不见的手”，也可以选择“用脚投票”的方式。[①] 在该四边形中，两条对角线的相交点和圆锥体顶点垂直线的垂直点重合时，意味着各个利益主体的行为达成集体行动，此时，流域内社会福利和个人收益同时达到最优。[②] 因此，协调不仅仅是自上而下的，也有自下而上的。参与不完全局限在管理上，它更应该是政府与社会的关系的调整，是以协商民主作为基本形式的公民有序参与决策。在流域水污染治理中，除了正式的协调机制以外，政府与社会公众、社会组织、市场主体等也可以发展非正式的协调机制，以弥补正式组织的不足。

（5）地方政府职能部门之间、地方政府职能部门与流域管理机构之间要有良好的沟通、协调与合作。在这其中，既要充分发挥地方政府职能部门在流域水污染治理中的区位优势，又要把流域管理机构的专业管理特长结合起来，打破流域水污染治理中行政区和流域分野的格局。地方政府部门之间的合作，是为了消除地方行政分割体制下的分散管理弊端。地方政府与流域机构的合作，是为了形成参与共治模式的系统平台，两者之间不是领导与被领导的关系，而是融入整个机制的有机组成部分。即便是拥有法律授权和财政独立的流域机构，也必须遵守各利益主体在参与共治中达成的共同契约并且付诸行动。

（6）与地方政府相对应的立法机构和司法机构一方面要起到社会公众代言人和监督人的作用，另一方面要加强和地方政府的沟通和互动。当然，立法机构的主要任务是制定治理社会的法律，但这并不排斥它可以通过监督政府，审查其是否保护流域公共利益、是否廉洁、是否有效率等，对政府的工作会产生强有力的影响。[③] 立法机构要代表人民。在参与共治模型中，立法机构的重要角色是作为一种输入机制，实现社会大众的表达权，接受大众

---

① 用脚投票意指顾客可以选择某些服务和产品而拒绝其他服务和产品。参见丹尼斯·C.缪勒：《公共选择理论》，中国社会科学出版社 1999 年版，第 192 页。

② 我们也可以用一个简单的公式来做以类比，如锥体体积的计算公式：$V = \frac{1}{3}SH$，S 代表各个利益主体的集体行动所产生的合力，H 代表政府间合力所能产生出的强制力，只有两者最大值的交叉才能取得整个体系的最大值。

③ 迈克尔·罗斯金：《政治科学》，华夏出版社 2001 年版。

表达的意见和要求并转达给政府,立法机构也可以通过引起大众对特定问题的注意来聚合大众的意见和需求,并且逐步把这些研究和需求上升为法律意志。因此,在我国,迫切需要由全国人大或者地方人大专门针对流域水污染治理制定和完善相关法律和法规。司法机构则要发挥其保障平等和公平的维护作用,保障社会各个利益主体的法定权利。在流域水污染参与共治模式中,司法机构还要发挥它特有的司法强制力,保障政府行动得到强有力的有效执行,以法律武器清除妨碍流域水污染有效治理的各种各样的障碍。

在参与共治机制的建构中,理论支持发挥着支柱性的作用。其一,流域生态系统不可分割理论要求流域内的全部社会行为主体遵守“自然辩证法”。在流域陷入系统性水污染时,重建平衡需要跨行政区域地方政府的共治;其二,流域水污染治理属于准公共物品,政府、市场和社会公众都可以作为制度合法的提供者,它们是彼此不可替代的主体参与者;其三,按照协同政府理论的要求,政府可以将流域水污染治理的提供和生产分离开来,既践行公共服务提供者的责任,又摆脱直接生产者的短板角色。政府购买和服务外包,还有利于提高参与共治机制的运行效率,激活市场和社会公众的参与动力。

在如前所述的相对成功案例中,笔者发现:相对参与共治机制的总体框架形成而言,地方政府发挥着主导作用;相对同样作为主体参与力量的市场和社会公众而言,地方政府发挥着责任主体的作用;相对地方政府而言,市场和社会公众的参与程度决定着参与共治机制的运行效率。通过对我国环保产业代表 BSY(北京一家水处理高科技公司)的调查,以及对我国草根环保组织“自然之友”的专访,我们能够清晰地看到市场力量和社会组织在参与共治机制中的地位和作用不可或缺。

案例 6-1:BSY——为有源头活水来

在严重缺水的北京,我曾两次听到“中国可以不缺水”的声音。第一次是读过学者吴季松的书《中国可以不缺水》后,我当面请教先生何以为计,知道他是寄希望于循环经济和增长方式的转变。我担心先生的愿望落空,因为中国人口基数过大而国民素质总体不高将长期成为掣肘发展的超级变量，加之可能出现的城市化狂热进程，任何看似聪明而复杂的制度模型都可能失去国情和理性的支持。预言"中国可以不缺水"，证据不足。

第二次听到"中国可以不缺水"是在2011年11月16日，在北京生命科学园。BSY的董事长对我说："就像咱湖南人袁隆平先生能够解决地球人的吃饭问题，我相信依靠再生水高科技能够实现中国可以不缺水。"BSY的路线图有别于吴季松先生的减法即节约用水，而是采用加法的思路，依靠膜技术使得污废之水资源化。因为技术优化很难突破环保与经济失衡的长期困局，我没有BSY那么乐观，但我兴奋于发现BSY作为市场主体力量的代表，在北京温榆河、潮白河流域水资源治理中诠释了参与共治的内涵。

在北京市顺义区高丽营镇于庄村，我调查区水务局下属单位新城生态调水管理中心时发现，北京市政府已经做到局部实施流域水污染治理后再进行跨流域调水，顺义区政府和高丽营镇政府发挥了具体组织作用，BSY在这次水资源治理中投入了高端技术装备。顺义区新城温榆河水资源利用一期工程("引温入潮")的理由，一是满足2008年北京奥运水上项目的环境用水，二是部分解决顺义新城的景观用水。项目很快被列为北京市重点工程，并于2006年12月31日获得市发改委的立项批复，属于特事速办。该工程于2007年10月如期建成，在两个方面实现了制度创新：一是北京市首次实现了大规模的跨流域调水，每天有温榆河污水10万吨(吨水运行费用0.426元)得到净化处理，而后经13千米长的输水管线调到潮白河流域；二是BSY在该中心运用了世界上最先进的膜生物反应技术，达到了占地面积小、出水质量高(地表Ⅲ类水标准)的要求。

素有"母亲河"之称的温榆河是唯一发源于北京市境内的河流。由于一段时间内房地产商沿途竞相开发，加之工业项目的盲目上马，昔日温榆河畔不再是碧水清风，而是沦落为由若干橡胶坝分割拦截的排污沟。流域内群众和多家媒体要求治理温榆河的呼声强烈。北京市政府意识到，除了控制流域内的排污总量外，更要下工夫加快温榆河流域水污染治理。BSY派驻调水管理中心的工程师向我介绍了"引温入潮"二期工程的情况。繁忙的现场也表明，目前项目正处于设备调试运行之中。该项目沿用BSY的膜生物反应器工艺，建设水质净化系统工程，膜生物反应池处于关键环节。二期工程承担着更为繁重的任务，要同时净化处理后沙峪地区的生活污水和温榆河的污水。据说,较高水温生活污水的进入,便于污水处理厂冬季正常运行。工程目标是每天增加10万吨Ⅲ类标准的再生水,利用加压泵站和管线将其引入潮白河,期望在顺义新城出现城市花园。

总的看来,北京顺义区两次“引温入潮”跨流域调水中,优先考虑了治水先治污、兼顾质与量的目标,初步形成了政府、企业和社会公众等多主体力量共同参与的机制;地方政府在实现公共物品供给与生产分离中,将污水治理外包给力所能及的科技公司,在实践中体现了公共物品理论和政府协同理论的应用;企业融入参与共治的机制中,发挥了市场配置资源特别是高端技术的功能。BSY也凭借膜技术,逐步在北京市政污水处理市场取得了优势。

BSY在梦想和现实中要做的第一件事,是抢占全球污水处理技术制高点。BSY的员工们认为,在技术开发上甘当人梯就意味着失去未来。膜生物反应器(Membrane Bio-Reactor,简称MBR)技术是目前世界上最先进的污水处理和资源化技术。MBR技术的原理是:将膜分离技术和生物处理技术有机结合,以膜过滤技术取代传统活性污泥法的二沉池和常规过滤单元,使水力停留时间(HRT)和泥龄(STR)完全分离。高效的超高浓度微生物分解能力和固液分离能力使其出水水质良好,悬浮物浓度和浊度接近于零,并可截留大肠杆菌等生物性污染物,处理后的出水可直接回用。BSY的业务涵盖污水处理产业链,在北京怀柔建有膜技术研发和产业基地,建有膜生物反应器与污水资源化工程技术中心,其自主研发专利技术和技术曾荣获国家科学技术进步二等奖。现阶段国内MBR污水处理集成商众多,但是其关键组件生物反应器中普遍使用GE或三菱生产的PVDF膜丝,膜丝价格偏高。BSY拥有第三代纤维膜生产技术,其尖端产品膜丝每平方厘米达到30亿个只有水分子才能进出的小孔,大约直径只有1毫米的膜丝柔软坚韧却能够承受20千克的重物,膜丝中空并呈负压力状态是在欢迎膜生物反应池里水分子干干净净地进来,而其他污浊之物是被谢绝入内的,数以万计的膜丝里的水滴汇集成流,流出来的就是人们通常所说的再生水了。BSY膜材料的自主技术和产品自给提升了公司的市场竞争能力。BSY给首席膜技术专家提供优厚的条件,包括税后年薪1000万元和其他解除后顾之忧的条件。BSY的人才池里,同样滋润着年轻人的梦想。

BSY有着独特的创新市场模式。其一，合作共赢。公司在处理政府与市场的关系中秉承“甘为绿叶不为花”的服务理念，在合作中不苛求控股权过半，这就降低了进入地方市场的壁垒。公司真诚地通过与地方政府协商谈判，往往能够实现合作共赢和利益均沾。公司募投项目和云南合资公司已经形成年产300万平方米的PVDF中空纤维微滤膜生产能力。其二，发挥优势。BSY拥有机制、技术和资金的综合实力。据介绍，BSY在全国建立了8大“根据地”，每一次选择都是因地制宜、合作共赢的结果。例如，针对太湖和湘江等地区流域水污染严重，BSY分别与江苏、湖南等地搭建了合作平台，以资金和技术优势赢得市场，开辟了“为有源头活水来”的新境界。其三，重点突破。滇池是我国流域水污染治理的重点难点地区，地方政府重视，资金投入多。BSY发挥了技术密集和占地面积小的优势，与昆明水务集团组建了合资公司，跨区域扩张速度加快。关涉滇池流域水污染治理进度的昆明第九、第十污水处理厂预计2012年5月底开始运行。有环境保护部的同志指出，滇池治理取得成效的原因在于地方政府投入加大，BSY的膜技术发挥了强大的科技支撑作用。在重点河湖水污染地区均匀布局防控系统的“滇池模式”，为BSY带来了制度创新的成效。

BSY多位高管认为，公司成长的原因离不开北京中关村的创业环境和国家节能减排的政策环境；正如公司的英文名字Origin Water一样，BSY始终坚持“从源头上抓创新”，依靠膜生物反应器MBR技术在污水处理市场赢得竞争力。BSY的理想——作为中国解决水脏水少问题的骨干力量，成为有技术能力护卫国家水环境和水资源的力量。它憧憬着，站在未来膜技术的制高点上，成为国际上解决水问题的知名企业。

案例6-2：草根环保不可或缺

笔者主张的参与共治是一种协商合作机制，强调在我国流域水污染治理中，社会公众（包括公众、法人和社会组织）与政府、市场同属参与的主体力量。“自然之友”（Friends of Nature，以下简称FN）作为民间“草根”环保组织，可作为参与治理的典范。2011年11月18日，笔者作为北京大学国家哲学社会科学重大项目、“科学发展观与政府管理改革”课题组成员，在专访了FN的理事长、文化教育问题专家杨东平和总干事李波，请教有关民间环保组织的热点问题,并探讨其对参与共治有何助益。

1. 笔者:我对 FN 并不陌生。在 1993 年的六五“世界环境日”,FN 的几位创始人发起了中国首次民间自发的环境研讨会“玲珑园会议”。理事长还记得当时的情况吗?这次会议与后来的 FN 有何关联?

理事长:我参加了玲珑园会议,与会者有来自媒体和大学的四五十人。我们利用聚会的机会,交流了对当时环境保护形势的看法,约定今后每年举办一次“绿色恳谈会”。北京大学的季羡林先生多次参加我们的活动。我们当天没有谈到要成立具体的组织,但大家形成了环境保护的共识。在“世界环境日”以实际行动参与更为妥当,所以我们后来选择在每年的 4 月 22 日“地球日”举办恳谈活动。应该说,玲珑园会议为 FN 的成立营造了很好的舆论氛围。

2. 笔者:请您谈谈 FN 成立以来的情况,并对其成长给予评价。

理事长:FN 1994 年 3 月 31 日正式注册成立,是中国最早在民政部门注册成立的民间环保组织之一。截止到 2010 年底,我们在全国累计发展会员近 1 万人,其中活跃会员 2000 人,团体会员 19 家。各地会员就近参加环境保护活动,发起创办的环境社会组织超过 10 家,总体上说 FN 获得了好的口碑。我们屡屡获得国内外激励环境保护的奖项,例如亚洲环境奖、地球奖、大熊猫奖、绿色人物奖、阿拉善 SEE-TNC 生态奖以及菲律宾“雷蒙·麦格赛赛奖”等。历经 18 年的成长壮大,FN 因具备良好的公信力和影响力。我感念同仁们的共同努力。当然也有一些批评声音,例如有的会员认为 FN 在一线环境问题上没有扮演好关键角色,我把它当作是一种可贵的呵护和激励。

3. 笔者:FN 倡导了一些现代社会重要的核心价值观,还以适当方式去推动其实现。有朋友说,FN 过去的迅速成长与梁从诫先生的影响力有关,因为梁先生是“维新变法”大师梁启超之孙、著名人士梁思成和林徽因之子,在社会上拥有很高的知名度。您是否同意这种看法?换句话说,您是否也认为民间环保组织离不开社会名流的个人魅力?

理事长:毫无疑问,梁先生的个人魅力有助于 FN 的成长壮大,他的辞世是 FN 的重大损失。他毕业于北京大学历史系,20 世纪 80 年代初开始关注淮河流域乡镇企业造成的流域水污染问题,这也是他关注环境保护问题的最早情结。他认为人类应该与大自然为友,环境保护需要每一位自然之友的真心实意和身体力行。他是骑自行车赴会的全国政协常委,67 岁那年为了保护藏羚羊还奔波在可可西里。季羡林先生谈到他时说过:“中国少了一个历史学者,多了一个自然之友。”好的民间环保组织,有名流加盟固然好,但制度建设更重要。2006 年,FN 完成了制度转型,建立起现代社会组织治理结构,摆脱了管理层个人话语权过大的影响,成立了理事会领导下的总干事负责制。2009 年起李波被聘任为自然之友总干事。他毕业于美国康奈尔大学的环境学硕士专业,此前在云南从事民间环保组织活动,成功参与过保护滇金丝猴。新的组织结构便于接受监督,阳光下的运作也有利于组织的发展。

4. 笔者:我认真查阅过 FN 理事会 2010 年 4 月通过的章程。在很多国人心目中,FN 已经不是一个地区性组织,而是在全国有影响的民间环保组织。请问,在中国执政党特别重视生态文明建设的发展阶段,FN 在环境保护领域是否应该有更大的作为?

理事长:我们一直遵守游戏规则,努力在参与国内环境保护方面承担更多的社会责任:其一,我们制定了新的战略发展规划,认识到环境保护的主体力量是政府、企业和社会公众,将未来三到五年的工作目标放在两个方面:一是回应城市环境问题,降低环境危害;二是推动信息公开和公众参与,培养绿色公民进而增进政府科学决策。鉴于普及环境意识的历史阶段基本过去,民间环保组织进入功能分化阶段。我们在项目选择上更多地关注城市生活方式,例如低碳出行、宜居城市和垃圾分类等,依靠制度创新来拓展组织内生动力。其二,我们调整与全国其他地区民间环保组织的关系。FN 在全国有会员小组,他们作为民间非营利机构的环境志愿者参与当地的环境保护活动。我们与这些年成长起来的环境社会组织保持联系,交流工作经验,但建议他们在当地注册登记。其三,我们在培养人才方面下工夫,吸引更多的年轻人和有专业知识的人士加入我们的队伍。环境民间组织发挥作用和影响力的主要途径,是依靠对法律执行的监督来保护环境。美国环境保护协会的 150 多名全职工作人员中,有一半是科学家、律师和经济学家等专业人员。队伍专业化是我们努力的方向。

FN 还以一个草根民间组织的身份参与到公共外交的活动中。多个国家的驻华使节、负责气候和环境领域的部长级官员到访中国时,FN 利用会议发言和交流机会,从民间的立场讲解和分享中国的环境挑战,国家的应对计划,相关的法律法规和政策制定情况,以及公众参与和民间角色的重要补充和监督作用。国家发改委气候司认为,在国际环境政策和应对气候变化的谈判博弈中,中国民间环保组织的角色不可或缺。

5. 笔者:在接近二十年的中国流域水污染治理研究中,我发现政府、市场和社会组织等多主体力量的协商合作是一种参与共治的全新模式。借此机会,请总干事谈谈 FN 在监督水资源治理方面的案例。

总干事:水是生命之源。我们支持对水资源的科学保护、适度开发和合理利用。自然之友组织会员徒步百里,考察过密云水库上游白河水源的污染情况。今年 8 月我们得知在拥有 14 万吨铬渣的云南曲靖市陆良化工公司,厂区东南侧地下水出水口测出的六价铬浓度超标 242 倍,工厂附近用于灌溉农田的南盘江水铬浓度超过五类水标准的两倍,属于典型的重金属污染事故。我们随即派项目人员到曲靖市中院提起环境公益诉讼,尝试着提升环境社会组织在流域水污染防治中的地位和作用。法学界此后有专家评价,这是我国首例由民间"草根"环保组织提出的公益诉讼,为今后《民事诉讼法》修订将社会公众对污染环境的行为由"检举"(《水污染防治法》第 10 条)上升到"控告",提供一个有说服力的案例。我们希望环境法治的手段创新,能为我国环境保护提供重大支持。渤海漏油事故发生后,我们和其他民间环保组织联合行动,先后 3 次发表公开信:第一封要求肇事者公开真相并且道歉,第二封建议国家海洋局提起国家环境公益诉讼,第三封呼吁农业部对沿岸渔业损失进行调查评估。实际上,透过渤海漏油事故的案例,国内多家环保组织认识到海洋污染的挑战非常严峻。中国是个海岸线漫长的大国,海洋经济地位日显重要,而民间环保组织对海洋污染的关注还很不够,海洋保护的法治力度和公众参与保护的制度空间亟待拓展。

6. 笔者:按照参与共治机制治理跨行政区流域水污染,我设想可在相应地区建立常设性流域协商治理委员会,由相关地区的政府领导或社会知名人士担任主管专员,下设若干职能小组,这就需要民间自组织和独立媒体的参与。如果上述设想成为现实,FN 是否愿意派员参加?如果愿意参加,是由理事会派员还是委派相关地区的会员参加?

总干事:我读过您在国务院研究室发表的研究报告,提出的对策具有创新意义。跨行政区域参与共治流域水污染的经验值得总结,初步形成的创新机制需要在实践中进一步完善。所以,我们希望协商治理委员会的组织形式能够早日出现,也愿意在该组织中担任积极的角色;并且我建议参与共治的组织实施,率先在汉江中上游流域的水污染地区成立。其理由如下:其一,那里是湖北和河南两省交界地区,长期以来存在跨行政区流域水污染,群众强烈要求治理;其二,那里关联到南水北调的水源区丹江口水库等敏感地区,水体优劣为国人瞩目;其三,那里有 FN 的会员单位,多年致力于保护汉江免受严重水污染,营造了比较好的治理局面;其四,河南南阳和湖北襄阳的地方政府如能以流域共同利益为重,地方政府之间则可达成汉江跨行政区流域水污染参与共治的集体行动契约,建立汉江协商治理委员会,以确保契约的有效执行;其五,参与共治如能在这里开花结果,对推动全国跨行政区域的流域水污染治理具有示范意义。

7. 笔者:时下环保话题经常成为网络热点。有境外组织邀请我民间环保组织和个人参加跨区域的培训交流,资助他们调查我国重大经济项目情况,有的还通过境外媒体进行片面炒作。请问理事长,FN 有无类似情况?您是否认为我国民间环保组织需要进一步加强管理?

理事长:FN 按照协会方式组织,不设分会和其他形式的分支机构。团体会员及会员较多的单位,可推选一人与理事会联系。未经理事会正式书面委托,个别或者部分会员不得以 FN 名义在社会上组织活动、募集赞助,不得与境内外其他团体或个人建立组织联系。这么多年,我们严格按照规矩做事。谈到管理问题,确实值得探讨。就我所知,我国社会组织普遍面临生存困难,机构注册不便,收入没有保障。我在此向您介绍一下 FN 的家底。我们去年一共募集公益资金 410 万元左右,其中来自国内企业或者非公募基金会的约占 60%,来自国外基金会的约占 40%。目前我国公益慈善资金来源呈现的基本特征是,国外部分在撤离,国内部分在增多。阿拉善生态基金就是国内实业家捐资成立的。FN 除了组织活动、出版刊物《自然之友通讯》、租房办公等需要费用外,需要支付工资的人员主要有全职工作人员 17 人,兼职工作人员(半薪)6 人。志愿者是没有报酬的,我和理事会全体成员 7 人以及议事会 15 人都是不拿工资的,全体员工都没有奖金之说。

8. 笔者:新华社记者曾经评价梁从诫先生,“他是一位伟大的坚守者”。

然而，社会上不是每个人都理解民间环保组织的理念和行为，排污企业和盗猎者就不喜欢他们。还如我们所知道的，很多民间环保组织都被称为“非政府组织”，NGO 这在国际社会是一个通用说法，而在我国古代有“非攻”和“非战”之说，加之他们经常以监督别人的姿态出现，所以也有人容易从字面上将“非政府组织”误解为“无政府组织”或“反政府组织”。请问，我国民间环保组织在现代社会治理中应该树立怎样的姿态？

理事长：我国已经将社会团体、民办非企业单位和非公募基金会统称为社会组织，这就解决了国际接轨问题，也避免了语义上的误解。您构想的参与共治机制认为，政府、企业和社会组织都是公共资源治理的主体力量。我是支持这个看法的。我们过去片面地认为，民间环保组织在任何时间、地点、条件下都特别要而且必须要保持与政府、企业的距离，这是理论上的误区使然。把握民间环保组织的定位，需要明确以下三个基本判断：(1) 政府、企业和民间环保组织三者之间是一种合作伙伴关系，相互影响，互动互补；(2) 民间环保组织与政府之间不是从属关系或者上下级关系，存在不同看法和分歧是正常的，故彼此需要表达意见，在信息对称条件下民主协商，以促使决策行为回到科学理性轨道；(3) 民间环保组织除了直接从事环境保护活动外，更多的是作为社会第三部门对政府和企业的行为发挥监督作用，其目标取向可以看做是政府目标组合的合理延伸。在原则上把握民间环保组织的基本定位，它才能在我国现代社会治理中获得更好的发展，在我国环境保护事业中有更大的作为。

第六节 参与共治模式的制约因素

参与共治模式在我国流域水污染治理实践中已初见端倪。笔者认为，这一模式虽然还在探索和发展中，还需要多方面反复验证，但是，其超越地方行政分割体制、实现流域水污染有效治理的积极作用和内在机理，却是值得积极肯定和努力完善的。

作为一种尚待完善的理论和实践模式，在突破地方行政分割体制的制约实现流域水污染治理上，参与共治模式不可避免地会遇到宏观社会结构和微观社会单元以及其他相关因素的制约。就我国的现实状况来说，这些制约因素主要有以下几个方面：

一、水利工程技术

从“图6-4：对图2-4的再演化”可以看出，参与共治模式运行中，要想实现流域水污染的有效治理，突破我国流域水污染的治理困境，就必须紧密结合我国流域水污染治理困境形成的机理进行两个方面的改进：一是改进治理工具与技术，突破流域水污染自然属性的制约；二是改进流域水污染治理的制度安排，超越地方行政分割体制，也就是突破流域水污染治理这一准公共物品社会属性的制约。这两个方面的改进缺一不可，任意单方面的行动在实际中取得的结果都是有限的。如果没有水利工程和技术的支持，单纯依靠超越地方行政分割体制的制度安排所能起到的效果会相对缓慢。这在龙王河水污染治理、澜溪塘水污染治理以及太湖水污染治理的实证案例分析中已经得到显示。同时，对淮河流域水污染治理和松花江流域水污染治理的案例分析中，我们也可以发现，只有水利工程和技术的改进而没有相应的制度安排去超越地方行政分割体制，实际上根本无法实现我国流域水污染的有效治理，可见制度安排的优劣具有决定性意义。

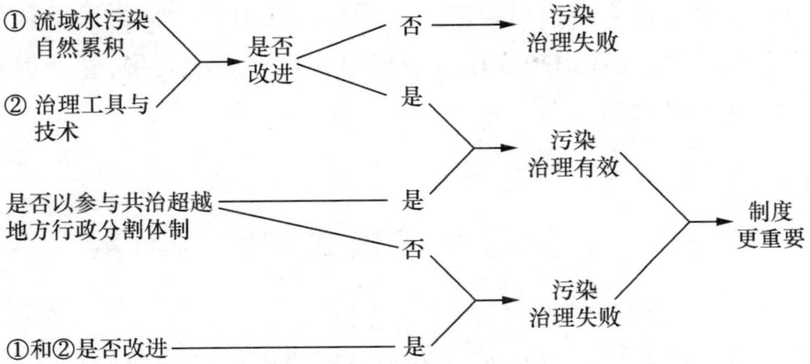

图6-4　对图2-4“我国流域水污染治理困境原因指向”的再演化

因此，参与共治模式作为超越地方行政分割体制的制度安排，在我国流域水污染治理的过程中，要结合水利工程和治理技术的改进来进行，这样才能取得良好的流域水污染治理效果。工程技术的提高，必将促进我国环境装备产业的全面升级，配之以参与共治的制度支持，流域水污染治理完全能够取得更大成效。

二、社会经济发展状况

包括制度顶层设计在内的一切上层建筑建设，都必须以生产力和社会经济基础的发展为前提，这是流域水污染治理的刚性约束。社会经济的发展水平以及地区经济结构的状况，对参与共治模式的实现具有刚性制约。参与共治的案例首先在我国经济相对发达的地区发生，具有某种客观必然性。这是因为，在经济相对发达地区，治理流域需要的资金投入和技术装备支持较有保障，地方政府领袖容易接受新的思想观念，现代社会培育了比较完善的公民精神，依法治理的社会氛围比较浓厚，不同利益主体的声音能够得到充分表达，集体行动的共同契约容易形成并且得到遵守。

在我国江浙地区的太湖流域水污染治理过程中，由于社会对科学发展观、和谐价值观以及生态文明观的追求而容易建立起政府与市场、政府与社会组织之间的和谐关系。在贯彻科学发展观、强调以人为本的当今中国，“善治”精神受到普遍提倡，参与共治在那些经济相对发达地区的公共治理领域实践中，往往容易成为制度选择的优先模式，基层政府往往成为政策创新的前沿平台。

江苏省睢宁县的“短信问政”宛如新政清风，堪称基层政府创新之举。据 2011 年 3 月《南方周末》文章《江苏睢宁一毛钱维稳》报道，2010 年 12 月底，江苏睢宁县伙房村的陈计生给睢宁县委书记王天琦发了条短信，说是干旱无水，小麦快旱死了。当晚 7 点，他就接到了农业局的电话，告诉他已经通知了水库管理处，马上就放水。有事发短信，已经成为睢宁人的一句口头语。自从 2008 年 8 月向社会公布手机号码，书记王天琦和县长王军已经收到各种短信 39595 条，办结了其中的 90%。在地方经济、文化和信息等条件相同情况下，新政的成败取决于领导的素质和魄力。

江苏睢宁县还成为县级政府参与淮河流域水污染治理的制度创新范例。为做好淮河流域水污染防治工作，2009 年 4 月 15 日，县政府下发了《睢宁县淮河流域水污染防治工作方案》，在指导思想、断面现状、工作目标、保障工程措施（包括基础设施、截污导流、生态补水、点源整治、环境综合整治）等方面作了明确规定，特别是在保障体系建设方面，形成了地方政府权威控制下的多部门协调互动机制，在制度设计上预防了流域水污染出现地方行政分割体制部门分散治理的局面和弊端。根据《方案》，成立了睢宁县淮河流域重点河流断面水质稳定达标工作领导小组，对全县淮河流域水污染防治工作实施统一领导。《方案》重点放在“加强协调互动体系建设”，“按照条块结合、分级负责的原则，构建行政上下级、政府各部门协调互动机制，形成区域合作、上下联动、齐心协力、团结治污的工作格局。加强对国控省控断面水质监测，建设重点河流断面、重点污染源水质自动监控系统，及时掌控水质变化。”方案还明确了多渠道筹措治污资金和监督考核体系建设。

三、与其他制度安排的兼容性

参与共治模式作为超越地方行政分割体制的制度安排，与其他制度安排之间存在着兼容性的问题。其他制度包括国家土地制度、森林制度、财政税收制度、社会福利保障制度等。参与共治模式实质上也是一种资源配置制度，需要和其他制度共同运行和作用才能实现制度的适应效应和运行效应。

政府要考虑解决流域水污染的制度安排问题，还要考虑其他制度的设计和运行功能。社会整体性的制度安排对整个社会资源的分配和利用具有全局性和整体性意义。参与共治的制度效率受制于流域治理制度的系统配置，这也是流域水污染治理社会属性的体现。因此，在实践中单独进行流域治理某项制度的改革，势必也会影响到其他制度的有效性，或者引发连锁反应。同时，确保其他配套制度改革顺利，也会对参与共治制度的有效实施产生积极影响。因此，参与共治的成功与否，需要其他相关制度的配套改革，如果制度之间的兼容性出现问题或者偏差，则可能会导致整个社会流域治理制度呈现一种低效率的非均衡状态。当前我国流域水污染治理中的一些制度安排和参与共治模式存在着兼容性的偏差，比如政府“三定方案”中经常发生多部门在流域水污染治理方面的权限冲突，排污收费“收支两条线”严肃了财政纪律，但容易引发由于“排污费转作环保补助资金”过程中部门利益干扰的效率低下弊端。

在古典经济学中，判断资源配置是否有效率，主要是看特定的配置是否符合帕累托最优，即社会能否达到这样一种状态，当不能作进一步的变化以便使一部分人处境变好而同时不会引起另一部分人处境变坏时,就可以称这种资源配置的状况为帕累托最优,或帕累托效率。[①] 在新制度经济学看来,这种对资源配置制度的理解过多地强调了配置效率,而忽视了制度的适应效率。所谓适应效率是指"一个社会吸收新知识,学习,引发创新,承担风险,创造物品以及随着时间的发展解决社会问题和瓶颈的意愿。"[②]事实证明,地方行政分割体制对我国的流域水污染治理缺乏适应性和有效性,而参与共治模式由于在当地政府之间的合力主导下形成多层次利益主体的协商共治,因此能够在一定程度上有效解决我国流域水污染治理的困境。不过,这项制度在运行中也存在与既有制度相互匹配,达成制度适应性,进而实现资源配置适应效率的问题。

四、共同利益下的政府职能配置

参与共治模式依靠政府之间的互动机制来落实,需要多层次的政府力量的参与主导,因此,共同利益下的政府职能的合理配置将决定参与共治的成败和效率。从理论上说,政府职能配置与政府不同职能之间的合作形成合力是两个不同的概念。实际上,政府的职能配置和部门分工是由国家和政府治理目标实现确定的,在其确定以后才产生不同职能和部门之间合作和联动问题。

按照参与共治的主体构成,政府职能配置需要最大限度地激发政府、市场和社会公众的参与愿望,尽可能激励他们的参与动力。若能在中央政府机构改革中设置国家水资源治理委员会,作为水资源保护、开发、利用和水污染治理的权威协调机构,将强化政府部门之间的协调联动。在国家水资源治理委员会之下,在全国主要江河湖泊跨省流域地区设置流域管理局,以摆脱行业部门的利益掣肘和话语权干扰。地方政府职能配置要因地制宜,尽可能消除分散管理的弊端。公开透明的监督环境,与现代社会公民精神协调的自治组织建设,也是政府职能改革和建设中不可或缺的重要环节。

---

① 约瑟夫·斯蒂格里兹:《政府经济学》,春秋出版社 1988 年版,第 60 页。

② Douglass C. North, "Privatization, Incentives and Economic Performance", in Anderson/Hill, eds, *The Privatisation Process*, Rowman & Littlefield Publishers, Inc. ,1962, p. 26.

五、制度创新需要提供的激励

参与共治模式的建设和运行需要社会提供必要的制度激励。激励的方向应该从克服流域水污染治理的自然属性和社会属性两个方面去寻找。激励的过程覆盖参与共治不同的利益主体即政府、市场和社会公众等,必须以严格法治和社会监督来保障制度运行的效果。

就其自然属性而言,流域水污染成分复杂、自然累积,导致其治理技术难度大、边际成本高等基本特征。流域水污染的治理难度很大,需要现代环境高新技术作后盾,而企业是技术创新的主体,因此国家在财税政策予以扶持外,还要无偿对节能减排产业、环境治理高端设备制造业给予政策激励。参与共治注重制度激励的效率,强调成本收益划算。这就要求治理工程前移到污染累积尚未恶化的初始阶段,通过污水处理厂集中处置的办法实现达标排放。

就其社会属性而言,流域水污染跨区流动、危害甚大,导致其治理与公平正义问题紧密相连。"在原初状态中的人们将选择两个相当不同的原则:第一个原则要求平等地分配基本的权利和义务;第二个原则则认为社会和经济的不平等例如财富和权力的不平等,只要其结果能给每一个人,尤其是那些最少受惠的社会成员带来利益,它们就是正义的。"①由于流域水污染总是要突破行政区边界,处于相对位置在上游的排污企业存在集体有意识排放污水,对下游地区的人们毫无正义可言。参与共治必须通过权威和法治的方式,坚决扭转"守法者成本大"的窘迫,依法制裁重大流域水污染制造者,并在相邻地区实施环境效益财政转移支付制度。在对流域内地方政府的制度激励中,关键在于改变对地方政府政绩的考核标准,切实做到环境质量"一票否决权",维护流域内社会公平和正义。

第七节 制度变迁分析

参与共治是建立在流域共同利益基础之上,由地方政府间的协商、协同

---

① 〔美〕约翰·罗尔斯:《正义论》,何怀宏、何包钢、廖申白译,中国社会科学出版社 1988 年版,第 14 页。

和合作形成一个跨行政区域的权威强制力，从而通过地方政府间的合力来确保和引导社会多层次利益主体共同参与合作的流域水污染治理机制。作为一种制度安排，必须由地方政府之间协商所形成的强制力合力来确保参与共治的建立，地方政府是流域水污染治理的责任主体；社会公众、社会团体和市场主体等作为参与者，也是这一制度安排的有机内容。立法机构和司法机构的参与，则会对参与共治模式的实现和运行提供法律的保障和支持。

本节将从多学科视角出发，分析参与共治作为流域水污染治理制度安排的孕育必然性和制度变迁空间。从制度经济学和产权经济学看来，作为现有流域水污染治理制度安排的地方行政分割体制存在制度失效的必然；从公共资源管理学看来，流域治理制度变迁总是在制度不均衡—均衡—不均衡的动态过程中实现利益调整，参与共治需要进行模式选择；从政府协同理论看来，作为流域水污染治理责任主体的地方政府尤其具有政府发展的空间。总的说来，制度变迁是新旧制度的更替，参与共治将依靠其科学性和实践生命力逐步超越地方行政分割体制。

一、参与共治是一种扬弃

在社会分工不断深化的经济生活中，交易链条不断加长，人与人之间的信息不对称日益严重，交易成本不断上升。在日益复杂的交易活动中，人们的经济交往极大地依赖大家可信赖的、相当规律的行为模式。协调这些活动需要制度，而制度创新可以降低交易成本。生活在同一流域内的不同行政区的不同利益者，他们之间需要不同利益的实现途径，却面临着流域水污染治理的共同利益，因此需要变革现存的流域水污染治理制度。参与共治即是对地方行政分割体制合理元素的继承，更是对制度内核不合理部分的否定。

地方行政分割体制作为我国流域水污染治理的现存制度安排，严重存在交易成本过高的弊端。按照经济学家罗纳德·哈里·科斯关于交易费用理论的论断，在交易成本大于零的现实世界，市场机制的运行是有成本的；考虑到市场交易的成本，合法权利的初始界定以及经济组织形式的选择将会对资源配置效率产生影响；制度安排是有成本的，制度安排的变更也是有成本的。地方行政分割体制重视单一行政区内地方政府对辖区内的环境质量负责,缺乏相关行政区政府的共同协商和行动。许多污水处理厂的建设遵循的是计划经济时期的布局思路,其运行效率往往不高。有的排污企业甚至将污水处理设备当作应付检查的摆设,在线监测技术和设备普遍缺失,制度监督和执法成本太高。也就是说,提供流域水污染治理的服务和产品的市场交易成本过高,市场在流域内没有起到配置资源的基础性作用。地方行政分割机制在我国流域水污染治理中已经造成严重后果,流域治理制度的变更势在必行。

如果说科斯的交易成本理论揭示了现存流域治理制度变更的必要,那么经济学家道格拉斯·诺思的制度变迁理论则为地方行政分割体制的变更提供了创新思路。诺思认为,制度因素是经济增长的关键,一种能够对个人提供有效激励的制度是保证经济增长的决定性因素。诺思将"一系列被制定出来的规则、服从程序和道德、伦理的行为规范",称之为"制度安排"。利益均衡条件下的制度必须满足两项条件:一是能够保证个体的合理的利益地位,否则难以保持个体对制度的满意状态;二是能够约束个体的利益最大化行为,使个体利益行为与公共利益不相违背。[①] 任何流域内的经济增长首先是资本、劳动和技术参数的函数,但同样取决于有效的制度安排。现存地方行政分割体制在实际运行中造成了流域水污染治理失控,削弱了流域内各个行政区经济增长的动力和绩效。如果将流域水污染治理视为一个特殊的准公共物品的生产过程,其运行绩效除了与传统经济学所说的生产要素更多投入正相关,更是取决于流域内不同利益主体形成共同契约和对契约的共同遵守。现存地方行政分割体制强化了单一地区和个体利益的地位,却使得个体利益和公共利益相对立,因此需要制度重建。新的制度安排应该支配经济单位之间合理的合作与竞争。参与共治即是对现实流域水污染治理制度的辩证否定即"扬弃",它试图对政府、市场和社会公众等参与主体进行有效的制度安排,例如促进地方政府之间更多的协商合作,激励企业之间更充分的市场竞争,从而可能在权威和法治基础上实现流域内不同利益主体的共同利益,并提供一种通过流域内成员的合作获得一些在制度结构

① Douglass C. North, "Privatization, Incentives and Economic Performance", in Anderson/Hill, eds, *The Privatisation Process*, Rowman & Littlefield Publishers, Inc. ,1962, p. 26.

外不可能获得的追加收入。

二、参与共治的模式选择

制度总是存在于动态发展过程之中,在不均衡—均衡—不均衡的动态过程中实现利益调整。制度变迁是制度创立、变更随着时间变化而建立新的利益均衡的方式。制度变迁可以理解为一种效益更高的制度对另一种制度的替代过程,表现为制度由非均衡到新的均衡的变化。正如新制度经济学所说,任何一项制度的变迁都不是任意发生的,需要在成本与效益分析的基础上进行权衡。当制度处于均衡状态时,该项制度的净收益将大于零,而且在可供选择的制度中净收益最大。当制度处于非均衡状态时,该项制度的净收益相应地减少,行为主体最后就会选择一项净收益较大的制度。作为流域水污染治理制度安排的地方行政分割体制,制度不均衡结论是成立的,因为它造成了我国流域水污染治理失效,引发了不同利益主体之间的矛盾和冲突,给地方经济发展和人民生活造成了巨大的危害。唯有进行制度创新和制度变迁,才能重建流域治理制度的均衡。

在公共资源治理学者埃莉诺·奥斯特罗姆看来,任何影响参与者数量、策略、参与者对结果的控制、参与者所拥有的信息以及参与者收益的规则变迁,都可以看作是制度变迁。① 制度变迁的模式是多种多样的。根据不同的标准,目前对制度变迁进行三种分类:诱致性制度变迁与强制性制度变迁模式;自发演进的制度变迁和人为设计的制度变迁模式;激进式变迁与渐进式变迁模式。制度变迁分为五个阶段:(1) 制度发生了不均衡,如制度常量和变量集合的改变;制度技术的改变;供给和需求的结构改变等等,由此出现了在现有制度安排下无法实现的获利机会。(2) 一部分行动者利用对获利信息的把握,形成初步的行动团队并提出制度变迁方案。此时制度变迁的不确定性在于各种不同的行动团体有不同的行动方案。(3) 进行比较、谈判和协商,然后选择可行的行动方案。(4) 确定了可行的行动方案后,形成次级行动团队。次级行动团队在实施和执行的过程中往往可以直接对制度安排做出改变。(5) 跟踪决策。初步行动团队和次级行动团队一起努力使新

---

① E. Ostrom, An Agenda for the Study of Institutions, *Public Choice*, Vol. 48, 1986, pp. 3—25.

的制度方案达到某种均衡。

我国流域水污染制度变迁的参与共治模式，取决于流域治理的国情和实践，还与如下三个理论变量相关：一是严重的流域水污染治理形势迫切，需要制度变迁更多地由政府权威和强制力来推动，而不是一般情况下的诱致性引导所能达到目的；二是制度变迁和创新的激励动力不够充分，制度变迁需要更多的人为设计来规范，而不能任由其自发演进和贻误变迁时机；三是现存治理制度固化和利益关系的复杂化，制度变迁只能循序渐进地在现有模式基础上进行，而不能以激进化的简单手段一蹴而就。总的看来，我国流域水污染治理中实施参与共治，应该更多地表现为强制性、人为设计、渐进式的制度变迁模式。

从既有的流域水污染治理成功案例看来，参与共治的理论梳理和归纳很不充分，其探索实践仍呈现初级阶段的特征：其一，参与共治发生于地方行政分割体制的制度不均衡难以应对流域水污染治理严峻形势的历史机遇期，现存治理制度虽然失效但仍然占据主导地位；其二，流域内的部分行动团队主要是基层政府在实践中实施了制度变迁方案，参与共治模式初见端倪，企业和社会团体参与的深广度不够；其三，参与主体虽然能通过谈判和协商后选择可行的行动方案，但因法制监督和社会监督力量缺失导致方案执行效果大打折扣；其四，次级行动团队力量薄弱，民间自组织和普通参与者经常处于被动参与状态；其五，制度变迁仍然处于探索阶段，流域治理中的不同利益主体经常出现零和博弈的结局，制度均衡相去甚远。总的看来，我国流域水污染参与共治模式的实施处于初级阶段，制度框架有待于进一步设计，制度拓展有待于政府权威的进一步引导，渐进式的制度变迁有待于更多的动力和激励因素的进一步融合。

三、参与共治的理论探源

应该注意到，流域水污染和流域水污染治理是两个不同的概念。在正常状态下，流域水以不可分割的巨型生态系统运行，具备自我调节和修复的功能。流域水污染是一种自然物状态，表现为成分复杂、危害范围广、治理难度大等自然属性特征。流域水污染在遭遇地方行政分割体制后，作为自然物的自然属性与作为制度安排的社会属性相叠加并发生冲突，其结果加剧流域水污染危害程度，危及地方经济发展和人民生活质量。可见，流域水污染治理属于社会治理范畴，需要跨区域政府间的共同协商和集体行动。流域水污染治理在经济学上是一种准公共物品的产品提供和服务，表现为边际成本加大，需要不同利益行动主体的参与治理。

现实需要是制度变迁的终极动力，而具备科学理论根据的参与共治才能在实践中展示出制度变迁的强大勇气，更好地为制度本身的发展拓展空间。本书主张的参与共治模式，即是针对流域水污染治理中的两个问题：一是地方政府之间的横向块块分割和地方政府内部不同职能之间的部门分割，造成以邻为壑、彼此拆台、难以形成作为整体的流域水污染治理所要求的统一治理；二是治理机制单一行政化，仅仅依靠地方政府行政体制和行政手段。如前文所述，所谓流域水污染治理这一准公共物品的属性，可以作为解决流域治理机制单一行政化问题的立论基础。那么，参与共治模式能否消除地方政府行政分割，进而形成流域水污染统一治理局面呢？这个问题的答案可以从协同性政府理论或者协同供给的公共物品理论中寻求，协同性政府能够为流域共治提供实践支持。

协同政府的研究起源于行政实践的困境，协同政府的改革发端于20世纪末的英国。英国工党代替保守党执政以后，为了克服新公共管理改革带来的问题，布莱尔政府开始致力于加强各种相互独立的组织之间的协调与合作。1999年出版的《现代化政府白皮书》从政策制定、公共服务、信息技术和公务员体系改革等四个方面给出了推进协同政府改革的实施方案。此后，澳大利亚、新西兰、美国和加拿大等国家也纷纷在国家或地方政府层面进行协同政府改革的尝试。初步归纳，协同政府理论的基本观点是，政府机构之间的合作、协调和整合，可以称为“协同的”“全面的”“协调的”或“整合的”；在组织结构和合作形式上多以伙伴关系、网络、信息与沟通技术系统、协同政府、整体政府出现，多元互动是其本质特征；跨部门协调与整合的目的就是为了资源互补，促进各方互动，最大可能地避免职能交叉或利益冲突，形成合力后实现合作各方的“共赢”。跨部门合作包括国与国之间、国家各级政府之间、同级政府不同部门之间、不同政策领域之间、公共部门和私人部门、公共部门与非营利部门之间等多种形式。

随着我国社会的快速变化，政府组织面临的问题变得越来越复杂。社会问题和社会治理常常跨越了相关部门的政府边界，日益增多的社会问题又不断向政府提出扩张职能的要求。单纯采用撤并机构的方式处理交叉领域的社会问题，将导致大部门职能过度膨胀和领导协调任务不堪重负，因此，政府跨部门协调与整合具有现实紧迫性，应通过政府主体间无缝隙的良好状态来实现公共行政的最优化，保障不同公共部门在目标和手段上不存在冲突。更为重要的是，跨部门合作符合区域政府合作共赢的需要，也可能由此实现地方政府之间的参与共治。这是因为，跨部门合作交易双方避免了通过第三方的介入来协调彼此间关系，能够降低制度的交易成本。例如，在我国地方政府之间的利益关系协调上，如果单纯依靠中央政府的宏观调控，不仅推高谈判协商的交易成本，事实上也难以实现预期目标。这是因为，一方面，中央政府远离各地方政府，在信息收集方面无法摆脱哈耶克的“构造性无知”困境，而高度强制性为基础的制度安排虽然规范化和制度化程度很高，但协调动力不足。另一方面，传统地方政府利用本地区资源解决当地事务是适合恰当的，但在处理区域之间问题时就会感到鞭长莫及，力不从心，相反地方政府间直接而广泛的合作与协调，可以保障区域经济正常而有效地运行。故本书一再主张，用符合协同政府精神的参与共治模式，消除流域水污染治理中的地方行政分割体制之弊端。

参与共治中的跨部门合作，就是要更好地满足公共利益的发展要求。20 世纪 90 年代引人注目的社会现象就是介于国家与社会、政府与市场之间的第三部门的兴起，这是私人组织、非营利组织和非政府组织的集合体。虽然这一领域不同于政府，但却具有一定的公共性功能，可以承担社会具有公共性事务的管理，接受政府的授权。第三部门的兴起打破了传统资源配置上政府与市场非此即彼的逻辑，建立了崇尚多方协作的政府与市场关系治理模式，以调节民众多样化需求的持续扩大，补充政府公共物品供给的缺口。目前流域水污染治理中的参与共治中，第三部门的参与缺乏制度保障，参与积极性和动力缺乏激励机制，甚至一些参与自发行动还经常受到地方政府一些部门和一些人的压制。就参与共治实现过程而言，以组织行为和组织面目出现的公务人员尤其有必要提高其行政素质。

参与共治中的跨部门合作，还必须依靠科技的发展与进步的信息平台。科技特别是信息技术的发展与应用对合作治理产生了革命性影响，不仅使信息的收集、处理和传播更为便利，使沟通与反馈更加具有回应性和依赖性，也提高了信息在全社会的共享程度，挑战了传统垂直型和单向度的权力运行方式，使政府、企业、公民之间的共同管理成为一种需求和可能，为跨部门合作提供了现实的条件。在我国流域水污染治理中，本书一再强调信息共享机制在应急处理环境危机事件中的不可或缺。没有公开透明畅通的信息机制，我国政府体制改革追求的高效型、服务型、责任型政府的目标将会大打折扣，流域治理甚至无从谈起。

四、参与共治的变迁规则

参与共治作为我国流域水污染治理制度的创新和变迁，同样取决于立足于本书所分析的制度变量，即哪些是可以改变的，哪些是被允许的，哪些行动或结果是被禁止的。因此，要分析清楚制度变迁过程中的宪法选择、集体选择和操作选择的规则。[①] 参与共治中，宪法选择的层面决定着哪些主体有资格以及如何参与流域水污染的治理。在共同利益框架下，由于多层级的政府主导力量支持形成市场、公民和社会团体的良性互动，是参与共治制度有效性和制度发展的前提，也是制度变迁的基础。因此，多层次主体的合作是不可以改变的。参与共治中，集体选择意味着可供政策集合序列的选择和决定谁有资格参与具体的操作过程，也就是流域水污染治理的政策安排以及流程的制定。参与共治需要具体的组织结构来执行政策。因此，制度变迁在集体选择阶段可以改变不同行为主体的行动规则以及政策执行的具体步骤。在操作选择层面，参与共治可供变动性的范围更大。占用、提供、监督和强制实施的过程发生在操作层次。流域水污染治理的参与者数量、策略、参与者对结果的控制、参与者所拥有的信息以及参与者收益的规则都是可以改变的。因此，参与共治的制度变迁在操作层面最容易发生，也容易进行制度成本与效益的比较分析。

参与共治制度变迁过程的宪法选择、集体选择和操作选择可以和中央地方政府关系对应起来。宪法选择层次对应的是中央政府与地方政府关系的条条划分以及中央政府不同部门之间的块块分割，该层次决定的是规划

① 埃莉诺·奥斯特罗姆：《公共事物的治理之道》，上海三联书店 2000 年版，第 7 页。

设计、评判标准以及不同利益主体参与治理的资格条件；集体选择层次对应的是指条条分割中的地方如省市政府与基层如县乡政府之间的线性组织控制，以及上级专业部门对下级部门的条条指挥和指导，该层次决定的是适用于特定问题的区域的规则以及操作层次的行动规则；操作层次对应的是地方行政分割体制。因此，参与共治的制度变迁分析，实质上是要从这三个层面进行活动规则的变迁，而主要的是在超越地方行政分割体制的基础上，实现超越条条分割和部门分割，改变职责同构。

一个层次的行动规则的变更，是在较之更高层次上的一套固定“规则”中发生的。更高层次上的规则变更往往难以完成，因此成本大，但也可以给予根据规则行事的各个主体以相互预期的稳定性。[①] 条条分割关系到整个国家的政治体制和行政体制，因此，制度变迁往往存在一定的困难。但是，条条分割也可以在参与共治的新制度选择下，实现局部的制度变迁。比如在决策层次，在共同利益的框架下，理顺中央政府与地方政府之间的职能分配，改革中央政府的投资管理体制等。目前，国务院已经出台了“关于投资体制改革的决定”，提出要合理划分中央政府和地方政府的投资事权。中央政府投资除本级政权等建设外，主要安排跨地区、跨流域以及对经济和社会发展全局有重大影响的项目。在执行层次，则是在该共同体的共同利益框架中，在不违背国家共同利益的原则下，对地方政府与基层政府之间的行动规则进行调整，使得地方政府和基层政府以及不同地区的政府之间能够得到协调。专业部门则相应为各层级政府提供业务咨询和指导。

从基本结构上形象地说，参与共治制度如同弓的结构原理：将弹性条的两端头视作不同行政区的地方政府，以弦绷紧并缚住端头相当于地方政府间形成了权威性强制力，拉满弓弦可使分布于弓背之上的诸多企业和社会公众处于最大拉伸应力状态，此时弓弦获得最优配置，流域水污染治理不同参与主体处于最优化参与状态。笔者将参与共治最优化状态称为“弓弦最优配置”，它至少应该满足四个方面的条件：一是作为政府主体的参与共治，是整个制度确立的主导力量，在制度均衡状态时系统应力最大。政府间强制力过小则权威性不够，难以协调多主体参与；强制力过大则成为传统意义

---

① 埃莉诺·奥斯特罗姆：《公共事物的治理之道》，上海三联书店2000年版。

上的单一行政模式，容易排斥多主体参与。二是作为市场主体的企业参与共治，实际涉及政府的公共物品供给与生产的分离及其公共物品生产外包领域，需要参与共治规则和精神的共同引导才能进入。三是作为社会公众特别是第三部门力量的参与共治，需要相应的激励机制和制度保障，以调动他们的参与积极性和潜在动力。四是作为保障机制的立法和司法力量，应该自觉维护公平与正义，独立客观地维护流域治理契约的遵守。由此看来，作为我国流域水污染治理制度创新的参与共治只是初见端倪，距离不同参与主体“弓弦最优配置”制度均衡状态还有很大的拓展空间。

第八节　建立协商治理委员会

应该强调指出的是，流域水污染和流域水污染治理是两个本质不同的概念。流域水污染是一种自然物状态，表现为成分复杂、危害范围广、治理难度大等自然属性特征。我国流域水污染在遭遇地方行政分割体制后，作为自然物的自然属性与作为制度安排的社会属性相叠加并发生冲突，其结果加剧流域水污染危害程度，危及地方经济发展和人民生活质量。流域水污染治理属于跨区域的社会治理范畴，需要跨区域政府间的共同协商和集体行动。

我国流域水污染治理需要考虑到流域的自然纳污能力以及社会生产方式，还要考虑到其准公共物品属性下的制度设计问题，尤其要考虑到地方行政分割体制作为我国流域水污染治理的现实制度安排，其政府单边控制、单一行政方式、二维划分以及分散管理的结构特点，使得该制度安排无法满足流域水污染治理准公共物品属性的基本要求。该制度在理论上存在着明显的制度缺陷，在实践中无法实现我国流域水污染的有效治理，因此必须进行制度创新。制度创新对流域水污染治理的成功与否具有决定性意义。

我国流域水污染治理制度创新的现实动力，在于作为制度安排的地方行政分割体制为害甚大。制度创新的理论逻辑起点是准公共物品理论和协同政府理论。流域水污染治理在经济学看来是一种准公共物品的产品提供和服务，表现为投入的边际成本加大，因此需要政府、企业和社会公众等不同利益行动主体的全面参与。流域水污染治理在协同政府理论看来,地方政府间直接而广泛的合作与协调,能够在很大程度上消除流域水污染治理中的地方行政分割体制之弊端。

参与共治就是在我国流域水污染治理的共同利益基础上,由地方政府间协同性和权威性强制力合力为主导和主干而形成多层次利益主体之间的协商合作。作为一种创新的制度安排,参与共治必须由地方政府之间协商所形成的强制力合力来确保其新生,地方政府是流域水污染治理的责任主体,社会公众、社会团体和市场主体等作为参与者也是这一制度安排的有机内容。立法机构和司法机构的参与,则会对参与共治模式的实现和运行提供法律的保障和支持。

从我国既有的流域水污染治理理论和成功案例看来,参与共治的理论梳理和归纳很不充分,其实践探索仍然处于初级阶段。参与共治初见端倪,距离不同参与主体"弓弦最优配置"制度均衡状态还有很大的拓展空间。参与共治模式还会受制于水利工程技术、社会经济发展条件和社会其他制度安排的兼容性问题,共同利益下的政府职能分配问题,以及新制度急需解决的激励问题等方面的掣肘。从制度变迁的趋势看来,在我国流域水污染治理中实施参与共治,应该更多地采取强制性的、人为设计的、渐进式的制度变迁模式。参与共治的制度框架有待于进一步设计,制度拓展有待于政府权威的进一步引导,渐进式的制度变迁有待于更多的动力和激励因素的进一步融合。

参与共治模式实现我国流域水污染治理传统思路的制度突围,在强调地方政府责任的同时引入了市场、社会公众和团体组织等多主体力量,是流域治理制度宪法层次的重构。在政策组合的集体选择上,参与共治强调地方政府之间必须进行权威性的合作,主张政府通过对企业更多的授权以激励企业为流域水污染治理提供更多更好的产品和服务,支持第三部门的深层次参与得到制度合法性保障。参与共治落实到普遍的操作层面上,可考虑在跨行政区的流域水污染严重地区真正建立常设性协商治理委员会。按照参与共治的原则精神,协商治理委员会坚持如下基本运行规则:

第一,就组织结构而言,以地方政府之间的合作为主,以多层级的政府合作为辅,既有民间力量的参与,也有市场主体的合作,还有立法机关和司法机关的监督。该委员会可由相关地区的政府领导或知名人士轮流担任主管专员,下设日常调解组、战略咨询组、技术储备组和社会参与组,相关小组成员由技术专家和民间活跃分子构成。流域内相关地方政府保障协商委员会的独立经费和其他办公条件。

第二,就职责范围而言,通过建立联席会议制度和不定期召开联席会议来及时调解和处理流域水污染问题和纠纷;在涉及流域主体功能区定位、主导产业布局和流域水污染排放标准等重大问题时,充分听取来自不同行业的专家成员的咨询报告;跟踪技术进步潮流,嫁接先进技术和企业攻关的桥梁,为流域水污染治理提供技术储备;调动社会公众、团体组织或第三部门的力量,以程序合法手段提升其自觉参与共治的深广度;完善对污染受害者的法律援助机制,研究建立环境民事和行政公诉制度。

第三,就制度建设而言,要探索建立流域之间的生态补偿机制,用市场交易机制维护行政区流域跨界污染地区的稳定机制,解决好不同行政区域的环境协调和补偿问题。在制度获得流域内相关行政区认可后严格实施;在水价改革时候,充分发挥价格杠杆作用,开展草根听政,激励民间资本进入污染治理设施的建设。在跨省流域水资源调配和跨行业用水交易中,充分听取协商委员会的意见,在优先满足流域生态系统正常运行前提下,尽量降低制度运行过程中的交易成本,用市场机制促进水资源利用效率的提高。

第四,就监督体制而言,首先要建立协商委员会信息网络平台,及时公布流域水环境自动在线监测的数据;跟踪流域水污染治理设施建成后的运行状况,对故意造成流域重大水污染事故者给予问责直至刑事处置;定期向上级政府首脑报告各地区流域水污染治理责任制的落实情况,建议将其作为考核地方政府政绩的重要标准;激励民间自组织和独立媒体参与到协商委员会中来,提高社会以及民众对水污染事故的知情权、反映权、举报权以及监督权;在相关法律执行中探索实行举证责任倒置,发生环境诉讼时由排污企业提供没有污染受害个体成员的证据,从根本上改变排污企业对社会个体成员的力量强势。

滔滔江河中,流动的是水,博弈的是利益。参与共治依靠其独特的制度结构、动力来源和实现方式来取得制度绩效。参与共治的总体绩效是,不同行政区在流域水污染参与共治中形成均衡合理的利益格局,全流域的共同利益得以实现。中国公共政治以公共治理和公共管理为实现途径,参与共治是流域内不同利益主体治管融合的制度创新性安排,故此能够取得积极的制度绩效。

总的看来,我国流域水污染治理是一个过程,而不是一次事件。流域治理措施随着制度创新和发展而不断发展创新。参与共治新模式的提出与不断发展,可以超越我国流域水污染治理的地方行政分割体制的桎梏,从而有可能在流域水污染治理中发挥积极作用,为确保我国流域水资源的安全和有效利用,为我国的国民经济科学发展和可持续发展提供有效的制度支持。

第七章

参与共治可以成为水资源治理原则

如前文所述,从我国流域水污染治理案例中提炼而得到的参与共治模式,实际针对和能够解决的是地方政府行政分割体制造成的流域水污染公共治理问题。这一模式是否适用于一般意义上的水资源治理?就是说,这一模式是否能够从流域水污染治理推广应用于全面涵盖水质、水量和水能问题的一般水资源治理?本章将沿用全书实证研究的方法,结合地方行政分割对水资源分配和水能开发造成的弊端给予回答。本章在比较公共池塘资源自主治理理论模型后,也将试图对参与共治模式进行总结和完善。本章的基本结论是,参与共治可以成为我国水资源治理的基本原则之一。

当流域水资源成为自然属性和社会属性的统一体,流域的水流便成为不同行为主体高度关切的利益流。我国流域水污染治理的参与共治模式是在共同利益基础上,由地方政府间协同性和权威性强制合力为主导和主干而形成多层次利益主体之间的协商合作。作为一种基础性制度安排,它需要有政府之间协商所形成的强制力合力来确保治理模式的建立。地方政府所具有的公共主导力是参与共治这一制度安排的核心,立法机构和司法机构的参与为集体行动提供了法制基础和平台,个人、团体和市场在共同利益体中既是利益的博弈者,也是制度安排的重要组成部分。

中国水资源的危机不仅表现在流域水质污染严重,而且面临着水量紧缺与水能开发混乱等三个维度的全面告急。处于经济结构调整中的中国难以在短期内完全摆脱工业化过程中边污染边治理的现实,还要面对无水可用的窘迫以及水能开发对水资源整体生态的破坏。流域水污染总量容易随着经济规模总量的增长而扩大,水质污染与水资源紧缺以及水能开发造成生态破坏三者之间的恶性循环难以控制。全面的水资源治理应该包括水质改善、水量科学调配和水能合理开发三个方面，同样需要中央政府的宏观调控，地方政府的协调配合，市场主体企业的科学参与，各种自组织力量和法治平台的支持和监督。前文分析了参与共治在流域水污染治理中的运行和绩效，本章将探索和检验参与共治在水量科学调配和水能合理开发中的适用性。

第一节　水量配置中的现实困境

从水量这个维度来看，我国水资源有其先天不足的一面，而水资源的开发利用已经接近极限。据水利部全国遥感调查，我国水源区的水土流失面积超过土地总面积的53%，三江源区的过半草地迅速退化，黄河源头鄂陵湖出水口2003年年底首次断流。这些敏感地区水环境的恶化形势表明，我国水资源可持续能力面临着前所未有的考验。我国大部分河流的开发利用程度超过国际通行标准40%的比例上限，河流的整体生态效益难以兼顾。跨流域水量配置中的参与共治，目前最为缺乏的制度动力是地方政府之间的权威协调力量。

一、内陆河流域水量配置

内陆河流域水量配置需要经济结构调整和管理模式创新。中国科学院副研究员周立华在分析内陆河流域现存的主要生态经济问题后，提出了黑河流域生态经济协调发展的系统耦合模式。黑河流域是我国西北干旱区的第二大内陆河流域。黑河干流发源于青海省祁连山北麓，流经甘肃省河西走廊，最终消失在内蒙古居延盆地的戈壁沙漠之中。在上游祁连山区山地草原畜牧业占优势，中游河西走廊绿洲区以灌溉农业为主，下游以荒漠草原畜牧业为主。要解决生态经济问题，关键是将经济系统和生态系统的反馈机制进行耦合，建立起协调发展的生态经济复合系统。具体而言，黑河流域农业和畜牧业耦合是将上下游区的草地畜牧业和中游种植业相结合，采取“牧区繁殖，农区育肥”的发展模式。制定发展战略时应该考虑到整个流域的系统耦合发展模式，既要发挥地区优势，又要协调好上中下游的生态效益和经济效益，这就必须打破行政割据，将全流域看作一个完整的生态经济系统。这就要求相关省区政府的协调和引导。从客观上讲，耦合模式的提出较好地解决了不同公共权力之间的内在张力问题，但难以从根本上摆脱地方行政分割体制的局限。

二、跨省河流的水权交易

目前我国在内蒙古和宁夏黄河干流地区进行了水权试点。根据这个地区的产业发展的特性和经济发展的现实要求，一是明晰初始产权，二是进行产权转换，从而实现水资源的优化配置。[①] 明晰产权和市场交易可以解决外部性问题和责任问题，从而可以解决因"公地悲剧"带来的竞争性破坏，并有利于经济主体激励机制与约束机制的建立。产权的清晰界定是解决很多公共物品特别是环境资源公共物品外部性问题的一个非常有效的方法。就像现代产权经济学所提出的那样：合理的产权制度就是明确界定资源的所有权和使用权，以及在资源使用中获益、受益、受损的边界和补偿原则，并规定产权交易的原则以及保护产权所有者利益等。但是从整体上看，目前我国水资源管理主要还是以行政管制为主，辅之以必要的市场原则作为补充，治理制度的顶层设计尚有诸多不足。

有的水资源问题涉及跨区为害，需要倾听流域内相关民意，除了经济补偿外，更重要的是在增加地方经济造血功能上下工夫。据新华社 2004 年 12 月 14 日内部报道："引黄济津工程"5 年来已经 4 次经过山东省聊城市向天津调水，聊城市沉沙地区的生态形势日益严峻，当地农民遭受土壤沙化碱化、耕地剧减之苦。为了减少引水中的泥沙含量，"引黄济津"使用了聊城市位山灌区修建的两条长 6 公里宽 1 公里的沉沙池。长时间调水使泥沙急剧增加，聊城市难以治理，群众不满情绪升温。位于这里的东太平村紧挨着泥沙高地，村民的房顶已经低于泥沙高地，如同建在一个锅底上。风沙大的冬春季节，村民几乎天天遭遇沙尘暴。由于沉沙池清淤产生大量泥沙占用了大批土地，有 10 多个村的五六千人口的人均耕地已经不足 0.1 亩，池区数万

---

① 吴季松：《中国可以不缺水》，北京出版社 2005 年版，第 145 页。

名群众只能依靠占地补助粮食维持温饱。有关部门对沉沙池区的群众给予补偿，在记者采访过的东太平村，按照占地情况每人每年只能得到补助250公斤粮食，群众反映日子过得还是艰难。

三、空间云水资源的区域配置

地方对水资源争夺已经由地表水和地下水发展到空中的云水资源。据河南省政府提供的信息，2004年6月以来，河南省平顶山、驻马店、漯河、许昌、周口一带久旱无雨。7月9日下午至11日凌晨，从南阳上空向东北方向飘来一片携带丰富水汽的云块，上述5个城市争先恐后调用了近千枚高射炮和火箭，实施人工降鱼。单漯河市在3县1区就设置了18个发射点，共发射增雨炮弹725发、火箭弹40枚。人工降雨的效果可谓“几家欢喜几家愁”。降雨量最多的是平顶山和许昌市，市区均超过100毫米；漯河市区降雨量在50毫米以上，耗资20多万元。这3个城市均达到了暴雨标准，旱情彻底解除。驻马店和周口两市降雨量很少，仅仅27毫米。5个城市借助的都是同一片云，所以云块最后到达的周口市只能挤出点毛毛雨。他们抱怨有的城市都暴雨成灾了还在狂轰滥炸，整个人工降雨没有规划。

河南周口市的抱怨凸显了法律上的一个漏洞。随着高新技术的发展，人们对大气资源的掌控和驾驭能力基本达到了古人说的“人定胜天”。数字雷达、闪电定位仪、卫星接收系统和人工增雨系统得到普遍使用。人工降雨和驱雨技术日臻成熟，对农业增收、改善区域气候和生态环境的作用明显增强。但是，目前我国相关法律对如何开发大气资源没有具体规定。按照2002年5月1日起开始实施的《人工影响天气管理条例》，“利用高射炮、火箭发射装置实施人工影响天气作业，由作业地的县级以上地方气象主管机构向有关飞行管制部门申请空域和作业时限”。按此规定，各地市县都有作业资格。相邻地区的灾情基本相同，故容易出现“五市抢一片云”的类似冲突。对于飞行管制部门而言，他们在受理申请时并没有对各地市进行协调的权利和义务。结果是一些地方暴雨成灾，造成资源浪费；另外一些地方人工降雨不足，旱情未除。国家为实现空域资源的综合利用，建立空域管理体制的组织形式和管理制度。它主要包括空域规划管理、建设使用和评估的机构设置、职权划分和政策法规等。空域管理目的是在维护国家安全的前提下，统筹航空的需要和公众利益，实现空域资源的合理充分利用。为此，《人工影响天气管理条例》应该规定，各地市在向飞行管制部门申请获准后，必须上报上级气象主管部门，以便于有效协调，尽可能在更大范围内利用资源，避免各地市之间的利益冲突。

第二节 水能开发中的现实困境

一、水能开发热的现状

从水能这个维度来看，我国水资源有其先天优势的一面，而水能开发也已成为能源巨头竞相争夺的高地。从水能开发的主导力量来看，可以看出能源巨头优势明显、民营资本不甘落后的基本脉络。

能源巨头优势明显，这是我国宏观调控政策和资本集聚特征的结果。随着我国能源集团资本力量的壮大和国家能源结构调整的需要，水能开发成为优先发展的战略选择。在国家宏观调控政策背景下，能源开发国家队无论在国家立项还是在对地方政府的谈判中，凭借先天的资源禀赋在重大项目角逐中取得比较优势。据《中国国电》杂志2004年第6期消息：2004年6月16日，中国建设银行四川分行与中国国电集团公司大渡河公司在成都签订协议，将在2020年前提供近600亿元人民币贷款用于大渡河流域11个水电站的开发建设。国电公司把开发大渡河作为集团发展重中之重，制定了到2020年实现大渡河流域装机1500万千瓦的阶段战略目标。2003年同四川省委、省政府达成了国电集团公司优先开发大渡河流域各个梯级电站的一致意见。

民营资本不甘落后，这是资本的灵活逐利优势能够适应地方经济发展愿望的结果。据2005年11月30日《云南日报》刊发新华社记者的文章《九百电站蚕食千里汉江 小水电大开发潜伏生态危机》：汉江小水电开发只是全国愈演愈烈水电开发热中的一例。在千里汉江上，目前已建和在建的小水电居然不下900座，远远超过流域生态环境承载极限。长江水利委员会调研报告显示：陕西利用境内709公里的汉江干流，成立了陕西汉江投资开发有限公司，规划建设黄金峡等7个梯级电站。丹江口库区所在的湖北省十堰市的水电资源分布在汉江流域内2000多条支流上。十堰市作为湖北省水电资源开发的重点区域，在招商活动中提出了开发水电资源“谁投资、谁建设、谁管理、谁受益”和“不求所有、只求所在；不求所利、只求有税”等口号。2004年4月，十堰市将汉江及堵河流域装机4000千瓦以上的29座待建电站全部民营化，并与15家民营企业签订水电开发协议或合同16份，总投资达113亿元。

由于受到地方政府利益和市场主体企业利益的驱动，国家对经济全局的宏观调控会受到干扰。2004年9月29日《南方周末》头版文章《民营资本违规抢占金沙江水电富矿》，对虎跳峡水电站及整个金沙江中游乃至怒江、澜沧江的水电开发提出了强烈反对意见，认为水电开发将严重破坏生态环境，破坏“三江并流”世界遗产，并严重损害移民利益。文章分析说，金沙江为长江上游河段，干流可开发装机容量超过7600万千瓦，是我国最大的水电基地。水电水利规划设计总院组织勘测设计单位经过近8年的努力，于1999年底完成了《金沙江中游河段水电规划报告》，提出了金沙江中游河段“一库八级”规划开发方案，自上而下依次为上虎跳峡、两家人、梨园、阿海、金安桥、龙开口、鲁地拉和观音岩，规划总装机容量2058万千瓦。2002年4月16日至19日，国家发改委会同水利部、交通部、国土资源部、国家环保总局、国家电力公司、中国国际咨询公司和四川省、云南省，组织有关专家联合审查《金沙江中游河段水电规划报告》后认为，该规划可以作为今后金沙江水电开发工作的基础，但各具体项目尚待进行预可行性研究。但是，云南省在未与国家发改委商议的情况下，与民营企业华睿公司签订了开发金沙江中游电站的协议。华睿公司在未经批准情况下，于2003年下半年开始了金安桥水电站现场的前期施工，并在媒体上称金沙江水电站建设已经开始。国家发改委认为，华睿公司以云南省同意为由，开工了“三通一平”和导流洞等现场施工工作，在国家未协调一致的情况下自行开工建设是不妥的。

二、水能开发热的原因

我国目前水能资源开发呈现资本主导、局部优先的基本特征。国家资本和民营资本的涌入，造成了我国水能资源开发的快速升温。面对一些水能资源开发中的损人利己行为，有群众气愤地表示："电站发了电，河流的防洪、灌溉、老百姓的人畜饮水等却被搁在一边，属于国家的公共水能资源为什么变成老板们单纯的赚钱工具？"也有群众认为，目前出现的"跑马圈水"过度开发水电现象，主要是受企业高额利润和地方政府短期政绩效应的驱动。进一步说，长期以来国家强调经济发展优先，对地方政府的政绩考核也是经济增长指标优先，这在客观上助长了地方经济发展中重增长、轻环保的政策惯性；加之我国水能资源富集地多在经济相对落后的大江大河上游地区，这些地区有着更为迫切的经济崛起愿望，面对能源集团或者民间巨资进入该地区"圈水争坝"时，地方政府出于自身眼前利益考虑，双方互为需要。地方政府容易屈从于强大资本力量的各种要求，为支持项目尽快上马大开绿灯。而开发单位容易将水能开发前期可行性论证轻描淡写，尚未论证早已"可行"结论，"在开发中保护、在保护中开发"的基本原则名存实亡。

三、水能开发热的困境

随着能源巨头和民间巨资在西南地区的"圈水争坝"，民营资本在南方山区圈水建坝，我国水能资源开发过程中强大的资本力量竞争，一定程度上干扰了国家宏观调控总体战略的实施；缺乏流域整体布局的水能资源开发，造成了上下游之间严重的利益冲突；各自为政的掠夺式开发，造成了水能资源的低效率利用和保护。本书主要沿用既定的分析思路，从地方行政分割的角度出发，分析我国局部优先、资本主导为基本特征的水能资源开发模式，在现实中造成的不同参与主体的利益不均衡状态，进而因为制度有效性缺失引发的水能资源的治理失范和危害。

（1）处于上下游不同区位的不同行政区之间的利益冲突加剧。在2004年9月四川省十届人大常委会讨论《四川省〈中华人民共和国水法〉实施办法修订案（草案）》时，有人大代表就岷江上游大修水电站使该地区生态环境遭到破坏的问题提出尖锐意见。据"四川在线"消息，有代表疾呼，乱建电站是岷江上游环境破坏严重的祸首：对于大江大河来说，只有上游地区成为生态屏障，整个流域的生态安全才有保障。反之，上游地区生态遭到破坏，其危害不仅反映在本地区，还将通过"下游效应"影响到中下游和整个流域。下游地区的地方政府认为，岷江上游承载四川省重要生产生活水源区，又是著名的旅游资源和人文历史景观富集的黄金旅游走廊。如不对流域内的水能资源实施统筹规划，控制开发，岷江江段将变得面目全非，将对下游地区的水资源安全带来巨大危害。

(2) 公共参与在流域共同利益遭受危害时难以发挥制度性约束作用。在地方政府积极主导的招商引资过程中，资本的利益容易得到更多的关照。当双方利益谈判达成妥协时，地方政府给予资本更多的优惠政策。开发单位为实现资本的利润最大化，在山区河流梯级水电站开发中，总是优先考虑修建更多的电站。高密度的梯级电站造成了河流水库化，随着库水加深，流域内污染物质的加入、沉积和溶释，库区水体的物理场、地球化学场以及生物场发生变化，水生态系统的生物多样性被破坏，水体容易呈现富营养化状态，整个流域内的水资源安全受到威胁。据《农业科技与信息》杂志 2009 年 5 月王有斌、聂森林文章《浅议甘南州小水电开发中的生态保护问题》：甘肃省甘南水电开发基本规划为梯级开发，由于早期建设的水电站在设计时没有考虑生态流量，新建成的一些水电站只考虑经济效益又不按设计向坝下下泄生态流量，导致坝下河槽裸露，河床干涸，山区河流水生态系统受到毁灭性破坏。水能资源的开发利用必须在流域统一规划指导下有序进行。离开公共参与程序的制度性保障，民生水利成为空谈。

通常的情况是，当流域内的众多个体利益主体受到危害时，因为力量单薄，他们的利益诉求难以得到尊重和维护。有学者认为，在西南水电开发热进入无序状态、项目急于上马的情况下，环境影响评价一般由业主安排机构进行，很难保证其公正客观。多数情况下的环评都是开发单位和地方政府负责，对于有争议的工程，主管部门或地方政府将持不同意见的专家排斥在环评论证之外，甚至封锁这些专家去现场考察。四川省旅游局规划设计研究院院长呼吁，重大项目论证离不开公众参与，水能开发不能以牺牲环境和长远的经济、社会效益为代价。这种开发要在充分考虑水资源的生态功能、环境功能和景观功能的综合开发模式下进行，彻底改变传统的“技术经济最优”的水利工程目标。

(3) 没有统一的机构对水能资源开发全面负责，地方行政分割加剧了水能开发的困境。国家派出的流域机构因为法律授权有限，在地方行政分割体制的利益格局中除了作为部门利益代言人，还往往在话语权上支持其治所所在地区的地方政府，因此不能代表流域内不同利益行为主体的共同利益。2009 年 3 月，王毅代表在第十一届全国人民代表大会上提出《关于推进流域综合管理相关制度安排及优先行动的建议》，认为流域综合管理不是原有水资源、水环境、水土流失等要素管理的简单加合，而是基于生态系统方法和利益相关方的广泛参与，要试图打破流域部门管理和地方行政管理的界限。我国的流域治理缺乏合理的制度安排、明确的责任主体、真正的代言人以及完善的治理结构，使得流域治理方案难以有效实施，部门之间、地区之间无法形成有效的协调机制。从 2008 年政府机构调整的结果看，涉水部门职能调整和整合的力度十分有限，离大部制要求尚有很大距离，反倒是因城市涉水事务下放到地方，未来有可能导致流域内各城市间的潜在冲突加剧。

（4）我国政府关于小水电的"三自"方针政策，没有在制度变迁中获得新的激励和动力。我国小水电资源居世界第一位，可开发量达 8700 万千瓦，分布在全国 1600 多个山区县。到 2000 年底，全国共建成 653 个农村水电初级电气化县，水利系统小水电装机达 2485 万千瓦，占全国水电装机的 32.4%。为鼓励地方政府和群众就近开发山区小水电资源，20 世纪 60 年代以来，国家执行"自建、自管、自用"的"三自"方针，支持小水电开发及联网发展。"自建"就是鼓励地方政府和群众以地方为主筹措资金，利用当地的资源、技术和原材料，建设小水电站及其小电网，一些地方还生产所需要的小水电设备。"自管"就是谁投资谁所有，避免政策上的平调，保护地方政府和群众办电的积极性。"自用"是指小水电站发出来的电应以当地就近使用为主，形成小水电自己的供电区。"三自"方针在经济体制转轨、电力十分紧缺的历史条件下，有利于形成分散开发、分片供电、发供用统一的中国特色小水电。

然而，这种局部分散化的能源政策在市场经济条件下，当外来资本主导地方行政分割状态下的流域水能资源开发后，单一资本追求利润最大化，整条河流单元化，难以避免利益冲突、效率低下等诸多弊端。这是因为，现在好的资源点、好的站址基本上已规划建设，站点越来越少，开发成本将越来越高，开发难度也越来越大。当不同业主的资本进入基层例如县、乡、村不同行政区后，如果在相邻的不同基层行政区内河流上修建低水头电站，业主之间很可能因为坝址选择和建坝数量等关键问题发生争端。而且，由于业主很可能忽视相邻地区群众的水资源需要和安全，地处上游的一旦建坝容易为害下游群众的用水安全，地处下游的一旦建坝容易为害上游群众的住房、土地、林木等财产安全，相关利益方容易发生利益冲突。在“自建、自管、自用”现实中逐步被“他建、它管、市场用”取代后，我国南方小水电开发陷入了前所未有的困境。摆脱困境的出路，离不开地方政府之间的权威协调，流域内不同利益主体之间的民主协商。在历史条件发生变化情况下，我国小水电开发需要在制度变迁中获得新的激励和动力，唯此才能妥善处理好小水电开发与当地群众的关系，处理好移民、安置、赔偿和征地等问题。

四、摆脱困境的思路

总结近二十年来人类开发水能资源的历史轨迹，我国水电开发是在“反坝”声浪中获得了理性的认可。随着世界水坝委员会1998年提出“水坝对于环境的破坏令人难以接受”的结论，环保“反坝派”似乎得到了利器。随着2011年国内电力供给紧张和日本福岛核危机的严重后果同时发酵，水电“建坝派”似乎变得更为主动。随着接踵而至的长江中下游多个省市特大旱情的发生，国务院常务会议2011年5月18日通过《三峡后续工作规划》和《长江中下游流域水污染防治规划》指出，三峡工程在发挥巨大综合效益的同时，在移民安稳致富、生态环境保护、地质灾害防治等方面还存在一些亟须解决的问题，对长江中下游航运、灌溉、供水等也产生了一定影响。举世瞩目的三峡水库再次成为新闻热点，进入相关专业人士和社会舆论的视野。人们在充分肯定三峡工程“防洪、发电、航运”主要功能的同时，对其带来影响的评价变得更为客观和冷静。

水能开发涉及流域整体生态效益和流域内不同行为主体的切身利益，因此可以归结为水资源公共治理范畴。在“宪法层次”意义上说，国家应该对水能开发的基本原则、参与主体和运作程序等作出明确规定，并且保持政策的连续性和稳定性。摆脱水能资源治理困境的制度性思路在于，发挥市场主体企业的作用，激励社会公众的参与动力，建立有效的法治保障平台。

（1）充分依靠政府行政权威。流域是水资源的自然属性和社会属性的集合体。不同流域有其不同特质，即便是同一流域内的上下游、干支流也有其不同的资源禀赋，蕴藏的水能资源有丰歉之别，加之依附于流域之上的不同行政区的产业布局和经济综合实力存在差异,能源结构各有不同,因此在各行政区对水能资源开发的动力和能力迥异前提下,流域的合理规划、综合开发和利益平衡至关重要。为顺利实施国家主体功能区建设,确保流域共同利益最大化,在跨省流域内立项建设大型水能开发项目,必须发挥国家经济决策部门的行政权威,加强宏观调控执行力度。为防止地方省市区一级政府与能源集团利益合谋,先斩后奏,先开工后报批,中央政府可建立重大项目巡视制度,授权项目预警和违规处置职能。对在基层跨县、乡、村区域的河段上建设小水电项目的,由相关地方政府出面协调,形成权威性合力的协商平台,引导各利益主体参与到民主协商和谈判中来。

(2)发挥市场主体企业的作用。没有明晰的产权规定,就没有合理的制度安排。我国水能资源特别是小水电开发的混乱和短期行为特征,部分归因于现有《水法》相关产权规则的掣肘。涉及水资源特别是水能开发市场主体的权利关系模糊,在很大程度上制约了山区小水电资源的长期开发动力。按照宪法的总体规定,《水法》第3条规定:"水资源属于国家所有,水资源的所有权由国务院代表国家行使","农村集体经济组织的水塘和由农村集体经济组织修建管理的水库中的水,归各该农村集体经济组织使用"。与原《水法》规定相比,我国现行《水法》取消了集体所有制的水权规定,农村集体经济组织仅有权对其所有或管理的水库中的水进行"使用"。由于水资源的所有权包含了占有、使用、收益、处分四项权能,如何界定这里的"使用"出了问题。如果将"使用"仅仅理解为缩减后的"使用权",既不符合广大农村的实际情况,也不利于保护农民的根本权益,更不利于调动地方企业和民间资本参与水利建设与小水电开发的积极性。

(3)激励社会公众的参与动力。公众参与是科学决策和政治选择的重要条件,而涉及水资源治理的政策是民生水利成败的关键环节。无论是流域水污染治理、水资源配置,还是水能资源的开发,都需要考虑到不同利益主体的利益均衡,离不开社会公众的利益诉求和表达。实践证明,涉及流域水资源的公共治理政策的出台,如不能赢得广泛的公共参与和支持,其结果往往是事与愿违。随着现代公民意识的进步和环保自组织力量的壮大,公众参与公共决策的愿望和能力有了提高。目前在水资源公共治理中,一些部门和地方政府决策时善于"选择性听政",选择无关紧要的环节走个程序,选择有明显支持决策倾向的社团代表民意，经常造成社会公众的共同愿望“被表达”。此举有悖于政治决策的合法性，为害甚大。

（4）建立有效的法治保障平台。首先，我国水资源治理的法治完整性明显缺失。《环境保护法》关于水资源治理的原则规定已经时过境迁。例如，《环境保护法》第 28 条规定：“排放污染物超过国家或者地方规定的污染物排放标准的企业事业单位，依照国家规定缴纳超标准排污费”。也就是说，企业缴纳排污费就可以超标排污。而 2008 年修订后颁布实施的《水污染防治法》中第 9 条就规定：“企业应遵守污染物排放标准和总量控制指标提出的禁止性要求，不得超过国家或地方规定的排放标准和总量控制指标排放水污染物”。也就是说，超标排污就是违法。《水污染防治法》第 74 条规定：“违反本法规定，排放水污染物超过国家或者地方规定的水污染物排放标准，处应缴纳排污费数额 2 倍以上 5 倍以下的罚款”。这就是说，罚款可以免罪。与其说这是立法者故意预留的法律悖论，不如说是部门利益在立法中的争夺。其次，我国水资源治理的法治力度明显不够。例如，我国《水法》第 31 条规定：“采矿单位或者建设单位应采取补救措施，对他人生活和生产造成损失的，依法补偿”。现实经验告诉我们，“补偿”往往没有“赔偿”更有利于受害者，由此导致加害者在水资源面前可以“依法”优越于受害者。又如，我国《水法》没有直接设定新的涉水犯罪。1997 年修订的《刑法》中为直接保护水资源而设立的犯罪不可能表述得过于细致，只有第 338 条规定的重大环境污染事故罪，2002 年修订《水法》时本应采纳设立“水环境污染罪”的建议并作细化规定。我国现行《水法》中涉及刑事规范的条款表述为“依照《刑法》的有关规定追究刑事责任”。如此做法表面上看是维护了《刑法》的稳定性和权威性，但在实际操作中不利于打击水资源违法犯罪。

第三节　我国水资源的参与共治

我国水资源治理存在着水污染治理失效、水量分配不合理以及水能资源开发利用混乱的困境。全面危机的水资源形势表明，水资源治理必须进行制度创新。源于实践并兼具理论支持的参与共治，不仅是政府、市场和自治手段的有机结合，而且是政府权威强制力基础上形成的多主体协商参与的治理模式，因而可以成为我国水资源治理的原则之一。

一、水资源治理需要制度创新

当水资源治理成为一种准公共物品的提供，水资源本身也就成为自然属性和社会属性的共同载体。水资源治理拥有了更为丰富的内涵，它不仅包括水资源产品的生产和交易，也包括水污染的处理服务和技术支持，还包括水能资源的合理开发和保护。水资源治理表面看来是人与水的关系，实质上它反映人与人之间、利益体相互之间的社会关系。在生产要素投入稳定情况下，公共资源治理的绩效由制度因素决定。面对水资源危机的矛盾困境，在水资源治理中增加资金、技术和劳动力等生产要素外，还必须在制度层面给予更多的激励和动力支持。

我国水资源治理的形势表明，必须进行制度创新。流域水污染治理属于水资源治理的部分范畴，水资源治理还包括流域水量分配和水能资源的开发利用等内容。当前，我国水资源治理存在着水污染治理失效、水量分配不合理以及水能资源开发利用混乱，以至于导致了水资源的全面危机。我国水资源全面而有效的公共治理尤其需要制度创新。然而，单一依靠行政命令和计划体制的政府管理水资源的模式已经过时。在跨省流域水污染治理中，如果缺乏市场机制和地方政府间的民主协商，水量分配在地区和行业之间分配的不合理，容易造成下游地区的用水紧张和污染加重。尤其是在中国广大农村地区，这种计划模式建立在土地集体产权基础之上，集体根据生产计划和实际需要统一组织和安排用水。家庭联产承包责任制改变了我国农村土地的产权结构，也改变了与耕地密切相关的水权结构。人们对流经本地的河流或者责任田的地下水可以随意抽取。进入、占用和提取公共水资源的集团规模扩大，“搭便车”的理性人越来越多。像水资源这样的流动性“公共池塘资源”保护难度增加，“公地悲剧”屡屡发生。

二、参与共治可以成为我国水资源治理的原则

1. 我国水资源治理的准公共物品属性

从物品理论属性分析，我国水资源治理就是要寻找到适应其准公共物

品属性的制度安排。水污染治理则是典型的准公共物品，其中，把污染外部效应内部化，这一内部化的过程就是提供典型的公共物品。我国水资源具有分布的时空不均衡性，水资源的自然配置方式具有区域性、流域性和季节性分布不均衡特点。水量分配是典型的收费物品问题。水项目服务则大多具有公共物品提供的性质，因此具有排他性和非竞争性。水能资源开发利用具有区域自然垄断性和配置管理的区域性。水资源本质上是共同财产资源、收费物品和公共物品的混合体。水管理则是典型的公共财产资源问题。总的说来，可以把水资源的物品属性概括为准公共物品。水资源治理作为准公共物品的提供过程，其制度安排需要有政府、市场和公民自治的共同进入。

2. 参与共治可以成为我国水资源治理的原则

我国水资源参与共治，是基于我国特有国情的制度安排，它不仅是政府、市场和自治手段的有机结合，而且是政府权威强制力基础上形成的多主体协商参与的治理模式。参与共治应该并且可以成为我国水资源治理的原则之一。水资源本身具有的物品属性，不仅仅要求有政府和市场的制度安排，还要有结合政府、市场和自治等多种制度的治理模式。进一步说，我国水资源参与共治模式，就是要在流域共同利益的基础上，发挥政府权威强制力的优势，建立起政府、市场和自治组织以及其他社会力量之间的协商合作治理。在我国水资源治理中，需要建立起以政府力量为主导和控制的多方参与平台，同时还要充分利用立法机构和司法机构的监督权力对行政权力的行使提供保障和监督。本书前五章的阐述和分析表明，参与共治可以作为超越我国地方行政分割体制的流域水污染治理模式。本章前两节通过对我国水量配置和水能开发现实困境的分析也表明，以强调地方政府之间权威合作和流域内不同利益行为主体参与为内核的参与共治模式，是实现流域共同利益的制度创新。

三、我国水资源参与共治的特征

参与共治作为我国水资源治理的制度创新和安排，来源于水资源公共治理的实践，而又符合公共物品理论和“善治”精神的基本原则。与传统意义上的水资源治理相比较，参与共治具有如下独特的内涵：

第一，从治理的对象来看，参与共治强调从“水利事业”的发展到水资源的公共治理。大凡我国各行各业都有其对口的管理部门，部门在相关利益作用下很容易成为行业利益的代言人。大凡每一部法律或文件的出台，都会使至少一个相关行业的利益受到影响。每一次高规格会议的召开，都会让至少一个行业的人们欢欣鼓舞。我国水利建设长期以来被当作“事业”受到“重视”，更多的工程措施和相应的资金投入总是受部门和地方政府的优先关注。即便在强调民生优先、统筹兼顾、人水和谐、政府主导和改革创新原则下谋划水利改革发展，部门和地方政府的兴趣也是集中在能够带来更多公共财政拨款的农田水利建设、提高防洪保障能力、建设水资源配置工程等方面，在实际工作中对跨区治理困难的流域水污染治理与水资源开发乱象表现为漠视和纵容。本书强调的参与共治，即是将水资源作为公共治理的对象，依靠政府、市场和自治组织的多方进入，以促进流域共同利益的实现。

第二，从治理的思路来看，参与共治强调从依靠政府单一行政化手段为主趋向多种手段治理。参与共治思路认为，我国流域水资源治理需要政府约束力的决定，维护市场契约的执行，避免市场失灵和集体行动困境。参与共治同样主张，我国水资源治理不能完全依赖政府的传统权威和权力，也不能完全依赖市场的价格协调机制，而是强调在政府的权威强制力作用下的多元主体之间达成互相信任、协商与合作。参与共治制度的要义在于集结政府、市场和自治组织等方面的力量和合力，实现不同行为主体在政府权威强制力基础上的协商合作与互动。

第三，从治理的目标来看，参与共治思路强调通过消除地方行政分割以实现共同利益的形成。作为政府权威强制力基础上形成的多主体协商参与的治理模式，参与共治在超越地方行政分割体制上有着独特的制度绩效。首先，参与共治承认不同行政区之间有着不同的利益诉求，同一行政区内不同利益主体有着不同的利益表达。正是利益的经常不一致才导致集体行动陷入困境，进而在实践中内蕴着参与共治制度模式的孕育和成长。其次，流域共同利益的实现结果，并不是简单地消减了单个地方行政区的利益，而是有利于增进各行政区局部利益的均衡增长。唯此参与共治就必须由政府出面，依靠权威行政力量来约束引导市场和社会公众、自组织等多方面的参与,以此来超越地方行政区不同行为主体的利益冲突。

四、参与共治的进一步探讨

本书论述至此,强调了发轫于流域水污染治理的参与共治模式可以推广应用到我国水资源的公共治理之中。参与共治作为公共资源治理模式之一,它强调政府权威行政力对治理结构的决定性作用,同时重视市场和自治力量的制度配置作用。参与共治的效果优劣取决于制度要素能否形成合力,其进一步探讨也就着重于各制度要素的相互作用和制度环境的变迁。

第一,参与共治模式的制约因素。从实际运行结果看,参与共治模式的应用受到的制约因素主要是:现有水利工程技术、社会经济发展状态和社会其他制度安排的兼容性问题、共同利益下的政府职能分配,以及新制度受制于其所要解决的激励问题。这种有条件的制约使得参与共治模式区别于其他的制度安排。参与共治就是要通过政府间建立权威平台来激励市场和自治力量的进入,并且建立起优化的政策组合。从相对成功的案例看来,经济发展水平高、环境治理能力强,以及民主法治精神深入人心,都是参与共治的有利因素。资源环境决策部门对萌动或初见端倪的参与共治实践,应该更多地关注和肯定,调研总结和支持引导。

第二,参与共治模式的优化状态。如果把参与共治制度同弓的结构原理作如下比较:将弹性条的两端头视作不同行政区的地方政府,以弦绷紧并缚住端头相当于地方政府间形成了权威性强制力,拉满弓弦可使分布于弓背之上的诸多企业和社会公众处于最大拉伸应力状态,此时弓弦之间获得最优配置,流域水污染治理过程中不同利益参与主体处于最优化参与状态。笔者将参与共治最优化状态称为“弓弦最优配置”。

在“弓弦最优配置”状态下,参与共治使政府、市场和自治力量得到最优配置:一是地方政府成为整个制度确立的主导力量,在制度均衡状态时维持系统应力最大。政府间强制力过小则权威性不够,难以协调多主体参与;强制力过大则成为传统意义上的单一行政模式,容易排斥多主体参与。二是作为市场主体的企业参与共治,实际涉及政府的公共物品供给与生产的分离及其公共物品生产外包领域,需要参与共治规则和精神的共同引导才能进入。三是作为社会公众特别是第三部门力量的参与共治,需要相应的激励机制和制度保障,以调动他们的参与积极性和潜在动力。四是作为保障机制的立法和司法力量,应该自觉维护公平与正义,独立客观地维护流域治理契约的遵守。比照我国水资源治理实践看来,作为治理制度创新的参与共治只是初见端倪,距离不同利益参与主体"弓弦最优配置"制度均衡状态还有很大的拓展空间。

第三,参与共治模式受益于自主治理的理论借鉴。作为基于中国水资源国情的治理制度安排,参与共治模式和公共池塘资源自主治理理论相比较,具备一些基础方面的制度差异。这方面的分析比较将在下节集中展开。

第四节　和公共池塘资源自主治理的比较

公共池塘资源自主治理理论代表人物埃莉诺·奥斯特罗姆,考察了阿尔卑斯山草地、日本的公用山地和西班牙的韦尔塔灌溉工程等成功的治理案例。这些案例反映的都是成功的长期存续的自主组织和自主治理的公共池塘资源,作者将它们描述为"强有力"的资源。这些实证案例表明:公共事物的治理并非如许多政策分析人员所认为的那样,即解决公共池塘问题的唯一途径是实行完全的私人财产权或集权式的政府规制;公共事物的困境可以通过自主治理的结构来解决,尤其在政府权力难以渗透到的基层,更蕴藏着大量的自主治理资源。公共池塘资源(Common Pool Resources,CPRs)是一种人们共同使用整个资源系统但分别享用资源单位的公共资源,具有非排他性和竞争性特征,资源与环境多由这类构成,如地下水、渔场、牧场、石油等。在 CPRs 的使用中常存在时间独立外部性[也称为静态外部性(Brown et al)]和时间依赖外部性[又叫动态外部性(Ellis, 2001)],个体为了增加其个体回报而尽可能地使用公共池塘资源,其行为最终导致 CPRs 中个体理性和集体理性之间的冲突形成了 CPRs 困境。在解决 CPRs 困境的大量理论和实验研究中,许多研究者主张通过政府强权或者建立私有产权来解决 CPRs 问题。解决 CPRs 困境的方法主要有:(1) 征收庇古税;(2) 限制资源获取量;(3) 签发资源的可交易数量;(4) 限制资源获取企业的数量;(5) 建立资源的私有产权;(6) 促进共谋福利的最大化等。但这些方法不易操作,实施困难。前三种方法需要某种形式的管理机构,并且要有相当完全的信息才行。建立私有产权存在的问题是:首先,要确定 CPRs 的边界是很困难的甚至是不可能的;其次,CPRs 往往是一个整体,通过化整为零来建立私有产权无助于资源的可持续使用。如果人很多,或谈判成本很高,促进共谋福利的方法就不易成功了。

埃莉诺·奥斯特罗姆把许多新制度主义学者所使用的策略与生物学家研究生物世界所采用的策略结合起来,从博弈的角度探索了在政府与市场之外的自主治理公共池塘资源的可能性,提出了"自筹资金的合约实施博弈",认为没有彻底的私有化,没有完全的政府权力的控制,公共池塘资源(CPRs)的使用者可以通过自筹资金来制定并实施有效使用 CPRs 的合约。在制度分析与经验研究相结合的基础上,奥斯特罗姆提出了这种自主治理结构设计的八项原则:一是清晰界定边界;二是使占用和供应规则与当地条件保持一致;三是集体选择的安排;四是监督;五是分级制裁;六是冲突解决机制;七是对组织权的最低限度的认可;八是分权制企业。同时这种自主制度要能有效供给并长期维持下去,需要解决三个重大问题:一是供给问题;二是可信承诺问题;三是相互监督问题。[①]

笔者认为,参与共治模式理论和公共池塘资源自主治理理论存在如下一些基本的差异:

第一,公共池塘资源自主治理理论要面临新制度供给问题、可信承诺问题以及相互监督问题的制约。而参与共治在解决新制度的供给问题后,由于建立了协商合作的框架以及接受各个利益层次上的利益主体的监督,无须再去考虑可信承诺和相互监督的制约问题。

第二,公共池塘资源自主理论的应用范围是小规模资源,资源单位的划分也是小规模的系统范畴。因此,容易建立起小规模的契约合作,特别是自治组织和公民个人之间的合作。而参与共治是在政府间的合力基础上建立起来的,虽然同样是通过协商达成共赢,但确实以政府权威强制力为实际控制力,而公共池塘资源自主理论的契约合作是以公共强制力为后盾的。

第三,公共池塘资源自主治理理论看到了市场或政府的单中心治理存

---

① 埃莉诺·奥斯特罗姆:《公共事物的治理之道》,上海三联书店 2000 年版。

在的问题，看到了政府或市场作为单一治理力量的局限性，从而主张公共事物的治理是一个多元化的互动过程，强调建立政府、市场和社会三维框架下的多中心治理模式，以有效地克服单一靠市场或政府来对公共事物进行治理的不足。而在参与共治模式下，不仅仅是在建立政府、市场和社会三维框架下的治理，还要突出政府间的协商治理对流域水污染治理的主导作用。目的是消除地方行政分割体制带来的弊端。公共池塘资源自主治理理论注重的是治理方式的引入，因此，强调要多元力量之间的联合治理。而参与共治注重的是管理体制和制度的创新，以共同利益为牵引，从根本上改革地方行政分割体制对流域水资源治理差的制度绩效。

第四，参与共治模式不是新的权力结构，而是新的治理结构。参与共治模式是在既定权力体系内的协商参与协作。在按照参与共治模式进行公共资源治理时，各参与者体现的是自觉、自愿的主动行为，而不是受迫、强制的被动行为；参与者体现的更多是参与社会管理的责任感，而非单一的政府行政管制或追求自我利益的市场行为。

本书对参与共治模式理论与公共池塘资源理论进行比较，为的是分析和区别两个理论的实际应用以及可能的理论意义。参与共治模式不仅有利于发现和解决我国流域水资源治理中所存在的地方行政分割体制问题，也对我国政府体制中的中央和地方之间的条条分割和部门分割提出了对策。因此，参与共治可以为我国公共资源治理提供借鉴。

第五节　构建公共资源参与共治模式的设想

在经济学中，公共资源是指特定范围内全体公民共同拥有的资源，因此，没有哪个个人、企业或组织拥有所有权。公共资源是相关者都可自由利用的自然资源或人类生产的供大众免费使用的设施和物品。由于公共资源这个特征，因而利用公共资源时不支付任何代价，在人们完全从自利动机出发并自由利用公共资源时，公共资源倾向于过度与低效率使用，并且过度利用会达到任何利用它们的人都无法得到实际的好处的程度。这就是公共资源使用中的“公用地悲剧”。

公共资源是社会存在和发展的基础。公共资源的治理不当,不仅危害资源环境系统本身,而且还会危害到经济社会的科学发展和可持续发展。正如萨谬尔森在其名著《经济学》中指出的那样,作为公共物品的补充,我们经常看到公共“劣品”,它是一种向一个群体强加成本的公共物品。这是一种消费或生产行为的副产品。公共资源由于个人理性和集体行动困境的存在而变为“公共劣品”。[①] 这种情况不仅使得用户群体的利益得不到实现,而且导致社会整体福利的直接损失。而一旦社会福利受到影响,其直接的结果可能导致投资不足,资源配置错误等不良后果。比如,如果人们都用溪流来处理废水,这就会排斥和为害其他使用者。理论上所讨论的公共物品提供以及共同财产资源管理所出现的问题与困境就这样产生了,表现在市场失败、道德危害和逆向选择等诸多方面。

本书通过对我国流域水资源的治理现状与困境的分析,发现政府行政管制以及无序的市场方式都会造成公共资源的帕累托无效率,摆脱低效状态必须从制度设计上予以创新。作为一种共有的自然资源,无论其共有的范围大小、主体的数量多少以及资源本身的自然属性是什么,都可以从“共有”这个前提出发去进行委托代理、交易或者协商,因此,公共资源治理的方式有政府治理方式、市场治理方式和自主治理方式。政府治理方式和市场治理方式认为,公共资源治理只有通过产权的私有或通过国家的介入才能够得到解决。而自主治理方式不讨论市场失效和政府失灵的情形,而是在企业理论和国家理论的基础上进一步发展了集体行动的理论。[②] 奥斯特罗姆认为,在企业理论和国家理论之间还存在一种可以解决公共资源治理的方法:共同体范围内的人们通过自组织形式,在解决了新制度的供给、可信承诺以及相互监督等问题之后,公共资源可以得到有效的管理和利用。但是,就中国目前的现实来看,我们不仅仅要面临的是政府失灵、市场失败的困境,而且还要面临的是自组织无法在既有制度范围内实现的困境。同理,我们也可以在国家理论、企业理论以及自组织治理理论之外,探寻适合我们自己特色的治理制度安排。对我国公共水资源的参与共治可以建立在流域

---

① Paul A. Samuelson, The Pure Theory of Public Expenditure, *Review of Economics and Statistics*, Vol.9, 1954, pp.387—389.

② 参见埃莉诺·奥斯特罗姆:《公共事物的治理之道》,上海三联书店2000年版。

水资源所代表的共同利益基础之上,公共资源治理也是如此。

从公共资源的全面治理角度来说,参与共治是一种符合中国国情的水资源治理模式,也可能是我国公共资源治理模式的新拓展。在政府、市场和自主治理制度安排选择中,参与共治试图开辟一种新的思维路径,它强调政府权威行政力对制度结构的根本性作用,但不排斥市场和自治力量的积极参与。结合第六章流域水污染参与共治模型图,可以构建起公共资源参与共治模型图(见图 7-1)。在这个模型图中,中央政府部门亦是作为参与者之一;由共同利益向下作垂线 PM,那么 M 点应落在政府、市场和社会公众的利益平台均衡点上。要维持垂线 PM 不偏离与各利益平台的垂直相交状态,需要强化中央政府的约束力量,辅以法治保障和社会监督,与此同时要调动地方政府、基层政府、市场和社会公众的主体参与作用。构建公共资源参与共治模式需要融入如下四个方面的基本设想:

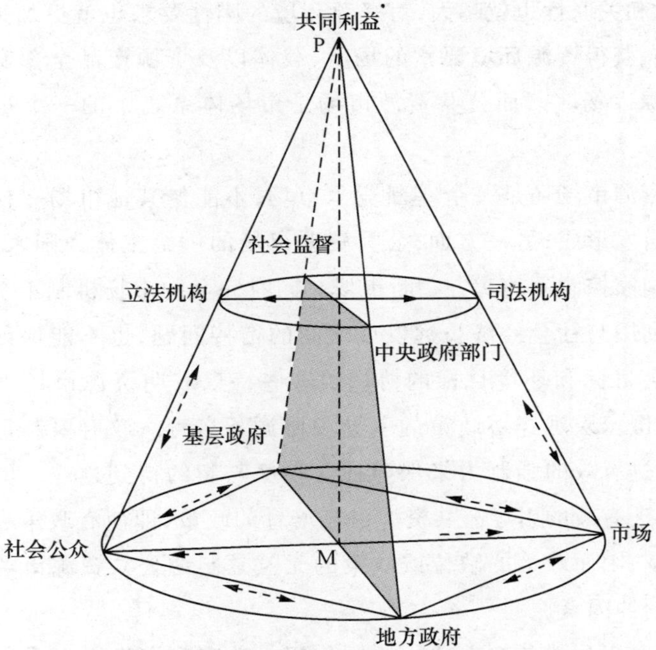

图 7-1　公共资源参与共治模型图

第一,进行明晰而有效率的产权制度变革。作为国家代理人的各级地方政府与中央政府的目标函数和约束条件常常是有差异的,这导致实际制度供给与中央政府的意愿制度供给存在不一致性。中央政府根据已选择的改革目标模式确定整体改革方案,设计正式制度,而制度实施则是由各级政府和产权所有者来贯彻执行。各级地方政府作为代理机构有着自身独立的目标,如地方财政收入最大化,扩大地方政府对资源的配置权力,保护在原有体制下的既得利益,争取本地人民的政治支持等。中央政府须建立统一的明晰的产权制度,在落实宏观经济调控的同时,保障参与共治的地方政府和其他利益主体机会均等。

第二,建立规范的公共资源市场体系。公共资源市场是一种要素市场。由于公共资源大多数不是最终产品,它与土地、资本、劳动力一样都是人类社会发展的要素,是商品生产所必需的一种基本条件。在社会再生产过程中,生产资料与生活资料固然是不可分的,但是还必须具有金融、劳动力、技术、资源、环境等生产要素,而且市场经济越发达,对这些生产要素的需求性、依赖性和关联性也就越大,对资源环境的刚性要求也就更加迫切。因而转让、交易、获得资源环境要素的场所、载体以及资源产品全部交换关系便构成了资源市场。因而公共资源市场是市场体系之中的一个重要的要素市场。

公共资源市场还是一个垄断竞争市场,不能像其他市场一样完全依靠市场机制自发形成;另一方面,公共资源市场的供给主体为国家,各种资源市场是由国家控制下的卖方垄断市场。同时完全的市场机制不能解决公共资源开发利用与社会经济长远发展之间的衔接问题,也不能保证资源开发利用的社会目标和环境目标的协调。这些特点表明资源市场不能自发形成,必须在国家宏观经济政策的引导和协调下培育。政府要制定有效的市场规则,通过有效的强制力来保障社会秩序与契约得到遵守。但是从现实中来看,缺乏有效的引导公共资源市场培育的政策,即使有政策也缺乏良好的实施机制,因而政策的缺位或政策的无效是制约公共资源市场培育与发展的一个制约因素。

第三,发挥公共参与主体的协同作用。政府和市场也会受制于成本上升和客观条件的限制,因此没有足够的力量来承担公共资源治理的重任。公共资源的保护与管理自然离不开地方性的科学知识,而这些知识大多掌握在当地居民手中以及相关领域的专家手中,公共资源治理需要发挥当地居民以及专家的协同作用。在 2007 年的全国政协十届五次会议上，来自中国致公党的全国政协委员们提案，围绕我国海洋资源的勘探、开发与保护问题以及海洋经济发展向大会建言献策，建议我国应加强海底油气矿产资源勘探开发，并大力保护我国海洋资源，实现我国海洋经济的可持续发展。结合 2011 年发生的渤海严重漏油事件观之，足见专家和民智对我国公共资源治理的不可或缺。

第四，完善参与共治的法治平台建设。参与共治离不开法治平台的基础性作用。合理的法律体系可以为不同利益主体提供合作的可能性平台，使之有章可循。法律体系本身还有救济的功能，一旦发生危及公共资源的治理，则可以作出适当的补偿或者是纠错。在市场经济社会，契约的遵守与执行，需要有足够的强制力，法律机构的执行对契约的有效遵守与履约至关重要。法律的制定或修改还必须与时俱进，起到激励参与共治各要素动力增长的作用。例如，在认定污染企业造成流域性污染事件时，若改变目前的被污染方举证，从而代之以举证责任倒置，由排污企业举证它与这次流域水污染事件无关，则需提供该企业最近生产指标和污水排放总量以及相关的在线监测数据。此举有利于调动群众监督的积极性，形成约束排污企业的倒逼机制。

综合本章内容，参与共治发轫于我国流域水污染治理的成功实践，它强调流域共同利益引导下，由地方政府间的合作形成跨区域的强制力，激励流域内不同利益主体共同参与进而实现协商合作。本章沿着水资源的水质、水量和水能三个维度的路径构建逻辑框架，发现参与共治可以应用于我国水资源的公共治理，参与共治可以成为我国水资源治理的原则之一。

除了流域水资源，我国海洋资源、矿产资源和森林资源等公共资源的治理，都离不开政府权威强制力的约束，都离不开明晰的产权制度和市场机制，也都离不开社会自组织和公众的参与和监督。简言之，参与共治吸收了政府模式、市场模式和自治模式的精髓，可能是我国公共资源治理制度安排的创新尝试。鉴于水资源较之海洋、森林和矿产等公共资源具有跨界流动的特质，因此我国水资源治理尤其要强调地方政府之间要形成跨区域的强制力，而其他公共资源的治理也离不开市场机制和社会参与。故此，本章只是提出了构建我国公共资源参与共治模式的基本设想。

参与共治模式理论的探讨是为了说明,作为一种制度模式,参与共治的应用具有路径依赖,制度发展本身会存在着制度均衡和制度变迁。参与共治模式在超越地方行政分割体制上有着独特的制度绩效,有利于化解地方政府之间的利益冲突,尤其是逐步消除块块分割和地方保护。其制度变迁则是为了解决中央和地方的"条条分割"和"部门分割",并进而提出解决我国水资源管理体制的制度安排。从这个思路分析出发也不难看出,将源于我国流域水污染治理的参与共治模式推广应用到我国的一般公共资源治理,有其内在的制度动力支持和迫切性。

结论

尽管近年来我国环保工程技术加强，资金投入增长，政策约束更为严格，但水资源治理低效，流域水污染严重，尤其是体制机制不健全，成为加剧我国水资源紧张的主要原因之一，因此很有必要探索我国流域水污染治理困境的制度性出路。

本书认为，流域水污染是自然属性与社会属性的矛盾统一体。其自然属性反映出流域水污染自然生态的一面。这就是说，由于受到地理结构、自然资源丰歉等因素影响，流域水体可能受到污染。这种自然生态意义上的针对性治理，出发点是水利工程的角度，从技术创新和改进的角度，从相关资源供给的角度展开相应工作，就可能达到治理的效果。流域水流在本质上反映着流域内不同行为主体之间的社会利益流动。流域水污染呈现的社会属性更为复杂，它反映了以流域水资源为核心的各个行动主体之间的利益要求和利益关系，在利益关系之下的信息交流、法制建设和集体行动等，反映了以流域水资源为核心的政府、市场和自治三维关系及其运行状况。

通过对我国流域水污染治理的有关文献的梳理以及对实证案例的分析，本书发现，除了技术和资源供给因素之外，我国流域水污染的治理困境与治理的现实制度安排紧密相关。在我国流域水污染治理中，实行属地管理的行政管理模式，这种基本的制度安排实际形成了低效率甚至无效率的地方行政分割体制。在这种制度作用下，作为整体的流域水被地方政府行政体制分割为行政水，具有整体性要求的流域水污染治理被地方行政分割体制分解为不同的地方政府各行其是的行为；而作为流域公共利益的流域水污染的有效治理要求，则被分割成为不同地方政府支离破碎的行政利益，并且人们已经习惯于依赖单一的地方政府行政方式来治理水污染。而就流域水污染治理来说，地方行政分割体制本身是低效率甚至无效率的。区域经济发展中存在利益竞取和争夺，使得地方不同利益主体在互动博弈中出现严重分歧，由此使得流域水污染治理中的集体行动难以形成；由于各级地方政府内存在不同职能部门利益争夺，流域水污染控制中又出现互相推诿的局面；条块分割、地方政府负责制使得流域管理机构和地方水行政机构管理权限重叠冲突，权威流失；法律的部门色彩浓厚，立法治水成为各利益主体控制话语权的手段。地方利益驱动、民间资本无序进行水能开发、公共参与路径不畅，市场机制难以进入，自主治理无从谈起，从而导致流域水污染严重，使得我国流域水污染治理总体上举步维艰。面对这些严重的困境和困扰，本书认为，跨行政区域的流域水污染的治理，必须从水资源管理的行政分割体制的分析入手，去探索治理流域水污染的有效途径。

本书认为，就目前我国流域水污染治理的实践来看，我国流域水污染治理治本之策是积极实施超越地方行政分割体制的参与共治体制和机制。当然，从我国目前的实际来看，完全消除地方行政分割体制对于流域水污染的治理是不现实的。因此，要设计新的制度安排去超越这一体制。本书研究发现，从我国地方治理流域水污染的实践中产生的“参与共治”这一制度安排，对超越流域水污染治理的地方行政分割体制具有积极的制度绩效。参与共治依靠其独特的制度结构、动力来源和实现方式取得制度实效。在参与共治机制的建构中，理论支持发挥着支柱性的作用。其一，流域生态系统不可分割理论要求流域内的全部社会行为主体遵守“自然辩证法”。在流域陷入系统性水污染时，重建平衡需要跨行政区域地方政府的共治；其二，流域水污染治理属于准公共物品，政府、市场和社会公众都可以作为制度合法的提供者，它们是彼此不可替代的主体参与者；其三，按照协同政府理论的要求，政府可以将流域水污染治理的提供和生产分离开来，既践行公共服务提供者的责任，又摆脱直接生产者的短板角色。政府购买和服务外包，还有利于提高参与共治机制的运行效率，激活市场和社会公众的参与动力。协同性政府理论主张跨部门合作和地方政府的区域性合作共赢，为跨行政区域共治流域水污染提供了理论支持。

本书还运用制度研究的方法对我国流域水污染治理的制度绩效进行了比较分析，认为参与共治模式本身存在于制度均衡和制度变迁的动态过程之中。通过相关案例的比较分析，发现了不同制度的巨大绩效差别。可以把参与共治制度同弓的结构原理作如下形象的比较：如将弹性条的两端头视作不同行政区的地方政府，以弦绷紧并缚住端头相当于地方政府间形成了权威性强制力，拉满弓弦可使分布于弓背之上的诸多企业和社会公众处于最大拉伸应力状态，此时弓弦之间的力道获得最优配置，流域水污染治理过程中不同利益参与主体处于最优参与状态。笔者将参与共治最优状态称为“弓弦最优配置”。

本书存在的不足是非常明显的。除了流域水资源，我国海洋资源、矿产资源和森林资源等公共资源的治理，都离不开政府权威强制力的约束，都离不开明晰的产权制度和市场机制，也都离不开社会自组织和公众的参与和监督。简言之，参与共治吸收了政府模式、市场模式和自治模式的精髓，可能是我国公共资源治理制度安排的创新尝试。鉴于水资源较之海洋、森林和矿产等公共资源具有跨界流动的特质，因此我国水资源治理尤其要强调地方政府之间形成跨区域的强制力，而其他公共资源的治理也离不开市场机制和社会公众参与。参与共治是否能切中其他公共资源治理的弊端尚不得而知，故此，本书只是提出了构建我国公共资源参与共治模式的基本设想，而不能对“公地悲剧”的原因给出好的答案。

本书强调的核心内容是：流域水污染是其自然属性和社会属性激烈冲突的结果。流域水污染的自然属性反映流域水污染自然生态特征，社会属性反映以流域水资源为核心的各个行动主体之间的利益关系。流域水流本质上反映着流域内的社会利益流。我国流域水污染属地化治理模式，遭遇到低效率甚至无效率的地方行政分割体制，因此流域水污染治理中的集体行动难以形成。我国流域水污染治理治本之策是积极实施超越地方行政分割体制的参与共治体制和机制。参与共治就是要从流域的共同利益出发，依靠不同地方政府间的合作形成的权威效力为主导和主干，在我国流域水污染治理中构建起政府、市场和社会公众等多层次利益主体之间的协商合作机制。“善治”精神体现于参与共治的全部过程。参与共治包含三个方面内容：一是流域内相关的不同地方政府之间建立协商合作机制，达成参与治理。地方政府在参与共治机制构建中居于主导地位，是流域水污染治理的责任主体。二是地方政府与流域内企业以及社会公众之间实现互动，依靠制定相关政策来调动企业的积极性，创造条件扩大社会公众参与管理，使政府权威、市场主体和社会公众这三方面的主体力量能够有机结合起来。三是立法机构和司法机构在充当代理人和监督执法人的同时，能和同级政府之间建立起既相互制约又相互协调的联动机制。协商治理委员会可能是参与共治的有效组织形式。参与共治模式经过发展完善,可以成为我国流域水污染治理制度创新的合理思路和制度安排,也应该成为我国水资源治理的基本原则之一。质量、数量和能量构成流域水资源三位一体,流域水污染防治、水量分配和水能资源开发构成我国水资源治理的主要内容。伴随着中国水资源治理在国家发展总体布局中上升为国家战略,中国流域水污染治理亦将更加理性地选择从地方分治走向参与共治。

参考文献

第一部分:中文著作

1. 王浦劬. 政治学基础[C]. 北京:北京大学出版社,2005.

2. 谢庆奎. 中国政府体制分析[M]. 北京:中国广播电视出版社,1995.

3. 谢庆奎. 当代中国政府[C]. 沈阳:辽宁人民出版社,1991.

4. 曹沛霖. 政府与市场[M]. 杭州:浙江人民出版社,1998.

5. 林尚立. 国内政府间关系[M]. 杭州:浙江人民出版社,1998.

6. 朱光磊. 当代中国政府过程[M]. 天津:天津人民出版社,2002.

7. 刘君德. 中国行政区划的理论与实践[M]. 上海:华东师范大学出版社,1996.

8. 刘南威. 自然地理学[C]. 北京:科学出版社,2000.

9. 吴季松. 中国可以不缺水[M]. 北京:北京出版社,2005.

10. 常云昆. 黄河断流与黄河水权制度研究[M]. 北京:中国社会科学出版社,2001.

11. 彭万林. 民法学[M]. 北京:中国政法大学出版社,1999.

12. 叶文虎. 环境管理学[M]. 北京:高等教育出版社,2000.

13. 中国行政管理学会. 新中国行政管理简史(1949—2000)[C]. 北京:人民出版社,2002.

14. 程虹. 制度变迁的周期——一个一般理论及其对中国改革的研究[M]. 北京:人民出版社,2000.

15. 周志忍. 当代国外行政改革比较研究[C]. 北京:国家行政学院出版社,1999.

16. 朱崇实,陈振明. 公共政策:转型时期我国经济社会政策研究[M]. 北京:中国人民大学出版社,1999.

17. 吴惕安,俞可平. 当代西方国家理论评析[M]. 西安:陕西人民出版社,1994.

18. 刘军宁. 市场逻辑与国家观念[M]. 北京:三联书店,1995.

19. 胡鞍钢. 影响决策的国情报告[C]. 北京:清华大学出版社,2002.

20. 胡鞍钢. 国家制度建设[C]. 北京:清华大学出版社,2002.

21. 宋豫秦. 淮河流域可持续发展战略初论[M]. 北京:化学工业出版社,2003.

22. 联合国. 环境法与可持续发展[M]. 北京:中国环境科学出版社,1996.

23. 赵国青. 外国环境法选编[C]. 北京:中国政法大学出版社,2000.

24. 曲格平. 环境与资源法律读本[C]. 北京:解放军出版社,2002.

25. 吴锦良. 政府改革与第三部门发展[M]. 北京:中国社会科学出版社,2001.

26. 翁文斌,赵建世. 中国水资源的危机与对策[M]. 石家庄:河北人民出版社,2002.

27. 朱幼棣,胡若隐. 我们家园的紧急报告[M]. 北京:时事出版社,1999.

28. 李克国. 环境经济学[M]. 北京:中国环境科学出版社,2003.

29. 苏青,施国庆. 河流水权和黄河水权市场研究[M]. 郑州:黄河水利出版社,2004.

30. 郑杭生. 转型中的中国社会和中国社会的转型[M]. 北京:首都师范大学出版社,1996.

第二部分:中文译著

1. 〔美〕保罗. 萨谬尔森. 经济学[M]. 北京:华夏出版社,1999.

2. 〔美〕安塞尔. M. 夏普. 社会问题经济学[M]. 北京:中国人民大学出版社,1996.

3. 〔美〕康芒斯. 制度经济学[M]. 北京:商务印书馆,1997.

4. 〔美〕凡勃仑. 有闲阶级论——关于制度的经济学[M]. 北京:商务印书馆,1983.

5. 〔美〕奥尔森. 集体行动的逻辑[M]. 上海:上海三联书店,1988.

6. 〔美〕奥尔森. 权力与繁荣[M]. 上海:上海人民出版社,2005.

7. 〔美〕奥尔森. 国家兴衰探源[M]. 北京:商务印书馆,1993.

8. 〔美〕奥利弗. E. 威廉森. 治理机制[M]. 北京:中国社会科学出版社,2001.

9. 〔美〕詹姆斯 N. 罗西瑙. 没有政府的治理[C]. 南昌:江西人民出版社,2001.

10. 〔美〕道格拉斯. C. 诺斯. 制度、制度变迁与经济绩效[M]. 上海:上海三联书店,1994.

11. 〔美〕涂尔干. 社会学研究方法[M]. 北京:华夏出版社,1988.

12. 〔美〕丹尼斯 · C. 谬勒. 公共选择理论[M]. 北京:中国社会科学出版社,1999.

13. 〔美〕达尔. 民主理论的前沿[M]. 北京:三联书店,1999.

14. 〔美〕埃莉诺 · 奥斯特罗姆. 制度激励与可持续发展[M]. 上海:上海三联书店,2000.

15. 〔美〕埃莉诺 · 奥斯特罗姆. 公共事物的治理之道[M]. 上海:上海三联书店,2000.

16. 〔美〕文森特 · 奥斯特罗姆. 美国公共行政的思想危机[M]. 上海:上海三联书店,2000.

17.〔美〕迈克尔·麦金尼斯. 多中心体制与地方公共经济[M]. 上海:上海三联书店,2000.

18.〔美〕詹姆斯·M.布坎南. 自由、市场与国家[M]. 上海:上海三联书店,1989.

19.〔美〕丹尼斯·C.谬勒. 公共选择理论[M]. 北京:中国社会科学出版社,1999.

20.〔美〕B.盖伊·彼得斯. 政府未来的治理模式[M]. 北京:中国人民大学出版社,2001.

21.〔美〕迈克尔·罗斯金. 政治科学[M]. 北京:华夏出版社,2001.

22.〔美〕罗伯特·A.达尔. 现代政治分析[M]. 上海:上海译文出版社,1987.

23.〔美〕威廉姆·A.尼斯坎南. 官僚制与公共经济学[M]. 北京:中国青年出版社,2004.

24.〔英〕简·莱恩. 新公共管理[M]. 北京:中国青年出版社,2004.

25.〔美〕鲍莫尔. 福利经济及国家理论[M]. 北京:商务印书馆,1982.

26.〔英〕哈耶克. 个人主义与经济秩序[M]. 北京:北京经济学院出版社,1989.

27.〔英〕亚当·斯密. 国民财富的性质和原因的研究[M]. 北京:商务印书馆,1974.

28.〔美〕约翰·罗尔斯. 正义论[M]. 北京:中国社会科学出版社,1988.

第三部分:中文期刊资料

1. 中国水资源公报(2003、2004、2005)[C]. 水利部.

2. 中国水利杂志专家委员会会议暨节水型社会建设高层论坛[C]. 水利部.

3. 赵来军. 流域跨界水无染纠纷合作平调模型研究[J]. 系统工程. 2004(3).

4. 龙爱华等. 我国水资源管理中的行政分割问题与对策[J]. 中国软科学. 2001(8).

5. 黎元生,胡熠. 论水资源管理中的行政分割及其对策[J]. 福建师范大学学报. 2004(4).

6. 刘文强. 塔里木河流域基于产权交易的水管理机制研究[J]. 清华大学管理学博士学位论文,1999.

7. 王建中. 黄河断流情况及对策[J]. 中国水利,1999(4).

8. 胡鞍钢,王亚华. 转型时期水资源配置的公共政策:准市场和政治民主协商[J]. 中国水利,2000.

9. 林毅夫等. 中国的经济发展战略与地区收入差距[J]. 经济研究,2003(3).

10. 林毅夫等. 地方保护和市场分割:从发展战略的角度考察[J]. 北京大学中国经济研究中心中文讨论稿系列,2004 年,No. C2004015.

11. 陆铭等. 收益递增、发展战略与区域经济的分割[J]. 经济研究,2004(1).

12. 曾思育,傅国伟. 中国水资源管理问题分析与集成化水管理模式的推行[J]. 水科学进展,2001,12(1).

13. 谢庆奎. 中国政府的府际关系研究[J]. 北京大学学报,2000(1).

14. 郑生民,刘平贵. 地表水与地下水、水量与水质统一管理势在必行——谈我省水资源现状及管理难点[J]. 水文水资源,2000,21(3).

15. 萧新煌等. 水的关怀——河川环境与水源保护研讨会论文集[C]. 台北:时报文化出版社有限公司,1991.

16. 汪恕诚. 水权和水市场——谈实现水资源优化配置的经济手段[J]. 中国水利,2000(11).

17. 王金南等. 中国排污收费制度的总体改革框架[C]. 中国排污收费制度改革国际研讨会文集. 中国环境科学出版社,1998.

18. 陆新元等. 中国排污收费制度的改革与实施[C]. 中国排污收费制度改革国际研讨会文集. 中国环境科学出版社,1998.

19. 郑毓盛,李崇高. 中国地方分割的效率损失[J]. 中国社会科学,2003(1).

20. 田其云. 对我国《水法》关于水资源流域管理规定的思考[J]. 现代法学,2004(2).

21. 曾新云. 水资源系统运行管理的多目标决策分析[J]. 运筹与管理,1996(3).

22. 曾刚. 建立群众环保诉讼制度的探讨[J]. 环境保护,1994(6).

23. 张文松 郭广珍. 环境污染治理方式初探及其经济学分析[J]. 中国煤炭经济学院学报,1999(4).

24. 张雪绸. 环境污染的经济学分析及其治理对策[J]. 西安财经学院学报,2005(1).

25. 张颖、王勇. 我国治理污染的市场手段——排污权交易分析[J]. 生产力研究,2004(12).

26. 章明. 全球性的水资源危机[J]. 国际展望,1997(12).

27. 智国明. 庇古税、科斯定理与政府角色的定位——对"污染反弹"现象的分析[J]. 郑州轻工业学院学报(社会科学版),2004(3).

28. 钟定胜,张宏伟. 中国宏观经济结构性污染特征分析[J]. 中国软科学,2005(3).

29. 周杰. 跨行政区域环境污染损害的司法救济[J]. 污染防治技术. 2001(4).

30. 周民良. 中国的区域发展与区域污染[J]. 管理世界,2000(2).

31. 周潭. 我国行政体制改革中的思维偏差探析[J]. 行政论坛,1999(3).

32. 周志忍. 世界行政体制改革大势——政府后退市场回归[J]. 新闻周刊,2003(13).

33. 周志忍. 我国行政体制的特征与政府职能优化[J]. 唯实,1997(6).

34. 国务院办公厅关于征收水资源费有关问题的通知[J]. 云南政报,1995(5).

35. 条条治理块块监督条块结合成效大——关于上海市工业污染防治的报告[J]. 中国经贸导刊,1999(18).

36. 中国宏观经济学会. 关于行政体制和政府机构改革的建议[J]. 宏观经济管理,1998(7).

37. 鲍学杰. 环境污染纠纷行政处理制度存在的问题及完善[J]. 城市环境与城市生态,2002(4).

38. 蔡恒. 行政体制之行政边界与行政组织边界理论探析[J]. 南京农业大学学报(社会科学版),2003(4).

39. 陈雄,李植斌. 城市化中我国行政体制改革与行政区划调整的性质及其原则[J]. 江西行政学院学报,2003(1).

40. 戴星翼. 论治理生活污染的社会经济机制[J]. 社会科学,1995(6).

41. 李松林,阳昆. 地方行政体制改革的理想范式探析[J]. 理论月刊,2004(4).

42. 陆诤岚. 结构性污染成因的分析与研究[J]. 北京交通大学学报(社科版),2005(1).

43. 胡若隐. 地方行政分割与流域水污染治理悖论分析[J]. 环境保护,2006(3).

44. 胡若隐. 我国流域水污染治理困境及对策[J]. 理论动态,2006(4).

第四部分:英文文献资料

1. Paul A. Samuelson(1954). The Pure Theory of Public Expenditure. Review of Economics and Statistics(9):387—389.

2. A. C. Pigou. The Economics of Welfare. Macmillian and co., Limited, the forth: p. 225.

3. Ostrom, E. (1986a). An Agenda for the Study of Institutions. Public Choice 48: 3—25.

4. Hardin, G. (1968). The Tragedy of the Commons. Science,162.

5. Olson, M. (1965). The Logic of Collective Action. Cambridge: Harvard University Press.

6. Niskanen, W. (1971). Bureaucracy and Representive Government. Chicago: Aldine/Atherton.

7. Lipsky, M. (1980). Street-level Bureaucracy. New York: Russell Sage Foundation.

8. Douglass C. North (1962). Privatization, Incentives and Economic Performance. in Anderson/Hill, eds, The Privatisation Process, Rowman & Littlefield Publishers, Inc., p. 26.

9. Clack (1980). Restricted Access to Common-Property Fishery Resource: A Game-Theoretic Analysis. In Dynamic Optimization and Mathematical Economics, eds. G. Hardin and J. Baden, pp. 82—95. San Francisco: Freeman.

10. Beate Kohler Koch, Rainer Eising (1999). The Transformation of Governance in the European Union. London: Routledge.

11. Blomquist, William, and Elinor Ostrom (1985). "Institutional Capacity and the Resolution of a Commons Dilemma," Policy Studies Review 5 (November): 383—390.

12. Davis, Ottoa, and Andrew B. Washinston (1967). "On the Distinction between Public and Private Goods." American Economic Review 57 (may): 360—373.

13. Lester M. Salamon (2002). The tools of Government: An Introduction to the New Governance, Oxford, New York: Oxford University Press, p. 20.

第五部分:相关法律、条例和规定

1.《中华人民共和国环境保护法》

(1989 年 12 月 26 日第七届全国人民代表大会常务委员会第十一次会议通过。)

2.《中华人民共和国水法》

(2002 年 8 月 29 日第九届全国人民代表大会常务委员会第二十九次会议通过。)

3.《中华人民共和国水污染防治法》

(1984 年 5 月 11 日第六届全国人民代表大会常务委员会第五次会议通过,根据 1996 年 5 月 15 日第八届全国人民代表大会常务委员会第十九次会议《关于修改〈中华人民共和国水污染防治法〉的决定》修正,2008 年 2 月 28 日第十届全国人民代表大会常务委员会第三十二次会议修订。)

4.《淮河流域水污染防治暂行条例》

(1995 年 8 月 8 日中华人民共和国国务院令第 183 号发。)

5. 淮河水利委员会职能配置

(中央编办发[2002]39 号、水利部水人教[2002]324 号)

附　录

领导和学者评价《从地方分治到参与共治》

01　李克强同志2011年11月19日在国务院研究室11月2日刊登的《研究报告》第36号、第37号《超越地方行政分割体制 探索参与共治的流域水污染治理新模式》上批示：

请生贤同志阅。跨行政区域共治流域水污染的经验值得总结，并注意在实践中探索。（抄陈雷同志）。（编者注：李克强时任中共中央政治局常委、国务院副总理，周生贤时任国家环保部部长，陈雷时任国家水利部部长。）

02　张高丽同志2011年11月12日在国务院研究室该期《研究报告》上批示：

认真阅读，深受启发。我们一定要把水污染治理好，为子孙后代造福，实现人与自然的协调发展。（编者注：张高丽时任中共中央政治局委员、天津市委书记。）

03　李源潮同志2011年11月15日在国务院研究室该期《研究报告》上圈阅并批示：

很好。（编者注：李源潮时任中共中央政治局委员、中央组织部部长。）

04　湖南省委书记周强同志2011年11月15日在国务院研究室该期《研究报告》上批示：

省环保厅：参与共治的模式对我省流域水污染治理，尤其是湘江综合治理很有借鉴意义，请认真研究。

05　江苏省委书记2011年11月14日在国务院研究室该期《研究报告》上批示：

请徐鸣同志阅研。若隐同志的研究报告很全面、深入，对我省相关工作很有启发。

06　江苏省长2011年11月27日签名来信，内容如下：

我认真拜读了您的研究报告，深受启发。江苏历届省委、省政府都十分重视生态环境保护工作。近年来，我们认真贯彻落实党中央、国务院的决策部署，坚持把重点流域水污染治理作为生态文明建设的重中之重，积极创新"治水"体制机制，深入开展上下游污染补偿试点，切实加强与上海、浙江、山东等周边省市的合作，太湖、淮河等重点流域水质均呈改善趋势。

打破行政分割，突破地方和部门利益局限，是搞好流域水污染治理的关键。您研究提出的"参与共治"模式，倡导在政府、市场和社会公众之间建立信息共享、协商合作、联合行动机制，对深化流域水污染治理具有重要意义。我们将认真研究借鉴您的意见，积极推进水资源公共治理制度创新，努力把流域水污染治理工作做得更加富有成效。

非常感谢您对江苏工作的关心支持。

07　国家水利部部长陈雷2011年11月16日在国务院研究室该期《研究报告》上批示：

请规划司、人事司、水源司、办公厅参阅。

08　国家环境保护部部长周生贤2011年11月12日在国务院研究室该期《研究报告》上批示：

请力军、华林同志研究。

09　国家新闻出版总署党组书记李建国2012年6月3日亲笔来信，主要内容如下：

进行如此专业和深入的研究，真令人敬佩和向往。研究的成果对我们国家流域水污染治理有着非同一般的意义。

10　湖南省委常委、长株潭两型社会建设工委书记张文雄2012年5月

28 日来信，主要内容如下：

水是湖南最大的优势。长株潭城市群作为国家批准的资源节约型、环境友好型社会建设综合配套改革试验区，把治水摆到两型社会建设的重要位置，正在加大湘江流域和洞庭湖综合治理力度。你提出的政府、市场和社会公众参与共治的流域水污染治理新模式，对湘江流域和洞庭湖治理以及水资源开发利用管理等都具有重要指导意义。我们将运用你的研究成果，指导和推动湖南水流域治理和两型社会建设。

11　清华大学环境学院院长余刚 2012 年 4 月 10 日签名来信，内容如下：

感谢您前段时间寄来大作《从地方分治到参与共治》。我最近抽空拜读，深感您是一名学者型的官员，而且在流域水环境管理方面有很深的研究。您的著作论述了在高度行政化的中国实施流域水污染控制的必要性和可行模式，对指导我国的水环境保护工作有重要意义。

欢迎您有空后来我院讲学。

12　湘潭大学校长罗和安 2012 年 1 月 12 日签名来信，主要内容如下：

大作《从地方分治到参与共治——中国流域水污染治理研究》已经收到并仔细拜读。贵作在大量调查研究的基础上，提出“中国流域水污染治理的理性选择是从地方分治走向参与共治”，并对参与共治机制进行了详细论述，探索出了一条我国流域水污染治理困境的制度性出路，内容新颖，创新性和可读性甚强。非常敬佩您对学术研究的热心和执著，衷心祝贺贵作出版且相关成果得到多位党和国家领导人、省委书记以及部长的关注和肯定。作为湘潭大学 23 万余名校友的杰出代表，长期以来您始终关注和支持母校的建设与发展。在此，谨向您表示衷心的感谢。

近年来，在各级领导机关、广大校友和社会各界的关怀支持下，湘潭大学各项事业取得令人欣喜的发展成绩：学校成为教育部、湖南省共建的高校；实现了国家重点学科、一级学科博士点、国家地方联合工程研究中心、孔子学院等一系列突出成绩和重大突破。目前，学校师生员工也正充满信心，向着建设研究教学型综合性大学的目标迈进。要实现这一目标，迫切需要像您这样热爱母校的校友一如既往的关心和支持。

作为母校的校长,我代表湘潭大学全体师生并以我个人名义向您发出诚挚的邀请,希望您能在方便的时候回母校讲学,与母校师生分享您的成功与喜悦。

13　国家环境保护部总工程师万本太先生2011年12月5日通读完《从地方分治到参与共治》书稿,亲笔回信如下:

我用了周末及今天的时间,读完了你的大作,受益匪浅。论文观点鲜明,论据充分,分析入理,逻辑严谨,文笔流畅。确实是该研究领域的领先之作。

具体建议:1. 改后的题目更好。2. 文内有两处文字修改,供参考。感谢你对环保事业作出的新贡献。

后　记

我向来不怀疑柏拉图的“灵感说”，能用来安慰像我一样悟性正常的人。“曲肱而枕之，乐亦在其中”。相对于宦海沉浮中需要知遇，市场博弈中需要运气，我揣摩学术进步很难用偶然来解释。在学术追求的道路上，少有人到达不惑的境界，多数人在跋涉中行囊散去，即便著作等身而不能立说。我关注中国水资源治理10多年来，得到导师王浦劬教授的呵护和点拨，至今能拙成著作一册并入列国家哲学社会科学重大项目，实属幸运之尝试。

在今年夏天出版合同正式签定后，我把30万字的书稿浓缩成不到万言的研究报告，原本想法只是在本书正式出版时当作代序，算是便于读者省时的友好交代。值得欣慰的是，担任我2006年博士论文答辩委员的谢庆奎、吴季松、万本太、许耀桐、周志忍、陈庆云和王浦劬教授，认为这次研究较之5年前的毕业论文大有进步。文章先后经国务院研究室《研究报告》和中央党校《理论动态》发表，得到多位党和国家领导人、省委书记和省长以及部长的关注和肯定。总的看来，参与共治跨行政区流域水污染的经验值得总结，制度创新需要实践的进一步探索；参与共治模式倡导在政府、市场和社会公众之间建立联动机制，对相关地区流域水污染治理具有借鉴意义。

我带着流域水污染治理遭遇地方行政分割的困惑，2001年秋天进入北京大学政府管理学院。我全面接触到公共事物治理传统的理论模型——公地悲剧、囚徒困境和集体行动逻辑，还发现埃莉诺·奥斯特罗姆的治道理论充满着科学理性的光辉。她凭借“公共资源管理方面的分析”获得2009年诺贝尔经济学奖。尽管我认为排斥政府参与的“池塘自主治理理论”难以应对中国大规模的跨行政区流域水污染治理，而她的制度变量分析框架给了我很好的启发。我初步认定，基于准公共物品理论和生态系统不可分割原则的要求，参与共治是中国流域水污染治理的理性选择和实践创新；基于水资源质量能三位一体的要求，我国水资源治理理念的进步和制度变迁，也将从根本上动摇部门分割治水的现状。

恩师和朋友的帮助是我永生难忘的财富。每次去导师家里求教，师母方向勤会把茶水放在我的左手边。右手要用来记录导师讲述中的那些精妙，多亏新闻生涯让我养成了勤动烂笔头的习惯。同师门的孙朝阳、高鹏程、邓名奋给予我的学术帮助，是我燕园生活的美好记忆。感谢国家环境保护部宣教司的朋友林玉，在本书稿提交出版社之前作了认真的审读。还有我当年中国环境报社的资深记者朋友高杰，陪同我进行了高效率的跨行政区流域水污染田野调查，让我感受到他获得"地球奖"的殊荣不是偶然。感谢北京大学出版社的支持。本书的面世离不开社科部主任耿协峰、责任编辑倪宇洁等诸位老师的总体运筹和质量把关。

还要特别感谢的是，与我朝夕相处的爱妻郑林英和女儿喵喵。爱妻早已习惯把一天天的付出，当作自己与日俱增的收获。看到孩子在名校高中学习中找到了快乐，我欣欣然而有喜色，因为这种快乐不是身为人父所能简单给予的。正如我在键盘上用"lyswr"五个字母就能轻易敲出"流域水污染"，别人不喜欢它，而我是回避不得的。我思，故我学。

本书在评述中国流域水污染形势时，引用的数据多是2007年和以前年份的。这是因为2007年是特别的时间窗口，从那以后随着环境约束政策的强化和全球经济的衰减，环境污染可能进入高位横盘或逐步下降通道。本书多处运用了数理分析手段，其中设定的各种参数很难做到优化，推导的逻辑程序和结论难尽如人意。涉及的国外治理跨界流域水污染的案例典型性不够，主要出自时空条件的限制带来了调查研究不便。笔者在对策中提出的水资源治理原则和协商治理委员会，尚待进一步探索和完善。本书不足和谬误之处在所难免，尚祈大方之家和广大读者不吝赐教。

胡若隐

2011年12月13日

PEKING UNIVERSITY PRESS 1902